128

新知
文库

XINZHI

The Making of Home:
The 500-Year Story of
How Our Houses
Became Homes

Copyright © 2014 Judith Flanders

This edition arranged with A. M. Heath & Co. Ltd.

through Andrew Nurnberg Associates International Limited

家的起源

西方居所五百年

［英］朱迪丝·弗兰德斯 著　珍栎 译

生活·讀書·新知 三联书店

Simplified Chinese Copyright © 2020 by SDX Joint Publishing Company.
All Rights Reserved.
本作品简体中文版权由生活·读书·新知三联书店所有。
未经许可，不得翻印。

图书在版编目（CIP）数据

家的起源：西方居所五百年／（英）朱迪丝·弗兰德斯著；
珍栎译．—北京：生活·读书·新知三联书店，2020.7（2022.3 重印）
（新知文库）
ISBN 978-7-108-06883-5

Ⅰ.①家… Ⅱ.①朱… ②珍… Ⅲ.①住宅-建筑史-世界 Ⅳ.① TU241-091

中国版本图书馆 CIP 数据核字（2020）第 111205 号

责任编辑	徐国强　曹明明	
装帧设计	陆智昌　康　健	
责任校对	常高峰	
责任印制	卢　岳	
出版发行	生活·讀書·新知 三联书店	
	（北京市东城区美术馆东街 22 号 100010）	
网　　址	www.sdxjpc.com	
图　　字	01-2018-6214	
经　　销	新华书店	
印　　刷	三河市天润建兴印务有限公司	
版　　次	2020 年 7 月北京第 1 版	
	2022 年 3 月北京第 2 次印刷	
开　　本	635 毫米 × 965 毫米　1/16　印张 19.5	
字　　数	236 千字　图 32 幅	
印　　数	6,001-9,000 册	
定　　价	49.00 元	

（印装查询：01064002715；邮购查询：01084010542）

图1　今天，17世纪的荷兰绘画看上去是"家"的缩影，但那个时代的观赏者知道，这些房间不曾存在过。塞缪尔·范·霍赫斯特拉滕（Samuel van Hoogstraten）创作《走廊透视图》（*View Down a Corridor*，1663），主要是为了炫耀他作为"视觉错觉"（trompe l'œil）画家的技能。不过它也有象征意义：扫帚和将要飞出笼子的鸟儿，最有可能代表的是赶走西班牙压迫者之后的自由荷兰共和国

图2 伊曼纽尔·德·维特（Emanuel de Witte）的《弹琴的女人》（*Interior with a Woman at a Clavichord*，1665）

图3 加布里埃尔·梅特苏（Gabriël Metsu）的《读信的女人》（*Woman Reading a Letter*，1665）

这两幅作品描绘的不是和谐的家庭画面，而是动荡不安的场景。德·维特的画中有个男人，他脱下衣服匆忙扔在椅子上；梅特苏画中的那只鞋子在传统上是性的象征，女仆和她手中的清水桶则是道德的对照

图 4 玩偶屋

图 5 彼得·德·霍赫（Pieter de Hooch）的《衣柜旁》(At the Linen Closet, 1663)
上图拥挤的房间比下图显示的宁静极简主义或许更接近 17 世纪晚期的家居现实

图6 到了17世纪,普遍存在的家庭观念渗入绘画主题,描绘和谐的家庭氛围优先于展耀富丽堂皇的场景。这甚至反映在儿童肖像中,如安东尼·范·戴克(Anthony van Dyck)的《国王查理一世的孩子们》(Children of King Charles I, 1637)

图7 亚瑟·戴维斯(Arthur Devis)的《阿瑟顿先生和夫人》(Mr. and Mrs. Atherton, 1743)。繁荣家庭的人物肖像悄无声息地更改了生活真相,描绘的是一种理想愿景而不是存在的事实;突出昂贵的消费品,略去了不吸引人的物件

图 8　贸易路线的开放和大众消费品的增加鼓励了家居展示。一个家庭的大部分可支配收入通常花在床具上。在扬·凡·艾克（Jan van Eyck）的《阿诺菲尼婚礼画像》（Arnolfini Wedding Portrait，1434）中，主人的卧床在主室里充分地展耀出来

图 9　数个世纪以来，大多数房子一直是多功能的。从戴维·阿兰（David Allan）的《克劳德和佩吉》（Claud and Peggy，1780）中可以看出，烹饪、吃饭、阅读、社交和睡觉（床在右后面）都在主室里发生

图10 在几个世纪中,窗户的两种功能——采光和通风在设计上一直是分开的。上部为玻璃,用于采光,不能打开;下部用百叶窗,用于通风,可开关。见罗伯特·坎宾(Robert Campin)的《韦尔祭坛画》(*Werl Altarpiece*,1438)

图11 也有的窗户中间部分是百叶窗,最下部有一个木制格子框架或木制百叶窗,见罗伯特·坎宾的《莫洛德祭坛画》(*Merode Altarpiece*,1427—1432)

图12 百叶窗的目的是为了安全，而不是保护隐私。在纺织品变得相对便宜之前，采用窗帘来保护隐私一直是一种奢侈，而用于装饰目的几乎是闻所未闻。沃尔夫冈·海姆巴赫（Wolfgang Heimbach）的《罗森堡宫的管家》（Steward at Rosenborg Castle，1653）第一次展示了纯装饰性对帧窗帘而不是单幅窗帘

图13 一个多世纪后，许多房子仍没有窗帘。理查德·莫尔顿·佩耶（Richard Morton Paye）的《工作室里的艺术家》（The Artist in His Studio，1783）中的窗户只配备了一块窗板，从镶板的槽中拉出来以提供隐私保护

图14 到了19世纪,日益便宜的纺织品意味着更多人有能力装饰窗户了。威廉·本茨(William Bendz)的《吸烟派对》(*A Smoking Party*,1828)展示一群年轻人在一个房间里,窗户上方的巨大布幔似乎没有任何实用功能

图15 玛丽·艾伦·贝斯待(Mary Ellen Best)的《约克郡达芬夫人的餐厅》(*Mrs. Duffin's Dinning-room at York*)。在这个房间里,隐私保护是通过两道卷帘和一幅绿色呢帘来实现的,而两侧的繁复窗帘仅用于装饰

图16、图17 19世纪的都铎建筑跟16世纪是非常不同的。后者外墙的木梁很少暴露出来,也从不粉刷。相反,经过多年的风吹雨打,木梁的颜色跟粉刷的外墙渐趋一致。在19世纪,人们为了恢复所谓的原始状态,将地道的都铎式建筑翻新,采用了从前不存在的油漆和颜色。从伦敦这座大旅店(Staple Inn)的两幅照片中可看到翻新前后的对比

图18 新的工业化世界令人们产生了回到简单、美好旧时光的愿望,而在19世纪的美国,圆木屋成为这种愿望的象征。亚拉伯罕·林肯任总统时,他的早年旧居早已不复存在,但今人仍然用一座木屋来标示林肯的出生地

图19 在英国,"工艺美术运动"的建筑师强调让人联想起昔日理想家园的元素。1908年查尔斯·沃伊齐(Charles Voysey)为特纳先生设计的房子即是代表之一

图 20　我们今天认为不可或缺的家具,在历史上的大多数时期是一种奢侈。直到 17 世纪末,很少家庭有足够的椅子。在扬·斯汀(Jan Steen)的《农家就餐》(*A Peasant Family at Meal-time*,1665)中,只有男主人坐着,其他人都站着吃饭

图 21　约瑟夫·范·艾肯(Joseph van Aken)的《祷告》(*Saying Grace*,1720)。一个世纪后,在我们看来很简朴的画面,实际上是个很富裕的家庭,它展示了纺织品、陶器、锡镴器皿和椅子

图22 照明技术在几个世纪几乎没有变化。在朱迪丝·莱斯特（Judith Leyster）的《做女红》（*The Proposition*，1631）中，灯芯漂浮在盘子里的油灯显示，技术进步的荷兰跟千年前的古罗马在照明方面没有什么区别，唯一的改进是增加了一个调节光源高低的夹子

图23 18—19世纪美国的贝蒂灯也几乎没有什么变化，只不过把夹子换成了链条

图 24　大多数家庭的房间都是多功能的。在《约翰·米德尔顿与家人在起居室里》(*John Middleton with His Family in His Drawing-room*, 1796, 作者不详)中,富裕的店主和家人在优雅的起居室里工作和用餐,左边拉出了一张餐桌,右后方有个食具柜,其中放着装餐具的盒子

图 25　即使在北美气候恶劣的地方,如罗得岛,供暖技术发展得也很缓慢。《1814—1815 年冬天,惠特里奇医生家的餐厅》(*Dining-room of Dr. Whitridges as it was in the Winter of 1814—1815*)显示了一个富兰克林炉和金属围栏中的明火。坐在炉边那个人衣着臃肿,这或许表明房间里的气温很低

图26 照明设备是昂贵的,因而成为财富甚至挥霍的象征。见威廉·贺加斯(William Hogarth)的《雷克的进步》(The Rake's Progress, 1732—1735)中描绘的赌场

图27 格奥尔·弗里德里希·克斯汀(Georg Friedrich Kersting)的《优雅的阅读者》(The Elegant Reader, 1812)。带独特灯座的新式阿根特灯显示了进步的照明技术,也营造出宁静的家居氛围

图 28　在我们看来是赤贫的状况，实际上却是新的廉价消费品大量涌现的结果。不过 1910 年的这张照片显示，许多家庭的室内设计水平没有跟上消费品数量增加的步伐

图 29　1869 年，凯瑟琳·比彻描绘了她梦想中的厨房："收纳百物，物归其位"，但她的合理化空间设计直到 20 世纪才得以实现

图 30　1926 年由舒特–利豪斯基设计的著名法兰克福厨房。它是后来许多方便实用厨房的祖先

图 31 奢侈品和陈列品的类型发生了变化,但所有权的归属依然不变。亚瑟·戴维斯(Arthur Devis)的《希尔先生和夫人》(Mr. and Mrs. Hill, 1750—1751)中绘制的精美瓷器茶具

图 32 《家庭晚间娱乐》(A Family Gather Round the Television for an Evening's Entertainment, 1957)。两个世纪之后,电视机取代了壁炉成为起居室的中心

新知文库

出版说明

在今天三联书店的前身——生活书店、读书出版社和新知书店的出版史上，介绍新知识和新观念的图书曾占有很大比重。熟悉三联的读者也都会记得，20世纪80年代后期，我们曾以"新知文库"的名义，出版过一批译介西方现代人文社会科学知识的图书。今年是生活·读书·新知三联书店恢复独立建制20周年，我们再次推出"新知文库"，正是为了接续这一传统。

近半个世纪以来，无论在自然科学方面，还是在人文社会科学方面，知识都在以前所未有的速度更新。涉及自然环境、社会文化等领域的新发现、新探索和新成果层出不穷，并以同样前所未有的深度和广度影响人类的社会和生活。了解这种知识成果的内容，思考其与我们生活的关系，固然是明了社会变迁趋势的必需，但更为重要的，乃是通过知识演进的背景和过程，领悟和体会隐藏其中的理性精神和科学规律。

"新知文库"拟选编一些介绍人文社会科学和自然科学新知识及其如何被发现和传播的图书，陆续出版。希望读者能在愉悦的阅读中获取新知，开阔视野，启迪思维，激发好奇心和想象力。

生活·讀書·新知三联书店
2006年3月

纪念斯蒂芬·安东纳科斯（Stephen Antonakos，1926—2013）
并献给他的妻子娜奥米（Naomi）和女儿伊万吉利娅（Evangelia）

目 录

专用词语对照表   1

引　言   1

第一部分

第一章　家庭模式   21
第二章　独享房间   49
第三章　家与世界   83
第四章　家具演变   107
第五章　建筑神话   142

第二部分

第六章　炉灶和家   173
第七章　家居网络   200

尾声　透明之家   234

鸣　谢   242

图版出处	245
注　释	248
参考文献	276

专用词语对照表

为方便读者，特将书中有关房屋的词语依出现次序集中列出，有些词语可互换使用。

tent　帐篷

house　房屋，住宅，府邸（延伸为"王朝"）

corridor　走廊

terraced house　连栋式房子。两侧的墙相毗邻，样式相似

outer　外屋

dollhouse　玩偶屋

attic　顶楼，阁楼

basement　地下室

hut　小屋，棚屋

kennel　犬舍

hearth　明火灶，炉灶，灶屋，[比喻]家庭

hall　堂屋，主房，厅堂，中央大厅，过道，走廊，前厅，门厅。并用于（乡间）宅第的名称

longhouse　长形屋，长10—20米，宽可达6米，带有牛圈

cottage　村舍，不带牲口棚

main room　主房，主屋，主室，堂屋

wattle-and-daub building　泥笆墙房。先用枝条搭出框格，然后涂上一些黏性物质（通常用湿土、黏土、砂、动物粪便和秸秆混合制成）

barn　牲畜圈，谷仓

brick house　砖房

great hall　大殿，礼堂

Tudor house　都铎式府邸。因流行于英国都铎王朝（1485—1603）而得名。其造型复杂起伏，尚存有雉堞、塔楼，这些属于哥特风格；但其构图中间突出，两旁对称，已是文艺复兴的风格。这种房屋的内外墙均用木构架，而在构架之间填以砖或灰泥。漆成深色的木材和淡色墙面形成强烈对比，屋顶为陡峭的双面坡顶。今统称"都铎风格"

mansion　宅第，公馆

terraced townscape　连栋式住宅城镇风貌

lean-to attached　单坡顶侧屋

chamber　内室，卧室，内庭，会客室，会议厅，储藏室，墓室

single-room house　一居室房

single-storey house　平房

Two-roomed house　两居室房

hall-and-parlor house　一室一厅的房子。从前门直接进入堂屋，堂屋有门通向起居室，抑或有梯子通往阁楼（有时也算作一间房，用于睡觉和储藏物品）

loft　阁楼，顶楼，鸽房

"saltbox"　"盐盒"（不对称坡顶房的俗称）

half-underground shelter　半地下式棚屋

cellar　地窖，地下室

dugout　地下掩体，地窖

sod house, sod brick house　草皮房，草皮砖房

wigwam　茅屋

Greek-style plantation mansion　古希腊风格的庄园宅邸

annex　侧屋，侧翼

I-house　I型房

one-and-a-half-storey house　一层半式房

slave quarters　奴隶住宅区

root-cellar　菜窖

log house, log cabin　圆木屋，小木屋

sitting room, living room, drawing room, reception room, saloon, presence chamber, parlor　起居室，会客厅

double-pen house　双筒房。两座木屋并列，中间有一道带屋檐的走廊相连接。共两层；楼下的两间一般分别为厨房和起居室，楼上的两间是卧室

alcove　壁龛

back-to-back　连体排屋

closet　内室，衣橱

castle　城堡

dressing room　更衣室

shotgun house　直筒房。俗称"猎枪房"。狭窄的长方形住宅，通常不超过 3.5 米宽，两个房间竖向连接，房子前后都有进出口

fore-house　前屋

back room　后屋

houseplace　［方言］（农庄或村舍中的）大起居室

sash window　推拉窗

veranda　游廊

porch　前廊

vestibule　小门厅

central hall　中央大厅，堂屋

Greek Revival　希腊复兴式

cottage style　乡墅式

Queen Anne style　安妮女王式

colonial style　殖民地式

Altdeutsch style　老德国式（外部有阶梯式山墙和涡旋形装饰，室内装潢复归 16 世纪之古风）

Old Alpine style　老阿尔卑斯风格，又称"巴伐利亚风格"（Bavarian）

country-house style　乡间宅第风格

Cape Cod style　鳕鱼角式（对称的结构，一层或一层半楼，坡形屋顶和一个中央烟囱，很少有装饰）

ranch　牧场式房（单层）

bungalow　单层或屋顶加一个斜顶小屋和窗户的平房

引 言

1900年,一个女孩意外地来到了一块陌生的土地上。当有人问她:为什么不留在这个"美丽的国度",却渴望回到那个"灰蒙蒙的、气候干燥的老家"去呢?她感到很吃惊,因为只有像稻草人那样缺乏头脑才会提出"为什么想回家"这个不言而喻的问题。她的回答很简单:"世界上没有任何地方比得上自己的家。"[1]这个女孩就是19世纪末著名小说《绿野仙踪》(*The Wonderful Wizard of Oz*)里的桃乐茜(Dorothy)。桃乐茜的塑造者弗兰克·鲍姆(L. Frank Baum)认为,家,不一定要漂亮,也不必豪华,却是一个人最眷恋的地方。这是一个再明白不过的事实。

约两个世纪前,1719年,丹尼尔·笛福(Daniel Defoe)的小说《鲁滨逊漂流记》问世。首版书名为《约克郡水手鲁滨逊之生活及其惊人历险记》(*The Life and Strange Surprizing Adventures of Robinson Crusoe, of York, Mariner*)。封面导读引人入胜:"冒险,暴力,死亡,异国风情,外加奇闻逸事!"在一次沉船海难中,鲁滨逊是唯一幸存者,被海浪冲到了一座荒岛上,这座荒岛在离南美洲海岸不远的奥克诺克(Oroonoque)河口附近;鲁滨逊独自一人在岛上待了28年，最后奇迹般地被海盗救出。这部小说取得了巨大的成功，出版后八个月内即重印了37次，在接下来的一百多年里被译成多种语言文字，亦被改编为舞台剧和儿童读本，还有木偶戏。笛福后来又写了续集。鲁滨逊的历险故事总共有七百多个版本，几乎囊括所有的媒体形式。

笛福这部小说的意义，远远超出了海上沉船事故和海盗传奇，它已被尊奉在文学殿堂中。这不仅由于笛福的写作技巧高妙，而且因为它是第一本真正意义上的英语小说，也是欧洲文学史上最早的小说之一。此外，它还有一个特殊价值：尽管故事发生在一次海难之后和传说中新发现的一个小岛上，它却是历史上描写普通家庭生活细节的第一本书。从书名亦可看出，鲁滨逊不光是一名四海漂泊的水手，他还在约克郡拥有家产。小说花了相当长的篇幅，不厌其详地记述他在遭遇海难之后的日常生活细节。在荒岛上的洞穴里，鲁滨逊一如在约克郡的家中，精心地设计和安排居住环境，布置出烹饪、就餐、入寝和储藏等不同的活动区域；一丝不苟地整理衣服、剃须刀、餐具，乃至用于写作的文具纸张。这是他的第二个家，堪称一座高雅的"别墅"——穹顶之下囊括了起居和寝食全部功能。为了"享受从前在外面世界的舒适生活"，鲁滨逊就像一位十分称职的户主，自己动手制作家具，安装物架，把一切安排得井井有条。他这样生活了20年之后，又有一艘船在附近的海域失事，他捡到了一些残存物品，其中没有能帮助他离开孤岛的航行设备，他对火枪也不感兴趣。但是，他捡到了一只水壶、一个"可用来熬制巧克力"的锅，还有"渴望已久的"火铲和钳子，这令他非常兴奋。鲁滨逊还发现了一条饿得半死的狗，从此他就有了一个在炉火旁相依的伴侣。从表面上看，这是28年流落荒岛的一个男人的"惊人冒险故事"，浓郁的家庭生活气息却贯穿始终。鲁滨逊一次又一次地用"家"这个字来指称自己住的那个"小帐篷"(tent),仅在第一章里就重复了十几次,全书共出现60余次。"家"这个字仿佛是一个稳定跳动的心房,成为这部小说的主旋律。[2]

《牛津英语词典》(Oxford English Dictionary)对"家"(home)的释义如下:

> "家":一座住宅;一个人拥有的房屋或居所;一个家庭的固定住所,或指家庭本身;家庭生活及其情趣之所在。

实际上,"家"的含义比"住宅"或"房屋"(house)远为深广。后者指一个建筑结构,前者是"一个人生活和成长的地方,令人产生归属和慰藉等情感之所在"。家是一个人生活或籍贯的所在地,也是一种生存状态。"家"本身是一个古老的词,最有可能属于前现代欧洲语言,源于印欧语系的"kei",意为"躺下""床""沙发"或"可亲近物"。在古语中它即已包含了"处所"和"心绪"两个含义。在英语中,据知首次将"住宅"和"家"区分开来的书面文字出现在1275年的一首诗歌中,其中并列地提到"他的土地、房子和家"[3]。

在使用英语、德语、斯堪的纳维亚语或芬兰-乌戈尔语的国家和地区,即欧洲西北部,从匈牙利到芬兰和斯堪的纳维亚,到德语地区,再到荷兰和海峡对岸的英伦三岛,人们对"家"和"住宅"的概念区分是很清楚的,它们相关却又不同,因而分别用两个词来表达。我称这些地区为"**家园国度**"(home countries)。详见下表①:

---

① 18世纪后期,德语的"Heim"和荷兰语的"Heem"被废弃不用,后又复活,部分是从英语吸收回来。

语言	"家园"	"住宅"
匈牙利语	otthon	ház
芬兰语	koti	talo
爱沙尼亚语	kodu	maja
德语	Heim	Haus
荷兰语	heem	huis
瑞典语	hem	hus
丹麦语	hjem	hus
挪威语	heim	huset

　　相比之下，在罗曼语和斯拉夫语地区，人们仅用一个词来表达上述两种概念，我称它们为"**住宅国度**"（house countries）。譬如，意大利语的"回家"意即"回到房子里"（"he sta andando a casa"）；法语的"回家"是"回到门厅"（"rentre à son foyer"）或"回到房子里"（"rentre chez lui"，"chez"源于拉丁语的"casa"——房子）。法语的"maison"（府邸）源于拉丁语的"mansio"（意为"驻足或停留之处"），它沿用拉丁语的含义，既指建筑，亦指其中的居住者——"住在恢宏宅邸里的皆是豪门大户"。英语中也有这种用法，但仅限于极其显赫家族的宅邸，譬如"**温莎府**"（House of Windsor）是"英国王室"的同义语；"阿特柔斯府"（House of Atreus）指希腊神话中阿特柔斯的家族。斯拉夫语类似，也将住宅和家的含义糅合在一起：俄国人和波兰人说自己住在"dom"（房子）里，"回家"即说"domoi"，"do domu"（即"回到房子里"）。在19世纪的俄语中，"dvor"（房子）这个词的含义不仅是住宅建筑，也包括里面的人，亦可指马厩及作坊等其他农庄建筑，甚至用于测算人的劳动力。从语言学的层面上来说，住宅同生活在其中的人不可分割，他们由血缘和经济纽带相连接，并通过拥有土地和辛勤劳动来维系这种关系。[4]

　　我所指出的"家园"语言和"住宅"语言的存在现象，体现了它们所植根的社会的某些特征。在有些社会里，社区的公共空间——镇、乡或小村子——是一块完整的生活画布，个体房舍只是整体空间里的一个较私有的领域；在另一些社会里，独立房舍是社区的焦点，镇、乡或村的主要功能是拓辟道路，以连接私人房舍，互通往来。造成这种差异的原因常常被归结为气候条件的不同，可以想见，在地中海一带的某个集市广场上度过一个秋日的下午，肯定是令人愉快的，而在寒冷的挪威奥斯陆（Oslo）就不尽然了。不过，我们将看到，天气只是导致"家园"语言和"住宅"语言形成的多种因素之一。[5]

假如你让西欧或北美的孩子画一座房子，画面上很可能出现一座独立建筑：坡屋顶，袅袅炊气从烟囱里飘出；正门开在房子中央或山墙的一端，门口延伸出一条小径，穿过花园；院子四周围着栅栏。我从小不是在这种房子里长大的，但我在童年时代画的很多房子都是这种样式的。大多数西欧或北美的孩子也并不生活在这种房子里，然而，至少在一个多世纪里，这种柏拉图式的理想家园是很多人心目中"家"的原型，如今依然如此。

比起儿童的绘画，成年人对于什么是典型的家有着更为具体的概念，也不缺乏想象力。只不过在大多数情况下，我们没有意识到这些概念同样是脱离现实的。我们本能地相信，"家"是一件具体的东西，它的基本要素是恒久不变的。这种认识部分是通过设计师建造的实物和影视节目中的布景得来的印象，部分源于历史书籍和图像，反过来为其他人采用，逐渐地渗入社会大众的意识。这类原始资料的主要来源是17世纪的荷兰绘画——我们心目中"家"的最典型缩影（图1）。约翰尼斯·维米尔（Johannes Vermeer）、彼得·德·霍赫（Pieter de Hooch）、加布里埃尔·梅特苏（Gabriël Metsu）、尼古拉斯·梅斯（Nicolaes Maes）、杰拉德·特·博尔奇（Gerard ter Borch）和伊曼纽尔·德·维特（Emanuel de Witte）等人的作品都展现了当时荷兰典型的资产阶级家庭住宅的内部场景，每个"家"都是世上独一无二的。举例说，德·维特笔下的某个场景是一个女人在弹奏击弦古钢琴（*Interior with a Woman at a Clavichord*，1665；图2），在现代的欣赏者看来，其主要意图显然是展耀荷兰中产阶级家庭的华美居所。当时去荷兰旅行的人们似乎印证了这一点。一位英国游客写道，即使是"很一般的家庭"（大概相当于今天所谓的普通中产阶级）都十分注重室内装潢，房间里摆满了"奇特和昂贵的"家具、瓷器和书画等。可是，人们今天观赏时往往未能意识到，虽然游客在很大程度上如实地报道了所见所闻，但画家的目的并不是完全写实。17世纪的荷兰居民不会认为德·维特的画中所描绘的是典型的家居，因为他们所熟识的任何人的家都不是那样的。[6]

现代学者研究了17世纪的大量个人财产和家庭用品，对该时期房屋转手买卖的细节做了考证。① 依据这方面的研究有可能重构一幅非常翔实的图画，了解当时荷兰的中产阶级和上层阶级真正拥有什么财产。这些资料显示，事实上，我们通过艺术作品而熟识的那些装潢精美的房间从未存在过。在德·维特的这幅绘画里，比较容易识别的是那些现实物体：起居室里带帷帘的床、墙上挂的镜子和地图，以及身材臃肿的女人（这表明她穿着多层衣服御寒），而这些便是荷兰的户主能够认可的全部了。画中其他的部分，以及幸存的

---

① 对最初几个世纪里财产所有权进行的考察，不仅在荷兰，很多都是依据所有者去世后有关人员列出的财产清单。根据国家和时期不同，在有些情况下，穷人和富人死后都要做财产清单，尽管在富人中更为普遍。这些清单记录了人们拥有的财产，但并不总是注明物品的数量以及放在房子的什么地方——从而可为后人提供有关使用情况的线索。然而，这些原始记录往往是人们所能找到的全部信息。它们很有价值，历史学家可将事实存在的资料同刊绘画中描述的家居常态进行比照。

数百件同期的这类绘画，几乎全是画家在工作室里创作出来的。

顶棚上的梁是荷兰住宅建筑的典型特征，但在这幅画中，它们的位置似乎不对头——不是与建筑物的正面平行，而是从观赏者的角度安排的，作为整个画面空间的装饰性框架。就布局来说，三间房不是沿着走廊（corridor）依次安排，而是相互串联，两面都有窗户（右窗可见，左窗可据阴影来推断）。由于荷兰城市的典型住宅是连栋式（terraced house），画中出现的这些建筑特征令人难以置信。同现实的某些差异可能是出于艺术的需求，目的是造成一种和谐的构图效果。然而，绘画中的许多其他要素，既不像是当时荷兰的住宅所有的，也看不出有任何明显的构图需要。我们常常在这类绘画中看到黑白相间的大理石地板。这种昂贵的地板在荷兰享有盛名，用于许多公共建筑物，例如政府大厦和法院，但在私人住宅里其实非常罕见。即使富贵人家一般也采用木地板。在1750年至1811年间出售的5000幢住宅（几乎都是豪门宅第）中，只有9幢在客厅里装有大理石地板。大理石地板一般铺在一层的厅堂，并且时常在座椅下镶嵌一小块木板地面，叫作"zoldertjes"［见梅特苏的作品《读信的女人》（*Woman Reading a Letter*），图3］。德·维特的那幅绘画中没有显示小木板地，也没有在很多房子里经常看到的交错放置的靠垫之类。这并不等于说德·维特忽略了这些平常物件，当时的画家们很少描绘这类东西，除了扬·斯汀（Jan Steen）偶尔为之。

相反，如同在德·维特的绘画中，艺术家们集中运用他们的技巧来渲染华美的土耳其地毯，尽管当时的房屋库存记录中几乎从未提及它们。东方地毯在当时的荷兰是罕见和昂贵的，而且自意大利文艺复兴时期以来，人们一直习惯于把它们铺在桌面上展耀，而不是铺在地板上踩踏。德·维特随心所欲地用画笔给中等家庭的地板铺上了一块土耳其地毯，二十年后的房屋库存记录才第一次出现这种地毯，那是在阿姆斯特丹（Amsterdam）最富有者的宅第里。在莱顿（Leiden）市最著名的运河区（canals），没有一家住户拥有地毯，无论是铺在地板上还是桌面上。直到又过了十年，亦即德·维特的这幅画作完成三十年后，莱顿才第一次有了关于地毯的记录。桌毯相对来说也不同寻常：海牙（Hague）的上等住宅中仅四分之一有桌毯，莱顿的房屋大约一半有桌毯，代尔夫特（Delft）的房屋拥有桌毯的更少。房屋库存记录连同维米尔的作品（他在三幅绘画中重复展现了同一块地毯）强有力地表明，这些画作中的地毯只是艺术家们采用的道具而已。[7]

大理石地板往往局限于公共场所，据说荷兰风俗画中最常见的黄铜枝形吊灯也是如此。这种形式的照明用于宫廷、公共建筑尤其是教堂，但极少用于私人住宅。房屋库存记录表明，整个17世纪，在莱顿仅五座房屋里有这种吊灯，海牙有一个，阿姆斯特丹一个也没有。大多数家庭没有德·维特绘画中的击弦古钢琴，或是经常出现在绘画中的维金纳琴和小拨弦琴。当时代尔夫特的库存记录中只有一架。[8]

绘画作品给人们造成的印象是，这类昂贵物品是居家常见的。然而，许多真正的家中日用品，诸如坐垫或靠垫，在艺术中却往往踪影全无。很少有人描绘当时普遍采用的照明和取暖设备，如烛台、灯具、壁炉和火灶。从另一方面来说，绘画中展示的摆设和日用奢侈品比库存记录揭示的要少。当时许多家庭拥有瓷器，尤其是中国瓷器，以及代尔夫特陶器；桌子和墙壁上覆盖着带图案的织物，这类织物也被用作椅罩和床帷，以及窗帘（较罕见）。旅行者众口一词地描述："家家户户都竭力用贵重品装饰住宅，尤其是外屋（outer）或临街的房间。屠宰匠和面包师的店面也不甘落后……

是的,多数铁匠和皮匠铺会在锻造炉和货摊上方悬挂绘画之类的装饰……"这种现象在绘画作品中也很少出现。1580—1800年间,荷兰活跃着数千名画家,他们总共创作了超过1000万幅作品。① 鉴于1700年荷兰的人口不到200万,即使将一个巨大的出口市场计算在内,如此巨大数量的绘画产品必定把大多数房子的墙壁都覆盖满了。17世纪荷兰的玩偶屋(dollhouse,图4)或许比同时期的绘画更能反映现实。不过,仅有三座玩偶屋保留至今,因此它们是否是典型代表并不可知。[9]

绘画中也看不到大量的家具。旅行者报道说,殷实的荷兰家庭都有立式大橱柜,它们是主妇的骄傲和心爱,用于存放衣物和床上用品、储藏财宝,并在顶层展耀瓷器和银制餐具(图4)。房屋库存证实了这一点,记录有大量同其他家具相匹配的各种橱柜,风格和价格不等。就家具方面来说,德·维特绘画中的房间相对而言极其简陋,仅有一张床、三把椅子、一张小桌和一架击弦古钢琴。若依照房屋库存记录的典型标准,房间里至少应当有两张桌子、半打椅子和几只橱柜,还应当有男人的工具和妻子的纺车,以及其他基本生活用品,如锡镴器皿、啤酒杯和其他锅碗瓢盆。

绘画并不是现实的写照,17世纪的画家及其客户自然明了。然而,当这些作品在19世纪被重新发现后,人们误认为它们是写实的了。② 画中所描绘的在社会公共场所采用的某些装潢要素,如大理石地板和黄铜吊灯,可为私人住宅增添富丽堂皇的气象,这

---

① 据认为这些早期绘画幸存下来的数量不到百分之一,因而我们从中获得的信息肯定是褊狭、片面的。
② 在整个20世纪,直到今天,许多荷兰人仍用地毯来覆盖桌子,他们以为这是自17世纪流传下来的做法。事实上,这一习俗是在19世纪重新发现古代绘画后才形成的,当时被看作追崇古风。

大概反映了人们对富裕生活的一种渴求；而许多家具或墙上挂的绘画被排除在外，或许是为了创造视觉清晰的构图。不过，绘画偏离大多数典型家居的实景是出于一个截然不同的原因。我们误读这些绘画的一个关键是，这些图像具有的象征意义不再一目了然。喂养猫狗的儿童形象不是为了营造迷人的家庭场景，而是对挥霍浪费的警告；当猫跟女孩或女人在一起时，猫也代表无知，或象征爱情和情欲；编织花边是贤良主妇的日常女工之一，可是殊不知，荷兰语"缝纫"（naaien）一词在俚语里有"性交"的含义；花边象征着俘获粗心男人的情网。维米尔的绘画《音乐会》(The Concert, 1658—1660) 显示一个男人坐在两个女人之间，一个女人在弹奏羽管键琴，另一个在吟唱。在现代人眼中，这不过是一幅温文尔雅的社交场景，其实它包含了更多的寓意。那个男人抱着一只琵琶——正如大多数乐器一样，它是情爱的象征物。墙上的照片和地图通常用于强化场景的寓意。在这里，维米尔选择了老一代著名的乌得勒支艺术家德里克·凡·巴布伦（Dirck van Baburen）的作品《老鸨》(The Procuress)，它点破了音乐表演的实质是一项钱色交易。在其他一些绘画作品中，譬如墙上挂着的《圣经》场景提供了与眼前情景的道德对照，沉船及其他灾难的画面是在发出一种警告，镜子是虚荣的符号，地图象征着世俗的诱惑。房间里的人物也可以是象征性的：女人扫地比喻 1568—1648 年间的荷兰独立战争——它推翻了西班牙的统治，赶走了令人憎恨的压迫者。孩子的形象有时代表新生的共和国，但更多是用来象征人类的愚昧。扬·斯汀笔下的喧闹酒馆场景，充满了酒鬼、好色之徒、放荡女人和破碎的陶器，并不只忠实地表现酒馆的生活，而且反映虚浮无聊的人生。桌上静物画的内容全是一些昂贵的食品、瓷器、锡镴器皿和银制餐具，部分是要表现户主曾经享有或渴望获得的财富。但即使是绝对写实的绘画（画中瓷器的原始来源或其制作厂家的模具名称均可确认），它们所要传达的基本信息同扬·斯汀笔下的酒馆场景也是同样的：食品会腐烂，瓷器会破裂，但上帝的真理是永恒的。[10]

在德·维特的另一幅画里，背景中有个女仆在打扫卫生，这也是虚构的。在荷兰，雇用女仆的家庭比例低于20%，因而画中的这个中等生活水平家庭是不大可能有女仆的。英国游客惊赞荷兰人的家居和街道如何整洁，但那只是相对而言。当时的房屋里既没有自来水，也没有公用盥洗室；无论房间怎么整洁，荷兰人却并不是那么干净的。荷兰出版的年鉴提醒读者，假如每年春天洗一次澡，头发里的虱卵就会被杀死，不至于孵化成虱子。如同1665年英国的瘟疫大流行，在德·维特创作这幅绘画之前的一年里，荷兰有八分之一的人口死于瘟疫。[11]

根据这些信息可以推断，德·维特的这幅画展现的不是恬静的家庭生活图景，而是令人不安的情色故事。借助射进房中的阳光，观赏者可以瞥见床帷背后的那个男子，他不是弹琴女人的丈夫——音乐消遣场景证实了这一点；而且，他的衣服显然是匆匆脱掉的，因为它们搭在一把椅子上，而没有放在橱柜里。这样就明白了背景中女仆的寓意：她是前景所揭露的道德对照物，正在用笤帚扫除罪恶；明亮阳光下的一只桶里盛放着清水，象征贞洁和美德。

然而，在过去的一个半世纪里，人们忽视了这些绘画的象征意义，仅把它们视为历史上生活真相的复制，如同摄影机发明之后的照片。这些绘画的创作者、购买者和陈列者都明了它们是艺术而不是写实，也不期望它们是写实的，因而问心无愧地炫示自己并不拥有的东西，而避免展现家中真正拥有的日用品。我将这类在绘画中不见踪影的日用品称为"隐形家具"。

隐形家具在所有国家和任何时代都可以找到。17世纪英国海军的一位主管塞缪尔·佩皮斯（Samuel Pepys）有一本著名的日记流传于世。他的日记经常是以"该上床睡觉了"来结束。在长达九年半的日记中，这个结束语几乎每星期出现一次。到了20世纪，"该上床睡觉了"成为一个家喻户晓的点睛妙语，英国的一家卧床连锁店采用它作为招牌（And So To Bed）。人们不大知道的是，在1662年11月21日的日记结尾，佩皮斯写下了这么一段话："吃罢晚饭，该上床睡觉了——今晚我安放了一块遮痰布，这样就方便多了。"[12] 佩皮斯没有进一步谈及遮痰布。该日记的大多数版本对此均未置一词，唯有一位编辑在后面加了个"？"表示疑惑。什么是遮痰布？我个人的猜测是，17世纪时，富裕家庭的墙壁上经常挂满昂贵的绘画，于是人们在痰盂背后的墙上挂一块布，有了它的遮挡，吐痰者即使瞄不准痰盂，也不至于玷污墙壁和绘画了。

遮痰布肯定属于隐形家具，今天的人们闻所未闻，也搞不清楚它的用途。不过，我们都听说过痰盂，知道这种用具的存在，但它在艺术作品中很少或几乎从未出现过，没有人在小说甚至大部分非小说类文献中提及，它的无处不在被轻易地忽略了，从而成为隐形家具。

知道过去许多人习惯于吐痰，这一点也许不是非常重要的，它本身并没有改变历史的进程。但是，痰盂这种东西可以提醒我们，人们是多么容易将"过去"想象为"现在"，误以为不同时代人们的行为方式是完全一样的，或过去同今天无甚区别。在西方，由于人们现在的生活习惯改变了，因而我们不容易注意到过去的人们在日常生活记录中毫不提及痰盂和吐痰的现象。① 通过寻找隐形家具可以发现，人们的行为方式是随着时间的推移而改变的。行为的改变标

---

① spittoon，在英国叫"痰盆"或"痰盒"，在美国叫"痰盂"，是一种碗状或瓶形的金属或陶瓷容器，放置于地板上。有些痰盂带一个斜孔，以便痰液滑入其中。

志着态度的转变。态度的转变则确实改变了历史的进程。

寻找隐形家具并不十分简单直接。继续以吐痰习惯为例，文学作品通常对此从不提及，日记和信件则有所记载。佩皮斯对其他人怀有无穷的兴趣，最早记录了对吐痰习惯的观察。其存在之普遍程度令人惊讶。今天人们一般认为，随地吐痰是咀嚼烟草的一种副产品，佩皮斯的观察记录也提到了烟草。但是有一回，他写道，晚上在剧院里，"一个女人向后吐痰，吐到了我的身上。她没注意到我在她的背后。不过，当我发现她长得非常漂亮，便没有表现出任何不快"。妇女是不咀嚼烟草的，所以可以断定她吐的是痰。而且，从佩皮斯的平静语气中可以看出，女人和男人在公开场合均常有这种行为。几年后，一位生活在莱顿的法国人向他的同胞报道了荷兰的一种奇俗：没有人"胆敢在任何房间里吐痰，那些想要吐痰的人一定感到很不舒服"。由此可见，法国人认为在室内和户外随时吐痰以清理喉咙是平淡无奇、不可避免的行为。[13]

18世纪德国的一家杂志提到，痰盂是一种"方便用具"，跟葡萄酒冷却器、钟表、暖脚器、可调节写字台和带镜剃须台等同属一类，皆是为了令高雅消费者的生活更加舒适。19世纪时痰盂显然仍是日常用品，但很少有人在文献中提及。1851年，美国的一位母亲记录蹒跚学步的儿子的一些早熟举动：他模仿周围的大人"朝着痰盂咳嗽和吐口水，……还有其他很多有趣的把戏"。19世纪的绘画明显地再现了前面谈到的荷兰艺术和现实之间的脱节。在当时欧美的会客厅、娱乐间和起居室里陈列的成千上万幅作品中——无论是专业的还是业余的——我从未见过任何一幅作品描绘了痰盂，尽管在同时期的财产记录中痰盂被列为日常用具。[14]

到了20世纪，有关疾病传播的新知识使人们认识到，随地吐痰似乎是很危险的，并倾向于把痰盂视为不文明时代的标记，尽管少数文章里仍然提到了这种隐形家具。20世纪20年代，美国政府颁布了《铁路卫生法典》，其中用了一整页阐述禁止随地吐痰的规定，不仅是在火车车厢里，还包括车站售票处、候车室和站台。20世纪40年代的邮购产品目录仍继续刊登痰盂广告，出售痰盂，但是它在文献和回忆录中已消失了三四十年，无人谈及了。

隐形家具不仅是一种历史现象，当今时尚杂志拍摄的照片也反映了这一点，它们仅从表面上记录人们的住宅，肤浅地展示房子的真实状况，忽略磨损、破洞、污渍和日常生活的标志。牙刷在哪里？布满杂乱电线的电源插座在哪里？儿童的塑料玩具，还有澡盆里的排水筛和清洁马桶的刷子都在哪里？如果将杂志图像所反映的内容视为人们生活起居的全部，那么，未来的人类可能不会了解21世纪的大多数人要刷牙，正如今天很少有人意识到随地吐痰在不久之前还是人们的一种日常习惯。

20世纪的一些非专业摄影作品得以让我们看到了表层之下的一些真相；进入21世纪以来，人们常用手机捕捉到隐形家具，并晒在脸书网（Facebook）上；有的网站提供一种平台，如"猫途鹰"（TripAdvisor），可将客户拍摄的酒店客房的真实图像同专业摄影师的理想化客房宣传图片进行比较。专业摄影，如同过去的小说或荷兰黄金时期的绘画，其目的不是忠实地反映大多数人的生活境况。电视或电影似乎较为"真实"，但也不是可靠的日常生活记录。两百年之后，一个依赖2014年的电视节目来考察现今人类日常生活的历史学家，永远也不会发现人们花了很多时间观看电视。无论制片人如何坚定地要拍摄一档反映真实生活的节目，也很难想象一部警察侦探片中会出现这种场景：侦探在辛苦地调查了一天之后，累得瘫坐在电视机前，整晚一言不发。这并不是由于体裁不合适，而是因为这不是影片制作的目的，正如摄影作品展示名流的漂亮宅邸时从不暴露房后的垃圾箱一样。在讨论当代的信息来源时,这些缺席和遗漏是显而易见的。然而,考察历史的情况就不同了,一则,缺席和遗漏之物不易辨别;二则,我们所能找到的全部原材料仅限于此。

痰盂、吐痰习惯和隐形家具可以凸显人们行为方式的改变。我们还需认识到,如今使用餐桌的方式跟过去并不一定相同,即使仍用同一张餐桌。1853年《潘趣》(Punch)杂志刊登了约翰·利奇(John Leech)创作的一幅卡通画,它勾勒出一个性别颠倒的世界:饭后男人们都去客厅歇息了,只剩下女人们在抽烟、喝酒,谈论射猎野鸡的话题。餐厅里杂乱不堪,桌布皱皱巴巴,椅子东倒西歪。[15] 淑女们不是正襟危坐,而是跟酒足饭饱的男人一样,把椅子拉离桌子,舒坦地半倚着闲聊;一个女人竟把脚翘在了一把空椅上。19 世纪的许多小说曾描写男人饭后饮酒的情节,但大多数着重于谈话内容,很少描述参与者的肢体动作,像利奇这样描绘如此做派女人的卡通画更为罕见。奇怪的是,无须赘言,利奇描绘的反串场景正是我们必须印证的在其他作品中显示的男人行为方式。利奇设想,即使通过女人来表现,读者仍然能够识别出男性的典型行为,从而表明这类行为的存在是非常普遍的。

我在撰写本书的过程中体会到,试图重构人们生活的物质环境是相当不易的;若想重现人们在物质环境中如何生活,以及在日常生活中如何利用环境,则是更为复杂和多层次的任务。有些东西是事实上存在的,有些是当时人们的看法,不一定反映事实上的存在;有些信息被当时的人们选择记录下来,有些则未被记录下来;而且,对有些信息的解释会随着时间的推移而发生变化。没有任何要素是固定不变的,或是仅有一个简单的出处。举例说,家庭生活的故事通常告诉我们,自18世纪始,较富裕的英国家庭的卧室变

THE DINING ROOM.

Lady of the House. "NOW THEN, GIRLS! FILL YOUR GLASSES! BUMPERS! HERE'S JUST ONE TOAST WHICH I AM SURE YOU WILL ALL DRINK WITH PLEASURE. THE GENTLEMEN!!"

得越来越独立于公共空间,并且按性别和年龄分区(父母和孩子分睡,男孩和女孩分睡),按地位阶层分区[仆人不再同主人睡在同一个房间,更不睡在同一张床上,而是睡在顶楼(attic)或地下室(basement)里]。然而,1710年伦敦两个法院的案例显示,实际情况是比较复杂的。有一家人严格执行主仆分离的规则,各自使用不同的楼梯;另一家户主的侄女同女仆共用一间顶楼卧室,房客和他的仆人同住一间客房。[16]这两家居民的社会背景和财务状况基本相同,然而一家的主仆几乎完全隔离,另一家则完全混合。无论是小说、礼仪手册还是建筑学论文的描述,都未必体现了每家的实际生活。然而,不管是相信荷兰绘画反映了该时期的真实家居,还是对随地吐痰现象的现代失忆,人们往往想当然地做出错误的推测,仿佛我们今天所看到的是永久不变的事实。

此书的目的像利奇的卡通画所描绘的那样,揭示过去的家居生活真相。在第一部分中,我将概述政治、宗教、经济和社会的变化如何造就了一种特定的环境,从中孕育出"家"的文化,在欧洲西北部兴起和流行,然后传至美国;在第二部分中,我将描述技术创新如何建立了基础设施,从舒适的家具到水暖管道,成为人们普遍持有的"家"观念的一部分。"家"的观念诞生于现代早期,即17世纪,在18世纪和19世纪加速发展,直到20世纪上半叶。之后出现了现代主义——被称为"透明之家"(not-at-home)[①]运动,带来了观念上的根本改变。在此,我最关心的问题,不是椅子的风格,而是人们坐在上面的方式;不是杂志所描述的时尚,而是有多少人追寻这种时尚;不是室内装潢本身,而是装潢如何反映房子里居民的行为;反过来,人们的行为如何受到他们及所属阶层的信仰和价值观的影响。总体来说,如何形成一个"家"同怎样建造一个"住宅"的概念是有鲜明区别的。然而,有关建筑艺术、室内装潢、家庭生活、社会和经济史方面的论著很多,而对于"家"的概念及其历史的深入研究相对欠缺。"家"如何变成了人们心灵的特殊归宿?这个问题常被忽视。

在描述某一事物的周边物质环境时,需要将之同导致该事物产生或改变它的行为区分开来;同样,也需要将物质环境的现实同人们在其中的感受区分开来。1596年,诗人埃德蒙·斯宾塞(Edmund Spenser)描述爱尔兰是一个"野蛮、荒凉和辽阔"的地方,虽然有些爱尔兰人也是从英格兰移居去的,但对"锅、碗、水壶等日用器具很不讲究,家里没有床垫和羽毛垫之类。因而可以推断,他们未受过教育,缺乏礼貌和诚信,并且很粗鲁"。在16世纪末期,没有厨房用具(或质量粗劣)、床上用品或其他日用品的人家被视为

[①] 直译为"不在家中"。现代主义建筑青睐采用玻璃建造外墙,空间布局开放,且非常贴近、暴露于大自然,颠覆了传统的住宅概念,故作者称之为"不在家中"。——译者注

粗俗，遭人鄙夷。近三百年后，即1865年，在对一个饿死的男子进行案例调查时，他的遗孀声称，尽管家中揭不开锅，她的丈夫却拒绝住到济贫院里去，理由是舍不得离开"这个舒适的小家"。可是，中产阶级人士组成的陪审团到他家里一看，发现除了角落里有一堆稻草，四壁徒空。陪审团便要求那个寡妇做出解释。那个寡妇"哭了起来，说他们有一床被子和其他一些小物件"。毋庸置疑，不管是16世纪的爱尔兰人，还是维多利亚时代的这位寡妇，他们尽管没有"锅、碗、水壶、床垫和羽毛垫之类"的财产，但对自己"小家"的眷恋之情是同样深厚的。[17]

"家"这个词自古存在；人们对家园的热爱也始终如一，因而，"家"的含义很容易被简单化，除非我们能够勾勒出一个明晰的轮廓。我将试图在本书中阐述"家"的概念及其演变，探讨它如何在现实生活中逐渐形成，以及在现代历史进程中的发展和变化。

第一部分

第一章
家庭模式

如今，每当提起"家"这个字，许多人想到的是从外部世界退避到自己的小天地中去；同时，绝大多数人同意这一点：工业产品使家庭生活变得更加称心如意。现代欧洲住宅的物质现实，无论是轻易可得的消费品，还是照明、卫生和取暖设施——我们的"舒适小家"——是随着西欧和北欧出现的工业革命而诞生的，这不是一种巧合。

经济发展史的关键问题之一是，为什么原来在政治、地理和经济上属于次要的、落后的西欧和北欧会成为工业世界的发动机？为什么交织合成"现代性"的那些要素——推动工业革命和资本主义发展的"单一民族主权国家概念"和"技术创新"，会在这个地区产生？就欧洲来说，文艺复兴起源的意大利城邦国家，或世间的伟大宫廷和国际化的法国，或许应当是现代化的显要中心；在世界舞台上，大一统的中华帝国似乎更有资格领导世界潮流。然而，实际情况恰恰相反，率先是荷兰，随后是英国，这两个尤其在政治上无足轻重的国家，成了现代化变革的温床。①

这个问题的答案倾向于循环论证：现代社会之所以在这些地方产生，因为它们是工业革命的发源地。那么，为什么工业革命会发源于此呢？普遍接受的观点是，工业革命是由欧洲西北部发生的一系列事件导致的。首先，封建制度的衰落（在英国，主要是庄园制度的崩溃，因为那里的封建制度早已大大地削弱了）使农业地区的佃农变得强大，形成了一个新阶级，它比城市里出现的（由专业人士构成的）中产阶级还要早些；其次，人口的增加推动了剩余农业劳动力进入初级工业行业，并鼓励他们迁移到城市化的地区；再次，航运和探险的扩张开辟了贸易路线，使人们获得了前所未见的商品及供富豪阶层享有的奢侈品；最后，国家掌控，以及同时对巩固殖民地的基础给予补贴的措施，降低了贸易行会〔如卡特尔（cartels）〕的权力，避免它们无限地提高价格或遏制其他企业的发展。

在上述社会演变发生之际，阿姆斯特丹首先产生了自由贸易的明晰理念，并建立了新型的金融体系。与此同时，另一个信仰体系——欧洲西北部信奉的基督教新教（Protestantism）——将"勤奋工作"神圣化，进而认定世俗的成功是上帝赐予的恩典。这种信仰伴随着贸易和金融的发展，孕育出了一种新的社会思潮，社会学家马克斯·韦伯（Max Weber）将之命名为"资本主义精神"。此

---

① 鉴于本书内容涵盖了相当长的时间跨度，涉及国家名称时不太容易做出明确的选择。16 或 17 世纪荷兰的地理区域跟当今不同；1861 年之前的意大利和 1871 年之前的德国政治版图也跟今天的不一样。对此，我尽可能选择符合当时政治现实的表述。在本书中，我称 1776 年之前的美国为"殖民地"，1776 年之后的美国为"美利坚合众国"。对于英国，联合法案（Act of Union）之前称"英格兰"（England），之后称"英国"（Britain）。然而，在必要的情况下，我采用了后来才产生的地名，例如英格兰的普利茅斯（Plymouth）和美国马萨诸塞州的普利茅斯。在拘泥于历史真同选择清晰、简洁的表述相左的情况下，我一般采用后一种表述方式。倘有不妥之处，特此致歉，恳请见谅。

外，还有其他一些混合因素，包括人口构成的文化水准相对较高；实行了一种奖励创新的专利制度；最重要的是，拥有丰富的自然资源。在18世纪初，英格兰每年开采煤炭近300万吨，是世界其他地区开采总量的五倍之多。[1]

这些综合的因素，而不是任何单一的因素，导致了工业革命的产生。这些因素在其他地方也全部或部分存在，但是，由于偶然的机会和特殊的情况，它们在欧洲西北部同时或连续地发生了。正如约翰逊博士①曾经指出的，"重大事变往往不是由某一个强大因素导致的"，温和因素的汇合累积可以产生巨大的效力。[2]

回过头再读《鲁滨逊漂流记》，我们可以发现，在1719年，上述因素就已经在英国交错地出现了。该小说持续畅销的原因之一是，它的主题可从多方面来诠释：清教徒的心灵自传，殖民地的剥削和贸易故事，现代个人主义的画像，或是资本主义演变的纪实。古典经济学家引用鲁滨逊的例子来证明自己的生产理论；卡尔·马克思（Karl Marx）借助这个故事来阐释"供使用的生产"与"供交换的生产"之不同。鲁滨逊本身可被视为工业革命精神的象征，他通过奉行新教教徒"勤奋工作"的职业道德，以及巧妙地利用现代西欧的贸易和技术成果（从沉船上打捞起来的工具），在荒岛上建立了新的生活。[3]

笛福显然对（后来成为）经济学的领域颇感兴趣。他坦承："'贸易'是我真正迷恋的情人。"[4]在笛福的小说出版半个世纪之后，亚当·斯密（Adam Smith）的开创性论著《国富论》（The Wealth of Nations）于1776年问世，他阐明了政治经济学的一些核

---

① 人们对英国作家塞缪尔·约翰逊（Samuel Johnson，1709—1784）的通常称呼。——译者注

心特征，其中包括竞争、资源配置和劳动力分工。这种政治经济体制很快被命名为"资本主义"。但是鲁滨逊，或者说笛福，比斯密要超前，他在小说中三十多次使用"国富"这个词语。斯密提出了供给和需求关系的经典释义：当一种商品丰富时，其价值将下降；当一种商品变得稀缺时，其价值将上升。而在笛福的小说里，鲁滨逊早已生活在这种经济关系之中了。在遭遇海难之前，他通过做贸易过着舒适的生活。他将英国的商品出口到巴西，那里的商品稀缺，因而更有价值，从中获利。

工业革命的蓬勃发展尚需第二次革命——消费革命[①]，它始于17世纪初，18世纪初开始加速。在过去的几十年里，消费史学家和研究范围更广的物质文化史学家们修正了"供应和需求"这一短语，认为将两者的关系颠倒一下方能更好地解释历史。不是供给驱动需求，而是需求驱动供给。消费者对商品和物质的欲望为工业革命和现代社会的产生提供了环境和条件。假如没有对商品的欲望以及购买商品的能力，促成工业革命的各种因素只能是一些孤立的事件。倘若没有需求，工业革命会出现吗？答案是否定的。

而正如前面提到的问题："为什么工业革命会在欧洲西北部发生？"关于消费革命起源的解释也存在着循环论证的倾向。在很多地区，比如中国，一些人有足够的收入来满足超出生存需要的消费，可是那里并没有产生消费革命。这是为什么呢？通常的解释是，社会效仿心理刺激人们对消费品的欲望。也就是说，当人们渴望保持和提升自身地位时，不仅会与同类人攀比，而且会试图模仿社会地位更高的阶层，于是就激发了消费的欲望。在最早受到消费

---

① "消费革命"（consumer revolution）指的是1600—1750年间发生在英格兰等西北欧国家的一个社会现象：来自不同经济和社会背景的人们消费奢侈品和产品的数量与品种显著增加。消费革命标志着由节俭和稀缺主导的传统社会生活模式的转变。——译者注

革命影响的荷兰和英格兰,社会阶层之间的差距是相当小的,比较容易彼此渗透。尤其随着新的广告技术和印刷文化的出现,下一阶层的人较易跨越间距较小的社会阶梯。相比之下,在许多基于出身而确立社会地位的制度中,变换阶层是很困难的。譬如,一个没落贵族的子孙,在法国或印度只能一辈子是穷贵族,而在英国他可以去当工人。报纸、杂志等印刷品快速地传播新的商品信息,商品流通范围和种类之广前所未有,许多地区都出现过商业销售活动和争相消费的现象,然而,消费革命,作为社会整体生活模式的演变,却只产生于特定的地区。[5]

那么,首先,是什么引起了需求?其次,是什么激发了购买商品的欲望?在某种程度上,消费革命或许被看作四次大革命的最终产物:一、荷兰反对西班牙统治的"八十年战争"(1648年以荷兰共和国独立而结束);二、1776年的美国独立革命;三、1789—1799年的法国大革命;四、长达一个多世纪的工业革命。这些革命的结果形成了一种流动性较强的社会结构,"中产阶级"的称呼开始出现,其权力逐渐增大,地主阶级和贵族的权力则相应削弱。这个新阶级,尤其是在荷兰,自中世纪以来主要不是以拥有土地,而是通过现金市场经济致富。"资本主义经济的精髓"金融工具的兴起正是发源于荷兰,它为商业信用和政府借贷提供了渠道。现代城市也从那里兴起。荷兰独立战争与新教改革携手,给土地所有权带来了前所未有的变化。改革之前,乌得勒支(Utrecht)所有财产的30%以上属于教堂;改革之后,财产被转移到城市政府或是俗界私人手中。① 城市化既是工业化的一个诱因,也是它的一个副产品;它

---

① 几十年前都铎王朝颁布的《解散修院法令》(The Dissolution of the Monasteries)表面上虽与荷兰的改革相似,实际上却是将土地从教会转移给君主国家。

同时改变了社会价值的衡量标尺,不再以血统或人品为基准,而是更多地依据同个人拥有的财产紧密相关的自我价值。上述这些因素的共同作用营造出一个大的环境,从中产生消费革命是一个必然的结果。[6]

不过,导致消费革命或许还有一个更重要的原因,即欧洲西北部的独特婚姻制度。它显然跟家庭的关系要紧密得多,过去被忽略或轻视了,由历史学家玛丽·S.哈特曼(Mary S. Hartman)首次提出,在我看来颇有道理。这种婚姻制度不存在于任何其他地区。它是一种核心家庭生活模式,在16世纪初或更早就基本形成。① 其基本特征是,结婚年龄较晚(男人二十八九岁,女人二十四五岁);夫妇的年龄比在早龄婚姻社会里的更接近;在结婚之前,男人和女人通常都在现金经济环境中工作了相当长的时间,共同为结婚和建立家庭奠定了财务基础。②(在欧洲西北部,青春期前的女孩嫁给年长男人的情况只存在于统治集团内部,其目的是巩固王朝和增加财富。[7])

令人惊讶的是,甚至"家庭"这个似乎恒久不变的词,在不同时期也具有不同的含义。在古罗马时代,"famulus"(随从)指的是奴隶;"familia"(家庭)跟血缘完全无关,而是表示所有权。在中世纪的欧洲北部,一个"家庭"指的是共同生活在一座房子里的成员,包括拥有的奴隶,却不包括户主自己。对于户主来说,"家庭"的概念表达的是一种卑屈关系,而不是血缘和亲属关系。在文艺复兴时期的意大利,作家、建筑师莱昂·巴蒂斯塔·阿尔伯蒂(Leon Battista Alberti)希望他的孩子能在小家庭里快乐地生活,但他选择了一个小词"famigliola"来表述他心目中的亲密关系,因为

---

① 有关的历史记载很少,但每一次发现较早的记录,均表明这种模式已经存在了。
② 历史学家和社会学家认为,符合这些标准的婚姻属于他们所定义的"西北欧洲晚龄婚姻模式"。我在此简称为"晚婚模式"。

"famiglia"意味着整个大家庭,不论是否有血缘关系或感情亲疏都包括在内。在不列颠群岛,"家庭"(family)也是对生活在同一屋檐下的人的统称;对有血缘关系的人则称为"朋友"(friends)。莎士比亚在《罗密欧和朱丽叶》(*Romeo and Juliet*)中写道,劳伦斯修士(Friar Lawrence)建议罗密欧离家出走,"直到能够……同你的朋友和解的时候"再回来[8]。

到了17世纪,尽管"家庭"这个词的含义已经扩大为将户主包括在内,但塞缪尔·佩皮斯仍将"我的家人"总计为"我和妻子,我的秘书威廉,妻子的领班女仆简,……厨娘苏珊……以及我的儿子维曼"。由此可见,"家庭"不是一个绝对固定的群体,而是根据不同时间和情境而增减变化的。18世纪的一篇日记中称受雇的仆人为"我的家人";假如他不再受雇,则改称为"我从前的仆人"。进入19世纪,以英语为母语的人们在日常生活中用"家庭"指称有血缘关系的亲属,但在正式场合仍保留旧时的用法。直到1851年底,大不列颠人口普查仍将"家庭成员"定义为"妻子、孩子、仆人、亲戚、访客,以及时常或偶尔住在家里的人"。显而易见,户主仍未被列为家庭的正式成员。[9]

即使今天,世界各地仍存在着许多不同类型的家庭模式及生活安排方式,它们揭示了人类对基本生存需求广泛多样的反应。在法国西南部,二十来岁的年轻人结为配偶时,传统上通常是女方搬进男方家庭拥有的"ostal"——这个词显然同时指房子和家庭,它仅由一个儿子继承,其余的子女至多分到一些现金或动产。①在东欧,农奴住在多家合居的房子里。在克罗地亚(Croatia)和塞

---

① 这就是为什么在这种类型的社会中有较多的未婚男子。他们没有房屋继承权,无力给妻子提供住所。

尔维亚（Serbia）的扎德鲁加（zadruga）社区，几代同堂的父系大家庭共同拥有所有的土地，儿子们带着妻子住在他们出生的房子里，生活在多核家庭结构中。[①] 其他一些地区偏重采用多种不同的家庭结构，如"非家庭组合"（两个兄弟或两个堂表亲分享一所住宅）、"扩展家庭组合"（一对夫妇与其他未婚亲属合住，但不是两对夫妇同住），或"多家庭组合"（两对或两对以上的夫妇同住，有多种安排方式）。此外还有"主干家庭"（儿子和儿媳结婚后与男方的父母生活在一起）、"平行家庭"（如两兄弟的家庭合住）。简而言之，这些都被称为扩展家庭及其变种，存在于欧洲的不同地区。[10]

"家园国度"里普遍存在的核心家庭模式，在西班牙、葡萄牙和意大利的部分地区也很常见。所不同的是，"家园国度"里的核心家庭很少有其他亲属加入，只有极少数家庭吸收其他亲属一起生活。在美国罗得岛州只有3%；即使在17世纪人口稠密的荷兰城市，比例也很小。两个多世纪以来，英国家庭里仅10%有非核心亲属永久居住。[11]这种情况在"住宅国度"里是无法想象的。譬如，在意大利的某个地区，超过一半的家庭里有非核心成员居住。

上述是对家庭生活模式的粗略概括。正如"家庭"在不同时代具有不同含义，"婚姻"的概念也是如此。虽然它在历史上有诸多演变，但后人已经不大了解，就像今人对痰盂的无知一样。在简·奥斯汀（Jane Austen）的小说《傲慢与偏见》（*Pride and Prejudice*，1813）中，柯林斯（Collins）牧师列出了打算结婚的几条理由："第一，每一个（像我这样）生活条件充裕的牧师都应给

---

① 一些学者质疑"扎德鲁加"究竟是通常存在的一种社会形式，还是人们对过去美好时光的怀旧。不管怎样，在农村地区，复杂结构的家庭是常态；核心家庭则限于城市。

他人树立婚姻的榜样;第二,我相信,这将大大增进我的幸福感;第三,也许我应当早些提及……我很荣幸地拥有一位尊贵的女施主,这是她给我的特别忠告和建议。"[12]

现代读者仍然可以从这种"预期落空"的文学笔法中获得愉悦。读者会跟柯斯林先生的准未婚妻一样感到震惊,他们预想的是,即使不侈谈爱情,柯斯林先生"应当早些提及"的起码是对未婚妻应有的敬佩和喜爱啊。相反,柯斯林先生最先想到的是自己在社会上的地位及相应的财富;婚姻幸福位居其次;接着,他十分可笑地希望通过取悦施主来获得职业升迁和攀登社会阶梯。当时的读者且会有更深一层的体会,其含义如今已变得比较费解了。简·奥斯汀嘲笑人类的浮华,尽管她本人是一位牧师的女儿,却滑稽地模仿《公祷书》(*Book of Common Prayer*)的词句,列举了很多类似柯斯林所说的结婚理由:"首要的是生儿育女,……其次是为消除犯罪,避免淫乱,……再次是互惠社会。无论处于顺境还是逆境,人们都应当能够从他人那里获得帮助和慰藉。"在奥斯汀开始写作的19世纪初,教会将婚姻中伴侣关系的重要性放在最后,而将生育和避免淫乱放在优先地位,这种说教成为一种喜剧素材。在奥斯汀及其社交圈的人们看来,位居"再次"的结婚理由显然应该是"首要的"。事实上,简括而言,奥斯汀的所有小说都是在探索如何寻找合适的终身伴侣。[13]

奥斯汀笔下的滑稽戏清楚地表明,在过去的两个世纪里,欧洲西北部的婚姻观念产生了根本的变化。在历史的大部分时期,对于大多数人来说,生存是婚姻的目的;或者对富裕家庭来说,财产是婚姻的目的。婚姻能够创造出为维护家庭单位的基本劳动力,传递工作和社会技能。在贵族和富裕阶层中,婚姻是一种社会建构,它确保财富安全地传递给后代,甚或使财富增长。在

1517年马丁·路德（Martin Luther）公布他的第95篇论文时，欧洲西北部的大部分地区已进入封建社会晚期，新的权力结构及相关的观念开始萌生。此前教堂里已经普遍出现了描绘圣家庭（圣婴耶稣、圣母玛利亚和圣约瑟）的绘画，这表明世俗家庭在社会中的重要性日益增强，至少对于那些画作的委托人来说是如此。天主教会认为，对于那些无法恪守独身的人来说，婚姻是一项次优选择。《哥林多前书》（*1st Corinthians*）中说："与其欲火攻心，倒不如嫁娶为妙。"相比之下，新教把婚姻伴侣关系作为精神管辖的核心，《创世记》（*Genesis*）宣称："那人独居不好。"一个男人与妻子的伴侣关系开始被视为社会的基本单位。新的宗教产生的这种新观念，恰恰植根于欧洲西北部盛行的晚婚模式中，其中两个相对平等的成年人互相选择对方，而不是作为小辈来接受双方家族做出的共同决定。[14]

现代的一位性历史学家认为，前现代的婚姻始于"产权安排，婚后的主要任务是养育孩子；夫妻感情直到晚年才彰显出来"，然而，20世纪的婚姻"始于爱情，婚后主要关注的仍然是养育孩子……而婚姻的结束常常跟财产有关"。在早婚模式的社会中，夫妇不必要，也没有机会为自己筹划在社会上立足。他们遵循长期存在的传统和安排，搬进一个住所——在事实上或象征意义上都是由长辈提供的。相比之下，在晚婚模式的国家里，年轻男女都在外面工作，高达40%的妇女在婚前从事过家政服务。到了19世纪，在许多"家园国度"里，一生中某个阶段从事过家政服务的妇女比例高达90%，通常始于十三四岁。男孩子做学徒的年龄与此相仿。他们早期住在师傅家里，然后开始独立生活，并需要自给自足。这些青少年可以接触到各色人等和新的处事方式；他们得以观察社会各个阶层的生活、家庭模式以及使用的不同技术；他们有时去很远的地方找工作，同雇主订立合同，且在必要时跟雇主谈判，或终止合同——假如他们决定选择其他更好的工作；他们学会同陌生人处理商业和感情问题。总而言之，他们对自己的财务和个人幸福负责。[15]

新婚夫妇建立家庭后需要购置商品，因为他们有多年的收入和现金积蓄，所以至少在一定程度上可以模仿他们接触过的一些富足人家的生活。在工业革命发生之前，妇女作为有平等收入的一方进入婚姻，并且在婚姻中继续提供经济生产力。即使在普遍工业化之后，这仍然是大多数妇女的真实状况，劳动者总是占大多数。妻子经常充当丈夫的工作伙伴。男人承担繁重的体力劳动，妇女管理农场、经营商店或做贸易。这类工作，在早婚模式的社会中是由生活在父母家里的男性成员承担的。有的男人外出做季节性工作，妻子负责照顾家庭，兼种一小块地、饲养家禽，或经营乳品生意。她们也为家中成员洗衣、缝纫和纺织。尤其是在乡村，有些妇女要用羊毛、乳制品、鸡蛋或蜂蜜来交换不能自制的商品，如糖、铁制用具等。

在晚婚模式中，平等的双方建立关系之后，继续作为合作伙伴。因而，一种赋予个体以极大自主性的宗教便同这种家庭结构完美地融合起来，它便是新教。正如人们论及工业革命产生的原因，宗教改革的起源一般也被认为是一些综合因素：人们厌恶教会的腐败；神圣罗马帝国（Holy Roman Empire）的衰落；单一民族主权国家的兴起；欧洲人口急剧下降（14世纪的黑死病瘟疫导致约3500万人死亡，占欧洲总人口的一半）；新技术的发展，最显著的是印刷机。所有这些都是必要因素。但同样重要的是，新的宗教同家庭模式的改变相吻合。马丁·路德发起的宗教改革运动扎根和立足的地理范围，几乎丝毫不差地处于实行晚婚模式的欧洲西北部新月地区，即有单独的词语分别表示"住宅"和"家"的那些国家。①经济史学家 R. H. 托尼（R. H. Tawney）令人信服地指出，新教的兴起是资本主义发展的结果，而不是相反。然而，自从他提出这一见解以来，消费革命的概念逐渐引起了人们的关注，它同家庭生活的观念一样，成为值得研究的领域。这两者的结合或能扩展托尼的理论：新教的兴起不仅是资本主义发展的结果，而且是随着晚婚模式的实践和家园观念的诞生而产生的结果。[16]晚婚模式和家园观念的诞生可视为资本主义的引擎之一，它创造出带动资本主义供应增长的需求。

英国牧师威廉·高奇（William Gouge）在1622年首次将核心家庭比喻为"小联邦"（little commonwealth）。关于它是怎样产生的，如何认识它，新教信徒和天主教教信徒的看法是不同的。从理论上讲，天主教的婚姻观是绝对的，而且绝对简单：男女双方交换口头誓言之后，婚姻契约即订立了。从11世纪开始，假如一个超过12岁的女孩同一个已满14岁的男孩大声地互相许下诺言"我选择你作为我的丈夫/妻子"，他们就算是结婚了，永远不可分离。相比之下，在奉行新教的欧洲地区，世俗的成分在婚姻中是不可或缺的。结婚预告必须在交换誓言的几星期前当众宣读，通告社区；而且，誓言必须在公共场合做出才是有效的，它表明父母的同意态度。若是发布结婚预告但没有社区参与和公众认可，婚姻即可被宣

---

① 当然，这是一个长期以来具有广泛相关性的问题，它存在许多不规则的现象，不具有完整的同一性。法国北部在地理位置上是欧洲西北部的一部分，但其封建制度长期存在，其婚姻模式同地中海南部相匹配；法国、爱尔兰和一些德语地区仍然主要信奉天主教，而爱尔兰和德国的文化适应"家园"模式，法国的大部分则不然。我所谈的反映了数百年中各个地区的很多重叠现象，而不是一丝不苟地拘泥于每个细节。

告无效。①

不过，对于天主教教徒和新教教徒来说，有一点是共同的，婚姻不像今天这样是个单一事件，即一个人在发誓之前是单身，发誓之后就结婚了。直到 18 世纪，在大多数地方，结婚是一个过程，一个人可能迈进了婚姻之门但尚未完婚。最常见的分为四个阶段，每个阶段都有约束力，因而，即使一对男女不继续走到下一阶段，之前的阶段也不能撤销。概括地说是这样：第一阶段，同意结婚的一对男女做出正式承诺，无论是当众还是私下。之后，当着一个公证人的面，双方公开宣布同意结婚，有时是在教堂外，有时是在家里。第二阶段，筹划结婚，双方可能会互赠戒指或其他象征物件。接下来是第三阶段，婚礼本身，通常有牧师在场主持但不是必需的。婚礼之后，这对夫妇就搬到一起居住了。最后是圆房，它有时发生在第三阶段之后，有时则在第一阶段之后；假如女孩子很年轻，婚礼完毕后要等几年才能圆房，这种情况通常发生在上层社会。不过，相比其他的因素，发生性行为并不会增加解除婚姻协议的难度。

不同的教派，不同的国家，不同的城市，甚至不同的家庭，都有各自的规矩：至少要到多大年龄才能无须父母的准许而结婚？交换誓言的内容和方式是什么？这些均依时间和地点的不同而变化，甚至赠送戒指也不见得是必要的礼数。在 16 世纪瑞士的一些城市，尽管法律要求结婚须有父母同意、社区公众参与和在教堂举行仪式，但很多人接受这种观点：任何夫妇只要交换了誓言都是合法婚姻。在英国，双方同意是唯一必要条件；通过其他繁琐礼节而完成

---

① 在 16 世纪，天主教会的规矩有所改变，采用了类似新教的程序：需要有一个预告期，提前数周在教堂里宣布结婚意向；结婚仪式必须由一位牧师主持，并需要有一组见证人出席。

的婚姻是"可以接受的，但不是合乎法律程序的"。未经父母同意而交换了誓言但没有圆房的一对不能算是已经结婚，但他们也不可以自由地嫁/娶他人。据一位历史学家估算，在17世纪，已婚人口中只有一半是遵照教会法结婚的。1753年英国实行改革，清除了旧的三阶段体系和那些不正规的婚姻。自此，婚姻必须在教堂（或犹太会堂、教友会室）里注册，由牧师主持婚礼；21岁以下的人需取得父母的同意方可结婚；上述要求若有任何一条不符，婚姻协议便是无效的。①[17]

尽管如此，在17世纪的欧洲西北部，已婚并不是大多数成年人的生活状况。当时人类的预期寿命相当低，这意味着在二三十岁时结婚的夫妻平均只有不到二十年的共同生活时间。在"家园国度"里，男性人口并不明显比女性多，这不同于早期婚姻社会的一般情形。在女性外出工作的社会里，她们存活到成年的数目大幅增加；而在女性不外出工作的社会中，她们被看作耗费金钱，仅在短期内用作生儿育女的工具，因而较少存活到成熟年龄。据记载，在14世纪法国西南部的一些村庄里，男孩的数量为女孩的两倍。对此，比较容易为人接受的解释是，由于男孩比女孩更受重视，所以官方文件中比较经常或定期地做出记录；另一种解释是，早婚模式社会将女孩看作一种负担，因而普遍存在虐杀或疏于照管女婴的现象。在晚婚社会中，男性和女性的人口数量基本相等，因而总是存在大量从未结婚的人口，二三十岁的人未婚很常见。当时西欧的已婚人口一般仅占成年人口的三分之一。（今天西欧的已婚人口比例徘徊在50%左右。）[18]

---

① 该法案未在苏格兰实施，因而一些人离家出走，越过边界到格雷特纳格林（Gretna Green）去结婚。这些未经父母同意的婚姻在苏格兰是合法的，英国或威尔士不能撤销。

人们可能会推论，存在大量从未结婚人口的一个副作用将是出现高比例的非婚生育，事实恰恰相反，在欧洲的"住宅国度"里，非婚生孩子的比例更高。在16世纪和17世纪的佛罗伦萨（Florence），十分之一的婴儿被遗弃；在图卢兹（Toulouse），遗弃婴儿的比例接近佛罗伦萨，到17世纪末则增至五分之一；在经济状况特别恶劣的时期，被遗弃的婴儿高达四分之一。在17世纪70年代的巴黎，每年有超过三百名儿童被遗弃，相比而言，1700年阿姆斯特丹的人口是法国首都人口的一半，却仅有20个私生子记录在案。与此同时，英国在16世纪的非婚生子记录是空前最低水平：在萨福克郡的一个教区，16世纪的最后十几年间没有一例记录；在接下来的半个世纪中，每144个出生记录中只有一个私生子。到了18世纪，当城市化和工业化彻底重建了社会常规，英国的这一数字上升到每33个注册的出生婴儿中就有一个是非婚所生的，但相比同期奥地利的五分之一非婚生率还是非常低的。弃婴率最高的国家分别是法国、比利时、葡萄牙、西班牙、爱尔兰、意大利、波兰，以及今天捷克共和国所在的地区（19世纪早期在布拉格有40%的婴儿被遗弃），再加上奥地利（在同一时期维也纳有一半的婴儿被遗弃）。①[19]

"家园国度"的非婚生育比例之低可能部分归因于男女人口的比例相等。（在男人数量比女人多的社会里可发现更多的性侵事件。）也可部分归因于男女地位相对平等，男人和女人均从青少年

---

① 大量的弃婴发生在天主教占主导的国家，这是很清楚的。我无法立即解释其原因，好在这个问题超出了本书探讨的范围。必须强调的一点是，弃婴并不一定等同于私生子，贫困一直是遗弃儿童的最直接原因。无论在"住宅国度"还是"家园国度"，经济困难的程度同弃婴人数增长均有密切关联。

期就开始工作。[1] 在某些时期和某些地区，社会设置了某种"安全阀"机制。其中之一是"绑定"习俗[20]，即恋爱中的男女可以举行一种过夜仪式，但并不发生性交。这在"家园国度"之外几乎是闻所未闻的。另有一种可能性是，"家园国度"里一旦发现未婚怀孕的现象，就会立即结婚或被迫成婚，或由所谓"姨妈"之类的人收养孩子，因而非婚生育的情况被掩盖了。但是，在英美以及其他一些国家，非婚生育是由当地教区负责记录的，假如存在这类掩盖花招，各个教区的数字可能会有很大的波动，然而这种情况并未出现。

一般来说，晚婚，尽管仅推迟几年结婚，但在生殖能力最旺盛的年龄段保持单身，明显地缩短了欧洲西北部妇女的生育年限。这也意味着，不同于人们常常对历史做出的假设，妇女们并没有毅然地将个人生活同养育孩子紧密地联系起来。甚至在19世纪之前，当女性在婚姻中扮演和谐伴侣角色时，她们便已能通过节欲及其他控制方式主动地减少生育。在下半生的生活中，年老的父母由未婚子女负责照顾。根据现存的英国最早的人口普查记录，老年夫妇多数有未婚子女同住。莎剧《李尔王》(*King Lear*)基于12世纪的一个传奇故事，它告诫人们，老年父母同已婚的儿女生活在一起将导致灾难性的后果。这种非自然的家庭境况显然是16世纪的热门题材，莎士比亚先声夺人；之后，曾经对爱尔兰式家庭生活不屑一顾的埃德蒙·斯宾塞和约翰·希金斯（John Higgins）也采用了这个

---

[1] 这必须如常地放在一个历史的框架中来认识。西北欧的性别平等是相对于同时期其他地区而言的。一位历史学家论述了关于伴侣婚姻及相对平等的一个有趣现象：欧洲西北部和北美殖民地出现的"猎杀女巫"风潮在16世纪末和17世纪初达到白热化程度，反映了男性对这种新型平等的怨恨之气。她指出，被诬为女巫者往往是经营企业或拥有土地的非传统角色女性，"猎杀女巫"是在男性和女性的掌控领域首次发生重叠后的一种权力斗争。"猎杀女巫"在欧美的"家园国度"里无疑又持续了很长时间，且势头更为凶猛、更有组织；这在欧洲的"住宅国度"里则很少发生。

故事［见都铎王朝时代的一部诗集《法官的镜子》(*The Mirror for Magistrates*)］。

婚姻状况的这些演变说明，在简·奥斯汀塑造柯林斯先生这一角色时，婚姻的主要目的不再被视为生儿育女。婚姻建立了一户人家，营造了一个家园，就像鲁滨逊那样，尽管他所处的环境十分恶劣。当然，鲁滨逊的妻子不在岛上。但是，作为英国第一部小说的核心人物，鲁滨逊的故事始创了一种虚构体裁，成为浪漫爱情的主题。正如婚姻史学家劳伦斯·斯通（Lawrence Stone）注意到的："浪漫的爱情成为一种体面的结婚动机，……在同一时间，这类主题的小说如洪水般涌现出来。"这一新体裁主要是在时兴晚婚的欧洲地区发展起来的，因而很自然，它常常描写的情景是：一对夫妇搬进自己的小家，用早年劳动的积蓄购置家具、布置房间，展现爱情婚配的成果。早在16世纪30年代，赫特福德郡（Hertfordshire）的一个女人就提出了解除婚约的理由。她承认自己已作出了承诺，"但是，"她说，"咱们需要这么快就结婚吗？等准备好家居用品再结婚或许更好一些吧。"[21]

采用现金消费的夫妇组建新的家庭将推动需求，假如我们可以接受这一论点，那么，这种"家"的早期表现形式——核心家庭的私人空间，在最早的城市和贸易中心荷兰出现就毫不奇怪了。世界上第一家大贸易公司——荷兰东印度公司（Vereenigde Oost-Indische Compagnie，VOC）——创建于1602年。（英国的东印度公司是最可能与之匹敌的竞争对手，比VOC早两年成立，但英国的内战推迟了它的发展步伐，直到18世纪，其贸易额仍停留在占VOC五分之一的水平。）荷兰东印度公司的最大优势是，它既进口新产品到欧洲市场，又在亚洲地区形成了一个发达的商业网络，早期从事香料贸易，接着扩大到金属、纺织品和瓷器，并建立起了以贸易、殖民化和奴隶为支柱的经济体。①[22]

17世纪初期，贸易方式发生了根本性变化。资产者投资的新世界在荷兰诞生。荷兰是一个长期缺乏可耕地的国家，因而土地贵族的势力薄弱。北欧低地国家一直是一个贸易中心，至少从13世纪开始，那里的纺织品集市就吸引了来自欧洲各国的客商。当荷兰的一些港口，尤其是阿姆斯特丹成为欧洲的贸易中心之后，交易便不再是由商人团体或协会发起组织的季节性事件，而是一年到头的持续活动，并向个人及迅速发展的贸易公司开放。以类似的方式，荷兰东印度公司的亚洲贸易取代了葡萄牙的垄断地位：一种有限责任公司取代了由宫廷支持的、衰落的旧式商业冒险。与生俱来的权力衰亡了；一个新的城市阶级管理着不断扩大的金融经济，它由专业人士构成，获得了经济和政治上的掌控权。（事实上，据《牛津英语词典》的考证，英语中第一次使用"资本主义"一词，即是指荷兰的贸易市场。）英国在这方面并不十分落伍：土地——数百年来财富的首要标志，现在受到了其他形式资本的挑战。笛福观察到，鲁滨逊流落荒岛28年后返回家乡，发现"贸易革命带来了翻天覆地的变化……很自然，现在的绅士比贵族富有，商人则比其他所有的人更富有，发财的机会不再是在乡村，而是在那些正成为世界大都市的地方"。到了17世纪末，荷兰已有几乎一半的人口居住在城镇，相比之下，欧洲平均城镇人口占总人口的比例为10%。[23]

在这里，强调个人责任和工作神圣性的宗教改革也起到了一定的推动作用。富有商人的工作目的不再是挣够钱之后去过悠闲绅士的日子，工作的定义更新为对个人价值的一种肯定。这导致经济

---

① 奴隶制在荷兰是非法的，但在17世纪30年代至70年代是该国贸易的一个主要经济成分；在那个时期，荷兰贩运的奴隶比葡萄牙之外的其他任何国家都多。

生活和家庭生活模式的根本变化。荷兰人的婚姻观念以及对夫妻角色的认知受到马丁·路德学说的影响,并由在鹿特丹(Rotterdam)出生的神学家伊拉斯谟(Erasmus)进一步发展。伊拉斯谟阐述了婚姻问题和家庭成员的特定责任。在16世纪和17世纪,荷兰印刷出版了大量的礼仪手册,汇编了伊拉斯谟的训诲,广泛传播有关现代家庭的神学和哲学观点。许多手册被译成英语,深受热心读者尤其是清教徒的欢迎;移民们将这些书及其思想带到了北美殖民地,在那里建造了繁荣昌盛的家园。① 加尔文主义(尤其是它在荷兰的一种较温和的修行方式)是一种日常生活的宗教,它认为,颂扬上帝不是通过斋戒和忏悔,而是通过辛勤劳动和节俭生活。由此很自然地得出一个结论:勤劳和节俭所获得的回报——富足兴旺——是受到上帝青睐的标志。假如这一结论属实的话,那么,许多人认为,消费尘世间的商品,谨慎和节俭地享用上帝赐予的财富,必定是一种美德。荷兰东印度公司在亚洲扩张,与之对应的荷兰西印度公司在美洲开拓,这个崇尚贸易的国家可以轻易地获得来自世界各地的商品。它在全世界的贸易渠道不仅迅速地传播商品,同时也传播了荷兰人的信仰:商品是上天赐予正直人们的祝福。[24]

在一个理想的"小联邦"里,丈夫的地位较高,是这对夫妇的公众形象代表及家庭的主要或全部财政支柱;妻子是地位较低的伴

---

① 值得记载的是"五月花号"船上的一些荷兰人的来龙去脉。他们从前居住在英国斯克鲁比(Scrooby),为寻求宗教宽容于1607年逃到荷兰,同他们的牧师一起在那里待了13年,1620年返回英国普利茅斯,其中102名勇士组成先遣队,乘"五月花号"抵达了新大陆。这102个人中有50人是青少年,他们或是在幼年被带到荷兰,或是出生在荷兰,大多数人说荷兰语,或许已把莱顿认作自己的故乡。事实上,正是由于他们说荷兰语并采用荷兰人的方式思维,从而敦促和说服了他们的长辈冒险越洋。虽然这批荷兰化的东盎格鲁人最初打算前往英属殖民地弗吉尼亚(Virginia),但在远航中遭遇了恶劣天气之后,最终定居在近得多的当今纽约市和新泽西州一带,地名取为"新阿姆斯特丹"(New Amsterdam)。

侣，她依照上帝的旨意，通过购买和照管夫妇合作挣得的消费品，来为丈夫和孩子营造一个温馨的家。双方不同角色的价值成为17世纪30年代荷兰风俗画的一个新主题。过去，女人的日常购物活动从不被纳入艺术，现在出现在绘画中了。然而，正如女人缝纫或演奏乐器的场景并不是现实生活片段的简单复制，购物场景也往往暗含更多的寓意，象征着妻子的美德和责任。她们通过消费来展示丈夫的收入，以维护一个美好有序的家庭形象。据《荷兰联合王国写照》（*The Mirror of the State of the United Netherlands*，1706）一书记载，其他国家的人往往以举办华丽的宫廷仪式和壮观的阅兵来炫耀地位，荷兰人则以严奉节俭朴素的生活方式而自豪。在《雅各布·比尔雷一家》（*Portrait of Jacob Bierens and His Family*，1663）一书中，亨里克·索赫（Henrick Sorgh）描述丈夫和一个儿子负责挣钱，给家人提供衣食；妻子和女儿烹饪，亦即负责管理资产；而这个家庭的最高掌控者是另一个儿子普鲁塔克（Plutarch），他是一名音乐家，是一个用作隐喻的象征性角色："通过话语、和声和哲学"来确保"婚姻和家庭的和睦"。[25]

这种展现家庭生活的象征手法迅速地传播开来。即使今人看来不是明显家庭场景的绘画，譬如人物肖像，也象征性地通过家居的一些要素，悄然采纳和添加了对新的中产阶级价值观的推崇。1634年，安东尼·范·戴克（Anthony van Dyck）为查理一世的三个子女绘制了一幅图像（图6）。（范·戴克的原籍可能是北欧低地国家，这一点对于理解他的作品来说很重要。）他没有遵照旧例虚构一个呈现王室古典画面的建筑空间。孩子们站在窗户的前面，窗外是一座花园；更缺乏礼仪氛围的是，威尔士王子同他的弟弟和妹妹站在同一水平，尽管当时只有他一个人被认定将继承王位（历史正是如此发生的。当然，詹姆斯后来也登上了王位；玛丽嫁给了威廉二世，同他联合摄政直到去世）。在现实中，王室的每个孩子分别生活在不同的王室家庭里，因而他们在一起玩耍的场景和身后的花园都是虚构的。但是，此时追求家庭氛围的时尚胜过了展耀皇家气派，更注重表现孩子们的天然特征，而不是他们的王室身份。据说，由于该画中的威尔士王子穿着幼童服装而不是（他很快就应当穿的）阳刚男人的裤子，查理一世看了"很不高兴"。不过，他并没有下令重新绘制这幅画，这或许很能说明当时社会心态的变化。[26]

在18世纪的英国，这种理想的家庭生活图景流行到社会的各个阶层，不再局限于王室。"家中闲谈"的新体裁受到富裕中产阶级的青睐，他们利用这个机会展示自己的家居，陈列从世界各地购买的物品：远东的瓷器、印度的印花棉布等。观者仅需一瞥即可明了主人的社会地位。在照相和复印技术广泛运用的今天，我们得以比较画家们的全部作品，从而发现画中人物所处的场景经常是刻意修改过或是编造的，目的是展耀高于自身阶层的生活水平。许多物品，甚至画中人的衣服，皆为艺术家采用的道具。正如荷兰风俗画和范·戴克描绘的王室孩子一样，18世纪的现实也被理想化了。威廉·阿瑟顿（William Atherton）和妻子露西（Lucy）住的房子坐落在一块高地上，从窗口望去，看到的是一家屠宰场和普雷斯顿市（Preston）的狭窄街道。然而，在亚瑟·戴维斯（Arthur Devis）的生花妙笔之下（1742—1743年，图7），他们的起居室窗外变成了一座美轮美奂的花园，里面种满了珍贵的奇花异草，像是通过殖民地扩张和贸易从海外搜集得来，其价值不亚于画中陈列的陶瓷花瓶和夫妇俩穿的精致花边丝绸衣服。[27]

炫耀家庭财富反映了新的商品化社会的现实。我们看到，早些时候结婚三部曲的主要部分是婚约和誓言，而不是婚礼仪式。到了19世纪，订婚和婚礼仪式的时间距离拉得越来越长，主要是为了给中产阶级的新娘更多时间来准备大量的嫁妆，它们被视为是必要的，新房里不可或缺，否则婚姻便不完整。房子和婚姻紧密相关，购置家居用品实际上已成为结婚的一个代名词。在小说《你能原谅她吗？》(*Can You Forgive Her?*，1864—1865)中，安东尼·特罗洛普（Anthony Trollope）描写一位农民如何追求他心目中的新娘。他带她参观自己的住宅，不漏过显摆"每一件瓷器、陶具、玻璃器皿和碟子"，接着让她察看家中毛毯的质地。最后，在求婚之前，他宣称："在我的房子里，没有一间卧室的家具——尤其是前屋里的家具——不是红木的！"他作为一个丈夫的价值，同房子和家具的价值紧密地交织在一起了，未来的妻子将与他共享这些财富。[28]

此时，在英国富裕阶层中流行的说法是，假如一个男人没有足够的财力提供一所住房——其价值等于或高于女方父母的房子，他是不会向女方求婚的，这是关乎荣誉的问题。对于大部分人，即使是中产阶级来说，提供这样的房子或许只是一个幻想。但是，有多少人是足够理性的呢？更多的人宁愿相信梦想。同一时期出现在中产阶级婚姻里的第二个幻想，也是通过家庭生活的棱镜来衡量男人成功与否：一个成功男人的妻子是不必工作的。确实有许多人认为，中产阶级的地位不是用收入来衡量，也不取决于有无财力雇用一个仆人，而是看妻子是否在外面工作。

这是一个重要的变化，先前人们一直认为，房子是能容纳几乎所有人工作的场所。17世纪时，埃德蒙·斯宾塞发现爱尔兰是个很"荒凉"的地方，爱尔兰人住的是"低劣肮脏的小木屋"，但他的理由不是因为那些房子不适于家庭生活，而是它们"根本不适宜工作——制作黄油、奶酪、羊毛、亚麻布或皮革等商品"。在斯宾塞所处的时代，家庭成员及其经济活动是合为一体的。人们评估房屋价值的依据不仅是里面居民的福祉如何，还包括是否适宜工作。

从 17 世纪到 19 世纪，德语"Wirtschaft"（经济）意味着最广义上的家庭经营，"das ganze Haus"（整座房子）是指"生产、消费和社会活动的一个单位"。[29]

作为整座房子的一个组成部分，妇女不仅是劳动者和参与者，而且是产品和服务的中心环节，负责整个家庭的正常运转，包括帮助邻居收获庄稼、挤奶、制作奶酪或其他商品出售或以物易物、劈柴、租借家用设备等。如果丈夫外出做生意，家中事务便都落在妻子的肩上：给雇工提供衣食和监督他们劳动，照管学徒，管理商业文件和账务，等等。在美国，这类劳务和自制农产品具有相当的经济价值，因而不难理解，人们计算出所需的劳动时间，相应地制定了产品的价格，并且做出预算和付款计划。①"家园国度"里有一个现象，丈夫死后寡妇通常很快便会再婚，清楚地体现了妇女的重要性。在英国，高达三分之一的丧偶妇女再婚，其中有一半在失去丈夫的一年内就再婚了。这说明"家园国度"里妇女的经济价值是很高的。早婚社会里的情况与之相反，通常禁止寡妇再婚（甚至禁止她们继续生存，譬如印度的"寡妇殉夫"习俗）。[30]

然而，一方面，建立和维护家庭的愿望很可能刺激了工业革命；另一方面，工业革命转而重新定义了工作乃至生活和家庭。即使在充分工业化之前，原始工业经济的发展已开始重塑男人和女人的角色。以前在家里工作的男人，无论是工匠、商人或专业人士，

---

① 这种关系网中的义务有时是隐性的，有时是显性的。英国作家范尼·特罗洛普（Fanny Trollope）住在俄亥俄州时，邻居向他借一件东西，主动承诺"会用工作偿还，你需要劳力的时候就来找我"。这是纯粹的实用主义。在一个长期使用多种通货的国家里，如果工作不需要用现金购买，则会更方便一些。在 19 世纪，荷兰、俄国、法国、墨西哥、英国和南美的各种钱币同时流通，其中西班牙和墨西哥的货币为法定货币，直到 1857 年。此后许多人继续先用英镑、先令和便士计算，然后再将总和转换成当下交易使用的货币。

第一章 家庭模式

开始转移到专门的场所，如工厂、作坊，以及后来出现的写字楼里去工作。在不同地区，这一变化发生的时间不同：农业地区的家庭适应变化的速度较慢；工业区周围的家庭适应变化的速度较快。在美国南部乡村的种植园制度下，自耕农不存在离开土地去工作场所的选择；种植园主则依靠他们拥有的劳动力（奴隶）来生产货物，因而比北方工业区更长久地保留了以家庭为基础的生产方式。在城市地区，当旧的模式被打破时，往往势头迅猛：1800年纽约只有不到5%的人在住家以外的场所工作；1820年，这一比例达到25%；1840年即达到了70%。[31]

新的工作变化也反映在妇女身上，她们离开家去工厂、作坊和商店工作。此时，很少有人在私人住宅里开设店铺了。家庭妇女也受到某些影响。自16世纪以来，在不列颠群岛，圈地运动导致女性的一些传统劳动减少，包括采集和拾穗。后来，当她们的丈夫失去了土地，或是迁移到新的城市中心后，更多的妇女发现自己原先的工作消失了，无论是饲养家禽、挤奶、制作乳品，还是种植菜蔬。顶多剩下一小块园子或几只鸡，虽然对家庭不无贴补，但很少，或完全没有。与此同时，在外面工作的男人，无论是干农活还是新城镇里的劳务，越来越多地获得现金收入，取代了老式的以工换物。因而，家庭中男人的收入增加，女人的收入下降或消失。有现金收入成为唯一名正言顺的工作，这是男人做的事；妇女的家务劳动即使跟过去没有什么不同，但由于没有现金支付，便不再算是工作。打扫卫生，养育孩子，缝纫和烹饪都不是工作，而是一种女性的表现，是她们的性别具有的一种先天功能、一种生物的本能和反射性结果。

这便是最后一个决定性因素，妇女、家和孩子之间的关系进入了一个新阶段。孩子们在家中的地位一直是随着周围世界的变化而演变的。当男人和女人都在家里工作时,孩子们经常参与家庭的经济活动,干一些适合他们年龄的小活计。当工作转移到外面的场所之后,孩子们就很难参与了。因为报酬太低,不值得做,所以他们参加工作的年龄越来越晚。随着工业革命的发展,19世纪40年代的铁路交通变得十分便宜,这幅图景再次改变。在经济阶梯的一端,工人阶级的孩子成为新工厂劳动力的一个重要组成部分;在经济阶梯的另一端,富裕家庭看重送孩子们上寄宿学校。铁路网使富裕和贫穷的孩子比以前更频繁、更快地离家和回家,只有中产阶级的孩子们常年住在家里。随着卫生条件的改善和疾病控制的进步,儿童死亡率下降了。到该世纪末,中上层阶级的许多人也开始限制家庭规模。孩子的数量减少,成活和健康成长的比例更高,在家里住得更久,这意味着每个孩子都得到了较多的关注,也获得更多的感情投入。18世纪在欧洲的德语地区,"das ganze Haus"(整座房子)——经济和社会的单位及分层结构,开始让位给"Familie"[家庭——外来语(法语)"famille"],表达了一种感情的联系,从而改变了家庭的本质。[32]

孩子和他们的童年时代日益成为"家园国度"里家庭生活的中心,以及家庭存在的最重要理由,这一现象令来自"住宅国度"的访客感到耳目一新。一个意大利人观察到,英国的父母经常给婴儿唱歌,同他们说话,一起玩耍甚至跳舞。[33]对此他尽管能够理解,但仍感到很惊讶。在"家园国度"的许多地区,婴儿出生是全社区的一件大事。荷兰人在这点上尤其突出。在17世纪的荷兰,孩子出生后的一段时间内家庭可以减免纳税。新生儿来到世间后,父亲要骄傲地戴上特制的亲子帽;住宅的门环旁要挂一块带红绸花边的木牌,标明"kraamkloppertje"(生儿大喜),通告邻里。[34](即使是死产也要宣布,所不同的是挂一块带黑绸花边的木牌。)这种向公众宣布家庭喜事的习俗延续了几百年。直到19世纪的英国,在人际关系淡漠、邻里互不相识的城市里,人们仍会将手套绑在门环上,表明家中添丁增口,后来又时兴登报宣告。无论是通过挂木牌、绑手套或登报来同社区分享喜讯,还是用唱歌跳舞来逗弄孩子,三个多世纪以来,"家庭"的定义被逐步地更新了:不再是谋求生存的经济单位,而是人类情感投入的象征。

晚婚模式的出现比工业革命要早好几个世纪,而且晚婚模式恰恰(仅仅)出现于地方资本主义工业萌生的地区。这一事实表明,此种婚姻模式或许是导致后来的那些巨大变革的因素。由于采取晚婚模式的人需要装潢新房子,并且拥有现金能力,便创造出了需求;经过一段时间之后,资本主义和工业化生产又提供了必要手段来满足这种需求。据此或许可以认为,教会和国家(无论是新教或民主政府)可能是由于吸收了这种家庭模式的理念而演变为现代形式,而不是相反。用经济术语来说:家庭是需求,教会、国家、消费者和工业革命皆是供给。当家庭的属性被确定后,国家机器也迅速吸收了类似的表述,为己所用。众所周知,詹姆斯一世曾自称为"丈夫","英伦三岛"是他的"合法妻子"。相应地,在英格兰和苏格兰,妻子杀死丈夫被视为反叛丈夫执掌的"政府",因而被指控为小型叛国罪,而不是谋杀罪。倘若"小联邦"(家庭)是一个国家,那么杀夫就是企图发动政变、颠覆政府。虽然"小联邦"的理念将家庭作为教会和国家等级制度的模型,但现实情况可能是更为复杂、相互作用的,现代欧洲西北部的家庭演变或许影响了新教和新民族国家的发展;在同等程度上,正如历史文献所记载,新教和新国家的形式也影响了欧洲西北部的家庭结构。欧洲西北部和北美殖民地是最早出现持久的现代民主或准民主政治机构的地区,在那里，依照"家园"（而不是"住宅"）理念而建立的家庭非常普遍，它是参与型治理（国家）的最简单形式。[35]

当社会变革波及社会中下层的大众，马克思主义和社会学对历史的诠释，连同政治历史学的"伟人理论"①，一致认为普罗大众不是行动者，而是被动地、束手无策地为历史浪潮所席卷。[36] 不过，在对这一观点给予应有重视的同时，假如我们试图将城市化、新教或消费主义看作私人欲望的结果，那么便有可能认识到，现代世界并不是由各种因素如雷霆般剧烈碰撞而形成的，它是新生中产阶级追求一系列较小的私人目标而逐步导致的必然结果。

1660年，查理二世恢复了对英伦三岛的统治，暂时结束了英格兰和苏格兰人民的政治革命，开始了王政复辟时期。过去半个世纪里在欧洲大部分地区发生的类似反抗和起义，大多也在17世纪六七十年代结束了。②[37] 不可否认，整个欧洲大陆的民主势头非常强劲，但民主在英国的黯然失色并不一定意味着它已经死亡。历史学家克里斯托弗·希尔（Christopher Hill）认为，被王政复辟粉碎的民主势头只不过是重新定向了，它出乎意料地在小说创作中涅槃重生。自《鲁滨逊漂流记》开创先河以来，小说成为非常关注普通男女、展示普通人自身七情六欲的一种文学体裁。主人公不必是贵

---

① great man theory，这是由苏格兰作家托马斯·卡莱尔（Thomas Carlyle）在19世纪40年代推广的一个理论。它认为历史可以在很大程度上被诠释为是伟人或英雄影响的结果。具有个人魅力、智力或政治技巧而具有巨大影响力的个人，以某种方式运用他们的权力，对历史进程产生决定性的影响。但在1860年，赫伯特·斯宾塞（Herbert Spencer）提出了一个相反的论点，它在整个20世纪直到今天仍然具有影响力。斯宾塞说，这些伟人是其所在社会的产物，没有在他们之前即已具备的社会条件，他们的行动将是不可能做出的。——译者注
② 在对那个灾难性世纪的综述中，杰弗里·帕克（Geoffrey Parker）列举了1636—1660年欧洲的叛乱和起义，涉及的地区包括现今的法国、奥地利、苏格兰、葡萄牙、西班牙、爱尔兰、那不勒斯、西西里岛、俄罗斯、乌克兰、荷兰、土耳其、瑞士和丹麦。

族和淑女，或是某些高贵品质或美德的象征。中产阶级现在觉得，自己的人生故事就是很值得一读的，他们即是"自身存在的正当理由"。

或许我们可以说，家庭和家园理念也是同样，它们先是促成，随之体现了民主的变革。这场变革进展缓慢，在《鲁滨逊漂流记》问世的1719年春天，它尚未完成。不过，假如说自这一天起男人和女人成为"他们自身存在的理由"，那么，在几个世纪的进程之中，这些男人和女人的生活也逐渐成为自身存在的理由。本书探讨的正是这一缓慢的、捉摸不定的，然而又是坚定不移的变革过程。

第二章
独享房间

1978年夏的一天，一架载有一组地质学家的直升机穿越西伯利亚，在靠近蒙古边境的针叶林上空盘旋，寻找降落之处。这一带渺无人烟，最近的村庄距此也有近250公里之遥。可是，飞行员突然看见地面上有一个菜园——毫无疑问是有人居住的迹象。科学家们认为值得调查，于是便在那里降落下来。他们沿着一条狭窄的小路步行了5公里，发现两个用木板搭成的储藏棚，建造在高高的立柱上，里面存放着很多装满土豆的桦树皮袋子。他们继续前行，来到了一个院子，它的"四周堆满了针叶树干和木板"。

院子的中心是一个小棚屋（hut），其实连棚屋也算不上："比一辆手推车大不了多少"，只有一个"像背包那么小的"窗户；风吹雨打使它的颜色变得灰暗，像一个"被烟尘熏黑的、低矮的木头犬舍（kennel）"，摇摇晃晃地几乎要坍塌了。小屋里的面积仅有五步宽、七步长，唯一的家具是用斧头凿出来的一张桌子。泥土地上铺了一层夯实的马铃薯皮和碎松子壳来保温，还有一个燃着微弱火苗的小柴堆。房间里"像地窖一样冷"，夜间照明只有一根孤零零的灯草芯烛。[1]

这间"犬舍"竟然是一个五口之家的住宅。户主卡普·雷科夫（Karp Lykov）和妻子阿库丽娜（Akulina）都是旧礼仪派信徒，属于17世纪俄罗斯东正教的一支。1917年"十月革命"后，宗教迫害导致许多旧礼仪派信徒移居国外，他们在加拿大、澳大利亚、新西兰和美国建立了一些较大的社区，在其他地方有许多小聚居区。不过，他们当中最大的一群人仍住在苏联的西伯利亚。在20世纪30年代斯大林统治时期，雷科夫的哥哥被杀，他带着妻子和两个孩子逃到了针叶林里。之后又有两个孩子出生。当地质学家们在1978年偶然发现这户人家时，他们与世隔绝已近半个世纪，雷科夫的妻子阿库丽娜在一个最严峻的饥荒年里饿死了。

五口人挤住在一间小屋里，没有任何卫生设施，"狭窄破旧，霉气弥漫，肮脏至极"，仅靠柴火照明和取暖。不过，地质学家们没有意识到，他们目睹的这种困苦情景并不是超出想象的，而是俄罗斯民族历史上的一般生存条件。它也是欧美的历史写照。在这种生存环境里，全部生活都暴露在他人的视野之中，隐私不仅不需要，而且几乎是闻所未闻的。在人类历史长河的绝大多数时期，房屋不是一个私人领域，里面没有供居民轮流使用的隐私场所，也不为任何特殊居民提供私人空间。

盎格鲁-撒克逊人的语言中没有"房屋"一词，而是用"炉灶"（heorp, hearth）作为整座住宅的代称。（"hearth"的本义是一种元素，源于盎格鲁-撒克逊语的"泥土"一词。）在法律用语中，"炉灶"也代表房屋的所有者："astriers"指有合法继承权的居住者，"astre"源自诺曼法语中的"atre"（炉灶）。"继承权"在这里跟人无关，甚至跟房子也无关，而是跟炉灶相关。中世纪时，士绅和富裕阶层的住宅里最重要的场所就是堂屋（hall），全部生活都在此公开进行，包括社交的和家庭的，官方的和职业的。白天活动，夜晚睡觉。堂屋的核心部分始终是一个明火灶（open hearth），它是房子的聚焦点（focus——拉丁语意为"炉灶"[2]，这不是偶然的），既是物质的中心，也是情感凝聚的所在。

当时富裕农民住的是一种长形屋（longhouses），长10—20米，宽可达6米，毗邻牛圈[3]。较穷农户住的是村舍（cottage），没有牲口棚。这两类住宅的主屋（main room）里都有明火灶，主屋的一端或许有第二个房间；牲畜棚里除了饲养牲口，一般也有一块供睡觉或储藏物品的地方。

现代人对于历史上大多数人口的住房状况抱有一个错误的概念，以为富人多住在古旧的宅子里。事实上，仅自一个世纪以来，古色古香的房子才普遍被视为富人的地位象征。在历史的绝大部分时期，社会顶层都是住在（或试图住进）新建的房子。那些具备经济能力的人家经常将老一代的宅子夷为平地，重建符合时代风格的新居。不具备这种财力的人则继续住在旧房子里，这是常规。譬如，19世纪上半叶的大多数伦敦人住的是18世纪甚至17世纪的房子；在20世纪的英国，有数百万人住在19世纪和20世纪初的房子里；如今，成千上万的纽约人住在"二战"期间建造的公寓楼里。

如果说只有少数人住在新盖的和时髦的房子里，那么，住在建筑师专门设计的房子里的人就更稀少了。建筑师设计的住宅同开发商和居民自建的住宅之间有着重要的区别。目前世界上存在的房屋中，顶多只有5%是建筑师专门设计的。（有些人甚至认为不足1%。）有史以来，聘请建筑师设计住房的几乎无一例外地是富人和特权阶层，他们利用建筑物来宣扬特定的理念，展现权力和等级，或强化现行体制。这类建筑及其居民一直占很小的比例。19世纪初期的英国总人口为1800万，而贵族——雇用建筑师的阶层——只有350户。20世纪在两次世界大战后大力兴建社会住房的数十年期间，建筑师们破例为劳动阶级设计了一些住宅。从17世纪末的不列颠群岛到19世纪的美国、德国和荷兰，大多数房屋都是由开发商在市场驱动下建造的。开发商并不了解居住者的品位，因而他们盖的房子风格常常是保守的，完全复制已被证明是流行的样式。[4]

正如我们不应轻易假设任何一个时期的人们都住在同期建造的房子里；在根据幸存房屋评估过去房屋的大小时，亦需十分谨慎。地质学家们对在西伯利亚偶然发现的"犬舍"感到震惊，然而事实上，在大多数地区，大多数人居住的房屋并不比"犬舍"好多少。今天人们经常描述的旧时劳动阶级住的乡舍，许多原本是富足人家的住宅，有些甚至还称得上小庄园呢。当富裕的自耕农盖了新式的大房子后，便将老房子转移给他们的雇工，这无意中给后人造成了一种错误的印象，似乎这类房子一直是穷人住的。在英国，历史学家所称的"大重建"①高潮加速了住房的演变。16世纪中叶，政治相对稳定，经济繁荣，新技术的出现提高了砖的产量，改进了炉灶，并将之从房间的中央转移到墙壁里，变成了壁炉。这些综合因素推动了在全国范围内大兴土木。自东南部开始，从16世纪末到17世

---

① Great Rebuilding，这一概念是20世纪的历史学家提出的，指建筑工程、建筑演变或房屋重建的规模达到高潮的某个历史时期。具体地说，W. G. 霍斯金斯（W. G. Hoskins）将英国的"大重建"确定为16世纪中叶至1640年间。"大重建"的确切时间、范围和影响是有争议的。罗纳德·布伦斯基尔（Ronald Brunskill）承认，在英国的大部分地区，它跨越了1570—1640年，但在不同地域和社会阶层发生的时间有所不同。始于英格兰东南部，接着是英格兰西南部和康沃尔（Cornwall），约1670—1720年间出现在英格兰北部，然后是威尔士（Wales）。在每一个地区，它首先影响收入较高的社会阶层，然后发展到低收入阶层。——译者注

纪,英格兰的许多民宅被彻底重建了,有些是翻新改造,更多的是全新建筑。"大重建"始于上层阶级的住房,但到了18世纪初,它已扩展到不很富裕的阶层。其他地区也可见到这种发展模式:在荷兰的弗里斯兰省(Friesland),16世纪的标准住宅是低矮的泥笆墙房(wattle-and-daub buildings),牲畜圈(barn)和人的住所相连。到了17世纪,泥笆墙房被砖房(brick house)取代,牲畜圈也同人的住所分开了。第二次"大重建"发生在18世纪的美国,但即使在此之前,殖民地时期建造的简陋房屋一直属于临时栖居所,随着人们生活条件的改善都被陆续拆除和更替了。因而,殖民地最初半个世纪直到1667年间建造的房子没有一座幸存下来。1652年的房产库存中记录了"普利茅斯的一座带花园的小房子"。在房产库存记录里出现"小"的描述是不寻常的,那座房子大概是1620年盖的,三十年之后看上去就显得很小了。17世纪后半叶,1668—1695年间只有五座房子幸存至今,其中两座在20世纪30年代被彻底翻新过,目的是让它们更像20世纪人们心目中的殖民时代房子。强调这一点很重要,因为人们对早期殖民地房屋的概念主要来自这五座幸存房屋,其中可以说只有三座保留了原始的状态。其他幸存的在17世纪最后四年间建造的房子,已呈现出典型的18世纪风格。[5]

对房屋式样和大小的这些认识偏差是不应忽略的。我们非常熟悉在工业化和城市化进程中出现的标准房屋类型,乃至于完全无视此前的住房状况。我们以为中世纪的房屋样式就是贵族的宫殿(great hall),却忽视了其数量极其有限,只占当时房屋总数的1%;同样,欣赏幸存的都铎式(Tudor)宅邸或殖民地总督的公馆(mansions),使我们忘记了当时普通人的居住状况;18世纪英国的连栋式住宅城镇风貌(terraced townscapes)给人们造成了虚幻的历史印象，仿佛过去人们的生活或多或少同我们今天的差不多。今人彻底遗忘了几乎所有人都经历过的脏乱拥挤的住房历史。然而，倘若不知道人们是如何生活的，便很难理解他们的行为方式。只有了解人们的物质生活情况，才能理解物质生活的改变如何反映人们的思想和愿望的变化。

在16世纪的英国，劳动者若有足够的钱买一座房子，或有雇主提供住所，一般情况下都是一居室的，外墙旁或许搭有一间单坡顶侧屋（lean-to attached），作为睡觉和储藏物品之用。殷实人家的房屋则平均有两到四个房间。两间的包括一个厅和一个内室（chamber），有的另加一间灶屋。内室的主要用途是存储东西：多数人家有两到五只箱子，还可能有一个壁橱来存放更多的物品；内室也多用于存放织布机、搅奶器、工具及其他设备；在较大的房子里，内室也用于睡觉，多数有两到三个床铺。[6]

殖民地时代美国各地的住房大小和样式基本相同。最早在普利茅斯建造的房子是一种泥笆墙式的单间小屋，很少或根本没有窗户，屋顶大概是用茅草盖的。"五月花号"（*Mayflower*）登陆后的三年中，移民们盖起了二十来座房，其中有"四五座"据说非常赏心悦目。这些"漂亮的"房子大多是一居室平房（single-room, single-storey houses），整座房仅有一个房间，约4.5米宽，6米长，有的在顶上加了一个半层高的空间，不镶天花板，露出木椽顶棚，墙壁也不抹灰泥。少数房子有两个房间，里面的一间通常放有另一张床铺，用木板墙和烟囱同主要的生活区间隔开来，以便最大限度地利用炉灶的热量。这种两居室（two-roomed）的房子采用英国的一厅一室式（hall-and-parlour house），即堂屋加起居室。从前门直接进入堂屋，堂屋有一扇门通到起居室，且或有梯子通向阁楼（loft，有时也被当作一个房间，用于睡觉和储藏）。这些房子很多还有一间侧屋,也用于睡觉和储藏,以及准备食物等。干杂活儿的场所往往设在房子的后部,后来又加盖上一个不对称屋顶,俗称"盐盒"(saltbox)。[7]

这类房子是殷实人家才能拥有的。普通大众的居住条件远不及此。例如,尼希米(Nehemiah)和萨米特·廷卡姆(Submit Tinkham)一家在17世纪中叶移居到北美殖民地,住的地方离波士顿有一天的行程。第一年,这家人清理出一块空地,盖了一座半地下式棚屋(half-underground shelter);第二年,他们具备了一定时间和资金,便建了一座四居室的木房,外加一个谷仓。廷卡姆家的经济条件改善得是相当快的,很多人在类似的半地下棚屋里居住多年。据新荷兰(New Netherland)的移民记述,他们生活在用木头搭建的地窖(cellar)里。窖深两米,窖顶用树皮或树枝覆盖,窖内的地面和顶棚也是木制的。[8]

整个19世纪,美国西部拓疆地区的居民经常在山坡和峡谷里挖凿地洞作为栖身之所,在地面上可看到的唯一标志是伸出来的铁皮烟囱。它的建造费用很低。1872年,内布拉斯加州(Nebraska)的一位牧师花2.78美元建了一个面积4.3平方米的地下蜗居,内部布置得尽可能舒适,墙上抹了一种黏土与水调制的涂料,美其名曰"粉刷";还把床单挂起来分隔出所谓的"房间"。① 这类地下掩体类似早期殖民者住的地窖(dugouts),结构比较坚固,可维持较长时间,直到人们有足够的时间和金钱来建造更好的房子。比较经久耐用的是草皮房(sod houses),常见于从明尼苏达州南部到得克萨斯州的大平原地区。1890年,草皮房的数量超过了100万间,主要

---

① 这位牧师的房子实际总共花费了2.785美元:一扇窗户1.25美元,木门0.54美元,门锁0.50美元,抽烟管道0.3美元,钉子0.195美元。

分布在堪萨斯州和内布拉斯加州。它用草皮块建造，每座房仍只有单一房间和一扇小窗，土坯地面，财力大一些的或许加上木地板和粉刷的墙。这种房子源于该地区的许多俄罗斯和东欧移民的建筑传统，是一种永久性住房，不是像廷卡姆家的半地下棚屋那样作为临时栖身之所。[9]

北美殖民地中部和南部早期的情况跟后来西部的很相似：各类收入水平人家的住房通常都十分简陋。殖民者于1634年在马里兰州落脚，直到1650年，一位军事指挥官描述当地的住宅仍是"茅屋"（wigwams），"从上到下都是用草席、芦苇和树皮搭建的"。（当地仅有一座18世纪前的房子保留至今。）到了1679年，有30座房子建造起来，它们"十分简陋狭小，基本上等同于英格兰最困顿农家的乡舍"。不过也有极个别的例外，当时殖民地军队的上尉托马斯·康利沃斯（Thomas Cornwallis）为自己建造了一座木结构房子，"有一层半高，带砖砌的地窖和烟囱。希望借此给他人树立一个样板"。在北部地区，堂屋加起居室式的房屋很快成为主流，通常楼上另有两个房间。[10]

人们刻板印象中的那种古典的对称建筑——美国南方种植园主①居住的白色希腊风格宅邸（Greek-style plantation mansions），实际上是直到19世纪中叶才出现的。在此之前，南方的住宅模式也是在北方常见的临时小屋。弗吉尼亚州的一个种植园早在1619年就建立了，之后二十年内造了10座临时房屋。它们都是带地下室的单间房，宽4.8米，长6米。即使到了17世纪末，当一些富裕的种植者开始占有大量土地，他们住的仍是一厅一室房，里面的墙壁

---

① 种植园（plantation）一词的原意是"新的定居点"，用来表述在16世纪英格兰入侵爱尔兰后，一些英国人定居的地方。抵达普利茅斯的北美殖民者也常被称为"种植者"。第一次用这个词来表示"使用奴隶劳动力的农业土地"是1706年。

通常未抹灰泥,烟囱是木制的而不是砖砌的,窗户很少,一般也没镶玻璃。这个时期无论在北方还是南方,奴隶住房非常有限。奴隶和雇工一同干活并住在主人的房子里,直到17世纪晚期才逐渐迁到专门为他们建造的居住区。[11]

虽然"大重建"在北美殖民地比在英格兰起步要晚,但发展的速度很快。即便如此,美国工人阶级的住房条件还是同英国工人的一样差:狭小、简陋的两居室,或将较大的房子分隔成小间,或是多人合宿。18世纪末费城的情况是平均每间房住7个人;四十年后,情况有所改善,但据一项记载,30间房里的居民多达253人,而且没有一个厕所。[12]

此时,新英格兰的许多富裕人家开始建造今人视为传统殖民地风格的房屋:木结构建筑,前门开在中央,主楼有两层,通常还附有一个L形侧屋(annex)。其最简单的无扩展形式成为众所周知的I型房(I-house),它颇受欢迎,蔓延到印第安纳、伊利诺伊和爱荷华等州。在南方,一层半式(one-and-a-half-storey)房更为常见,其屋顶是坡形,故楼上的空间较小。过去是从前门直接进入主要的生活空间,现在有了一个中央厅堂。厅堂的一侧有前后两个房间:餐厅和一间较隐秘的家庭起居室。在18世纪,南方大宅第里的厨房往往是跟主楼完全分开的,部分原因是要保持"大房子"整洁凉爽,同样也是为了将主人的生活同黑奴尽可能隔离。[13]在北方和南方,最前面的房间通常作为公共场所,家庭成员或亲密朋友的私人活动区域设在房子的后部。

而且,在南方蓄奴地区,主宅的后面有专门的奴隶居住区(slave quarters),其大小和风格各异。18世纪的奴隶住房很少保留下来,即使偶有幸存,也同"大重建"之前的其他房屋一样,几乎全在19世纪时被翻新改造了。这类奴隶住房一般是圆木结构,地面是用泥土夯实的,有一扇窗,或有一个用木板覆盖的菜窖(root-cellar)。① 在切萨皮克(Chesapeake),圆木屋(log houses)并不表明主人缺乏金钱或地位,直到 19 世纪初期,很多小地主都住在圆木屋里。但当成功的种植园主开始兴建时尚风格的宅第后,圆木房子便逐渐成为奴隶住房或是贫困的标志。奴隶住房若有一个以上的房间,一般都用木板隔开。未装修的阁楼也可作为额外的睡觉场地,通过梯子爬上去。最常见的是所谓"鞍囊"(saddlebag)式布局,壁炉和烟囱将两个房间分隔开来,每个房间住一家人,并有各自的前门。双筒房(double-pen house)有两层楼;有时楼下两间为灶屋和起居室(sitting room),楼上两间是卧室,但更多的情况是将灶屋单独设在房子的外面,四家人分住四个房间。不同种植园的奴隶住房条件有别,有的多达十几个人挤住在一间房里。[14]

奴隶居住区距主人的宅第较远,或坐落在辅助性建筑(厨房、乳制品间、熏制间、洗衣房、停车库等)附近。一旦被建造在种植园主的视野之外,奴隶区的布局和施工就有了较多自由发挥的余地,从中或能发现非洲文化的影子。譬如在切萨皮克,房子的外面有一个干净的院落,作为众人聚居的场所,这不是 18 世纪英美建筑布局的特点,而是反映了流行在西非和中非的生活习俗。[15]

在北美殖民地,从奴隶到雇工直到富裕人家,全家人以及房客、仆人等全都生活在两居室的房子里,平均每间房住六七个人。这种艰难状况并不是新大陆特有的,而是世界范围内的生活现实。在 17 世纪的巴黎,亨利四世(Henri Ⅳ)的建筑师(毋庸赘言是该领域的顶尖人士)的住宅也只有两居室,他同妻子和七个孩子,加

---

① 英国读者请注意,这不是地下室。其空间或许不足 1 立方米,仅用来储藏根茎蔬菜,目的是夏季保持清凉,冬季防止冰冻。

上数目不清的仆人，一起住在里面。但是，由于这种小房屋绝大多数不复存在，所以它们也从人们的记忆中消失了。到了18世纪初，英国的有关记录显示，四至七人通常占据三到七个房间。然而这一数字是基于库存记录的，不反映大部分穷苦劳动者的情况，因为穷人没有库存记录。就全国范围来说，比较准确的数字大约为平均四至七人住一至三间房。农村贫困人口的住房尤其简陋。圈地运动吞噬了许多小自耕农的土地；地主们依据新的农业运作方式，不惜损害劳工利益来扩大可耕地，把以前建在荒地上的劳工租住的小屋和棚子都拆除了。此外，1795年后，新的《贫困法》迫使当地教区承担扶助贫困人口的经济成本，因而教区往往采取拆除所有空置房屋的方法来阻止贫困者迁入本教区定居。[16]

这种居住密度大的生活状况在美国持续存在。19世纪初，美国的自由公民每户平均有六口人（奴隶不计为家庭人口，因而在蓄奴的南方，每座房子里实际住的人更多，具体数字不得而知）。相比之下，欧洲的家庭人口数量自18世纪末开始下降，到了1801年，家庭规模已缩小到约每户五口人。（2012年欧洲居民每户平均为2.4人。）许多家庭继续共住一间房子。外出旅行时，在酒馆或旅店同陌生人共用房间或床铺更是十分普遍的情况。[17]

过去住宅里的平均房间数目比20世纪的要少，其用途跟今天也不同。在中世纪，大家庭的房子总是保持开放的，主人及家人经常在堂屋里和仆人、租户及其他亲属一起消磨时光。渐渐地，14—16世纪，在不同的地区，家庭成员和特别尊贵的客人开始避开喧哗的堂屋，在单独的房间里娱乐和用餐。隐私是一种退出，一家之主退出了众人的视野。隐私和家的概念是紧密结合在一起的。15世纪德语的"der Geheime"（秘密）一词的意思是"顾问"和"知己"，它迅速演变为英国宫廷所称的私人顾问（privy counsellors）。

正如"privy"(个人的)在英语里同"privacy"(隐私)相关;德语"der Geheime"同"家"相关,其词根"heim"意为家庭的私密顾问。[18]

经过了好几个世纪,这一概念才变得比较清晰。在有历史记载的绝大部分时期,即使是富人在公共场所进行的一些理所当然的活动,在今天看来都是属于私人性质的。在16世纪和17世纪的上层社会中颇为流行的礼仪手册是19世纪家政手册的前身。[19]这类礼仪手册是男人写给男人(或男孩)看的,目的是提供上层生活指南。它所描述的完美贵族方式包括出身高贵,以及后天习得的精雅品位和社交礼节,从而才能成为社会的领袖。对历史学家来说,过去时代制定的行为规则是很有研究价值的,因为没有人会针对从未或很少发生的行为来制定规则,它通过指出什么行为是违背礼仪的,事实上揭示了当时人们通常发生的行为。虽然这类书的目的主要是道德教诲,但也涉及行为举止。绅士不应当有下列的举止:在公共场合搔痒,在就餐时触摸自己的鼻子或耳朵,挑拣盘中的食物,或用餐刀剔牙,吐口水,等等。这些礼仪诫语一次又一次地印刷出版,表明许多绅士确有这些不雅行为。倘若对多年来社会上流行的行为指南进行一番考察和研究,我们不难发现,首先转化的是人们的态度,经过一段时间之后,行为也跟着转变了。16世纪的这类书中公开讨论人体的一些生理功能——小便、大便、放屁等。譬如,伊拉斯谟在《论儿童的教养》(*On Civility in Children*,1530)一书中,告诫年轻绅士在看见一位朋友小便时应当有何举止。18世纪初的许多礼仪书仍然谈及人的生理功能,但不再提及一位绅士可能会目睹另一个人在小便之类,因为它已成为隐私行为。到了该世纪末,这类人体需要变得非常隐私,新的指南中不再出现了。过去,个人的生理活动或身体的隐私一直未引起人们的重视。现在,为这类逐渐成为隐私的行为提供独立空间，不仅能够体现一座房子的价值，而且假如没有提供这些空间，反而是不可思议的。

在"住宅国度"和"家园国度"里，不同的人类群体在不同时期内缓慢地形成了隐私的概念。有关如厕的隐私概念第一次出现在 17 世纪的法国。法国国王的日常生活历来展现在光天化日之下，如厕也不避他人，直到 1684 年，路易十四的马桶四周开始挂上了帷帘。即便如此，过了几十年之后，如厕是一种隐私的概念仍不很清晰。当路易十四的情妇蒙特斯潘夫人（Mme de Montespan）的儿子建议将厕所迁到另一座房子里去时，国王简短地驳回："无稽之谈。"然而，对于五六口挤住在一两个房间里的大部分人家来说，即便是用帘子隔出比较隐蔽的空间也只是梦想。在荷兰城市中产阶级的较新住宅里，有时会建造一个壁柜式凹室，里面安放便桶（上面有一个带洞的座凳），外面用挂帘遮挡；更多的荷兰人则使用便携式马桶，根据需要放在房子的不同位置，或像英格兰的习惯那样紧靠床边。[20]

其他在今天被认为是私人的区域，在历史上也都是公开场所。1665 年，佩皮斯记载拜访海军上司威廉·巴顿爵士（Sir William Batten）的情景："许多女人在夫人的卧室里嬉闹。夫人把我扔到床上，她和其他人一个接一个地压到我的身上，大家都开心极了。"事实上，佩皮斯跟巴顿爵士的工作关系不大和谐，他的社会地位比那些女宾们要低下。然而，在上述情境中，卧房也作为普通的会客室，床是一个可坐人的地方。在荷兰，上层富商的客厅里挂有大量精美的织物，卧室里通常摆放着昂贵的四柱床，扬·范·艾克（Jan van Eyck）的作品《阿诺菲尼婚礼画像》（*Arnolfini Wedding Portrait*，1434，图 8）清楚地展示了这一点。随着贸易渠道不断开拓，精细纺织品越来越容易获得，在一段时间内进一步推动了向公众展示卧室的风气。富人们也能像王公贵族那样炫耀自己的房子了。[21]

在卧室里会客并不简单地是因为当时的住房空间局促，而是一种普遍的心理状态。王室长久以来一直有在卧室里早朝的惯例，确切地说即是国王在起床的时刻接见朝臣或访客。某些纯粹的个人起居行为也不回避公众，据知，路易十四的妻子曼特侬夫人（Mme de Maintenon）常在国王和大臣的议事厅里脱衣就寝。贵族们也常在卧室里公开举行某些仪式。1710年，新婚的吕内公爵（Duc de Luynes）和妻子在接受来访者的庆贺时，理所当然地待在床上。在过去，高大豪华的床通常是为了展示用的，它们是显耀整座宅邸的重要部分。坐落在伦敦郊区的汉姆庄园（Ham House）是一座最具前瞻性的建筑暨装饰设计的典范，据记载，在17世纪50年代，它的主客厅里摆放了一张巨大的床、一套家具，还有两把扶手椅和十张折叠椅——其色调同床的绣帷相匹配。主客厅是客人们晚餐后聚会的场所，床同椅子一样是装潢摆设的一部分。直到18世纪中叶，法国和意大利的贵族家庭里有一种用来展耀卧房的会客厅。它有一个壁龛（alcove），床摆在里面，用一道栏杆同房间的其余部分隔开。栏杆的外面称为"小街"，表明是接待客人的场所。[22]

许多世纪以来，房屋的构造逐步朝着更为隐私的方向发展。在文艺复兴时期的意大利，新的都市宫邸仍然把床摆放在大客厅里，但到了15世纪，这种床通常只是供展示用了，真正用于睡觉的床放在另外的房间里。然而，即使是真正的卧室，家中妇女也常用于社交和用餐。直到18世纪，"家园国度"中人们的思想才开始转变，床被转移到了更为隐蔽的就寝空间。随着这一行为方式的出现，床本身的样式也开始演变。大客厅里的床有床头板但没有脚挡板，以便让更多的来客看到坐在床上的主人。在阿尔卑斯山以北，不太富裕的人家长期以来使用一种壁床（wall bed），仅是挂帷帘的一面敞开，其他三面均嵌在墙壁中，以避风保暖。现在的新式独立床加了脚挡板，竖着靠墙摆放，比帷帘的挡风效果更好，并增加了隐私感。托马斯·杰斐逊（Thomas Jefferson）在1785年至1789年间担任美国驻法国大使，他看到这些新式床非常喜欢，竟一下子买了九张，运到他在弗吉尼亚州的家中。[23]

在"住宅国度"，卧室作为客厅的功用保留了下来。1813年有一幅水彩画，描绘蒙特贝罗公爵夫人（Duchesse de Montebello）在卧室里接待皇后玛丽亚－露易斯（Marie-Louise）和拿破仑·波拿巴特（Napoléon Bonaparte）的医生。医生头戴帽子，执着手杖，显然是一次正式访问而不是去给皇后看病。空间较小的中产阶级家庭也继续保留这一习惯。约作于1850年的一幅奥地利绘画显示，房间的一端有张挂着帷帐的床，分明是一个女子的卧房；但房间另一端摆着一张桌子、一只乐谱架、一只躺椅、一个橱柜、四把扶手椅和一个沙发，还有一个展示绘画的架子，俨然布置成了女主人接待来访者的小客厅。[24]

在20世纪的英国，卧室既是私人空间，也是男女有别的，故而上述室内布局变得难以想象了。这造成了英吉利海峡两岸之间的误解。一位法国人向他的同胞报告说，在英国，"女士的卧房是不许陌生人进入的圣所。假若试图闯入，很可能是最大的失礼，除非是极为熟稔的人"。霍勒斯·沃波尔（Horace Walpole）曾回忆他姐姐访问法国时的一件逸事，当她询问"用具（大概是指夜壶）在什么地方"，该家的男仆便将夜壶拿来递给了她。沃波尔对此深表震惊，法国的男仆竟然"径自走进她的卧房"，而不是通过她的女仆来转交。在英国，肯定要采用一种比较尊重隐私的迂回方式。[25]

卧室是神圣不可侵犯的私人空间，这在当时已是上层阶级的普遍共识。沃波尔的父亲罗伯特·沃波尔（Robert Walpole）通常被称为英国的第一任首相，他和姐姐自然是属于上层社会的。18世纪的法国建筑师为高贵客户设计房屋时，注重强调地位和等级观念，试图通过房间的布局和装潢向来访者宣告主人的显耀地位。虽然同时代的英格兰和苏格兰客户也期望通过建筑来展示社会地位，但建筑师亚当兄弟（Robert & John Adam）的主导思想跟法国同行的迥异。他们在跟客户签的合同中既不谈论地位也不涉及社交，而是关注功能、方便、愉悦和日常生活习惯。提出的问题是，家庭成员通常在每个房间里做什么，如何最佳地设计房间来使这些活动更加方便？亚当兄弟的客户属于社会的顶层。但诺维奇（Norwich）有一位石匠，他的理念也跟亚当兄弟的颇为接近。他曾面向自己动手盖房的普通中产阶级用户写过一本手册，其中指出，尽管普通人不拥有富人的财力和资源，但"每个人都有自己喜欢的一些目标，无论是学习、商业，还是娱乐"，因而"一所房子的内部设计应合乎居民的脾性和才情，方便使用"。[26]

　　导致主要观念产生飞跃的因素不是房间的数量，而是一种新的生活时尚。人们日常活动的方方面面都被划分开来，赋予了独立的空间：功能方面——吃饭和睡觉分开，洗衣和做饭分开；性别方面——男孩和女孩分开；等级方面——主人和仆人分开；辈分方面——父母和孩子分开。各得其所。今天，这种观念简直是再正常不过了，从而人们很难想象曾经有过迥然不同的安排方式。这个想法在15世纪即已萌芽。意大利文艺复兴时期一些新的城市国家将宫邸建在庭院四周，内部的房间按照功能需要安排在一起：餐厅和公共接待室在同一侧，相对的则是私人客厅、画廊和图书馆。与此相连的侧翼是较为隐秘的家庭起居室，对面一翼是服务人员的工作区域。在16世纪的前半叶，大宅第里零星地出现了进一步分隔的例子。卢瓦尔（Loire）河畔的香波城堡（Chateau de Chambord）是由一位意大利建筑师设计的，它有四套独立的单元房，每套有四个房间，其中一个大房间是会客厅，两间小些的是较私人的活动领域，还有一个最隐私的内室（closet）。[27]（这种设计为法国的家庭住宅普遍采用，直到19世纪。）

但是，就建筑结构来说，即使是在最宏伟的宫殿里，现代意义上的隐私在当时也是不可能实现的。它们有一连串纵向的房间，穿过一间，进入下一间。门的定位营造出一种深幽的视觉效果——一重又一重的空间，几乎看不到尽头，令来访者心生敬畏。这种视觉图景是主人的财富和权力的物质表达。实用性则是另一码事，纵向排列的结构迫使人们之间的关系变得跟在平民的一居室里一样"亲密"了。到达最后一个房间必须经过所有的房间，不管是谁在房间里、在做什么，统统一览无余。即使是家庭或个人专用的单元（有三四个相连的房间），诸如在香波堡，它的进出通道仍采取纵向串联式布局，因而没有办法保护房间里的隐私。意大利剧作家皮尔·雅各布·马泰娄（Pier Jacopo Martello）气恼地诘问，在这个大宅子里，随时都会撞见忙碌不停的他人，甚至目睹他人行"某些迫切之事"，"天哪，修造那些没完没了的一连串房间究竟是为什么？"[28]纵向房间排列的次序一般来说是这样的：前厅，沙龙，卧室，储藏室，最后是密室。因而，隐私只能通过房间的位置来实现。纵向穿过每个房间，隐私氛围和对访客的限制逐渐增加。允许通过的房间愈多（直到进入最后的密室），访客的特权和地位愈显要。对于房间的居民来说更是如此，占据最深处密室的人通常是一家之主。

此时，许多地区的人们已经产生了对隐私的渴望，这是不争的事实。不过，尚缺乏实现这种愿望的能力。在17世纪，荷兰人只是通过改变在家中的行为方式来创造一点隐私环境，而不是改变建筑结构。比方说，访客们上楼时需要脱掉鞋子，进入楼下的房间则不必要。这是房中存在私人区域的一个标志。城市立法要求住户清洗自家房屋前面的路面，即公共区域（脏）和家庭区域（洁）之间的走道。然而在英国，无论房子大小，家庭隐私空间的现代方式出现了。都铎王朝早期的建造商和设计师们开始从改造房屋结构入手，来获得所期望的效果。最初，楼梯被作为解决建筑安全问题的一种关键手段。有些房子的楼梯直接从底层通到最顶层，没有通道可连接中层的某个重要房间，这通常是为了防范外人侵扰或保护贵重物品。进入那个重要的房间必须通过一个专用楼梯，只允许特定的人使用。不久，设计师们根据限制进入的原则，利用楼梯结构营造出了一些隐私区域：将两个房间直接连接起来，如主人的卧室跟贴身仆人的相连；或将一个房间连接到一个出口，如1507—1521年在离布里斯托尔（Bristol）不远的桑伯里城堡（Thornbury Castle）里，白金汉公爵（Duke of Buckingham）爱德华·斯塔福德（Edward Stafford）住的套房连着一个楼梯，可从他的卧室通向一个私密花园，这是通向那个花园的唯一出口。在通过楼梯来增强隐私的尝试中，最成功和流行最久的是双重楼梯，它将不同类别的人限制在房子的不同区域：主人用前楼梯，仆人使用后楼梯。这很快便成为大宅第的常见布局。不过，变换楼梯必须大动干戈地改造建筑结构，是不大容易做到的。[29]

营造家居隐私区域的最有效办法是吸取中世纪寺院的一个建筑特点，即环绕庭院的拱形顶走道，给每个房间以独立的进出口。这听起来有些自相矛盾，因为寺院生活是绝对群居式的。都铎王朝早期的建筑师将这种走道的原理付诸实践，将之改造为适于私人家庭住宅内部的结构。于是，走廊便诞生了。

第一条走廊出现于1597年，是由建筑师约翰·索普（John Thorpe）为切尔西（Chelsea）区的一座房子设计的。他巧妙清晰地向同时代人描述了这个新颖的创意："一个纵长的入口贯通整座房子。"① 这是个前所未有的原创，加之必须全面改造房子的结构才能实现，人们接受它的过程理应是缓慢的。但实际不然，仅过了25年，英国的一位外交官就完全否定了欧洲的纵向串联结构，仿佛走廊式结构是天下唯一正确的。他写道，"一个令人无法容忍的仆人可能闯进所有人的卧室，除了最后的密室"，而所谓远景效果破坏了自然期望的隐私，"一个陌生人可能只需一瞥，就看见了我们家中的一切"。在他的眼里，一座理想的住宅不应是一个系列分层的公共空间，而是一组分散的私人空间。1650年，罗杰·普拉特爵士（Sir Roger Pratt）业余设计的科尔斯希尔府（Coleshill House）即采用了走廊结构。它坐落在伯克郡（Berkshire）。他说，这样做是为了实现分隔的目的，使家庭成员同仆人分开，每个家庭成员的空间也分开。[30]

到了19世纪，即使是像威廉·莫里斯（William Morris）②这类人，也从未质疑当代房屋的后都铎式布局。他是一名设计师和作家，在政治上信仰社会主义，却对中世纪的生活方式情有独钟。他同建筑师朋友菲利普·韦伯（Philip Webb）一道策划，为自己建造了第一所住宅——红屋（Red House），梦想回归中世纪的生活。[31] 但事实上，红屋的"中世纪"风格纯粹限于装潢方面，房

---

① "走廊"（corridor）一词源于意大利语，意为连接两座建筑物之间的拱形过道。英语最初用的是"通道"（passage）一词，这从建筑学的意义上说不太精确，直到18世纪才吸收了意大利语"走廊"来表述房屋内部的连接通道。
② William Morris（1834—1896），英国纺织品设计师、诗人、小说家、翻译家和社会主义活动家。他的活动与英国工艺美术运动密切相关，对复兴英国传统的纺织艺术和生产方式做出了重要贡献。此书多处提到此人。——译者注

子的结构则是分隔式的,仿佛取自维多利亚时代的建筑教科书。它没有供各类人共用的巨大厅堂,房间之间很少互通,大多数房间只有一个入口。莫里斯在晚年买下了建于16世纪的凯姆斯科特庄园(Kelmscott Manor)之后,曾谈及生活在这种无走廊房屋里的"怪异感觉"。这座庄园的结构中不存在保护隐私的成分,隐私概念尚未在人们的头脑中诞生呢。

至少在英国和荷兰,人们的观念明显地改变了。在欧洲的其他地区,直到进入19世纪之后很久,许多房屋仍然建成纵向串联式,譬如巴黎的现代公寓。(在19世纪40年代,英国新闻界报道巴黎的这些新建筑时已感觉非常陌生;并对于每个房间有许多门,以及通过餐厅可进入卧室等布局,深表惊骇。)不过,尽管法国保持传统的楼梯设计,此时也借用了一些增加保护隐私的手法,如青睐较多的小房间,而不是较少的大房间,让家庭成员拥有更多的私人空间。其他私人事务也受到尊重。上层客户的设计师建议说,房屋设计应包括两个相连的卧室——分别属于丈夫和妻子,以及一个私人客厅和一间更衣室(dressing room)。假若空间不允许,在单一卧室里安置两张床或许是一种次优方案。人与人之间即使是保持这么一点身体距离,显然也聊胜于无。[32]

然而,这并不是所有"家园国度"均采纳的风格。奥地利的城市公寓普遍采用互连房间,而不是走廊结构。直到19世纪80年代,将厨房、客厅和卧室纵向连接起来仍是常见的公寓布局。在维也纳有一种很小的公寓(称为kleinstwohnungen),是小康中产阶级和工人阶级的标准住宅,它包括一个小厨房、一个起居室,有时加一个卧室,房间全部开放相通。富人住的大公寓(Grosswohnungen)也继续沿用旧的格局,大部分空间作为公用场所,起居室很小,放在厅的背后。19世纪60年代维也纳一家报纸感叹:

"英语的'在家里'所表述的慰藉感是我们所不熟悉的。"(事实上,在同一时期,德语文章中搬用了"在家里"的英语表述,法语里也出现了"家"这个词。)爱德蒙·德·龚古尔(Edmond de Goncourt)在日记里写道:"他们家的装饰令人感到愉悦。"即使到了该世纪末,不同国家住宅风格相异的讨论焦点仍然是房间的布局,以及这些布局如何反映人们的观念——建"家"的目的,为谁而建。住在伦敦的一个德国人发现,德国房子和英国房子"最显著"的区别是后者缺少房间之间相通的门。他认为,英国人为自己的家人设计房子,而德国人则为他们的客人设计房子。[33]

美国也有采用纵向串联房间的建筑传统,叫作"直筒房",或俗称"猎枪房"(shotgun house)。它是劳动阶层的一种住宅风格。它类似法国的单元公寓,两三个房间排成一串,前后房门相对而开,从而一眼便可望到房子的尽头。民间俗解说,"猎枪"的意思是"一枪即可穿通整座房子",从临街的门直到后门。另一种更合理的解释说,这个词和这种房屋结构源于西非(从那里通过西印度群岛传到美国的新奥尔良),"猎枪"一词在西非约鲁巴语(Yoruba)里是"住宅"(to-gun)一词的变体。另一个同非洲相关的借用词是"游廊"(veranda),这种廊子环抱整座房子,意味着从外面的游廊可直接走进任何房间,很像中世纪寺院的结构。"猎枪房"常有一个很宽敞的前廊(deep porch);而当时英国的房屋顶多只有一个小门厅(vestibule),以分隔户内外空间。早在18世纪70年代,有些奴隶的住房就带有游廊,远比在新英格兰出现的要早。这种建筑元素很可能是从南方切萨皮克的奴隶住房开始逐渐蔓延到北方的。[34]

在通过改变房屋的实际布局来融合新的隐私概念的同时,另一个同等重要的变化也在发生:由谁使用和如何使用特定的房间。不同于修建走廊或专门建造隐私空间等,转换房间的用途无须做出结构性改造,因而对更多的人产生了影响。当建筑中的一两个,甚至三四个房间里住满了人,房间的多功能性便是十分必要的。到了16世纪,"家园国度"的大多数人会认为某一两个房间具有公共功能,不管它被称为堂屋还是"voorhuis"——这个荷兰语的字面意思是"前屋"(fore-house),表明它所在的位置,因为最常见的公共区域即是直通户外的临街房间。但是,这并不意味着其他房间是特定家庭成员的领地。角色各异的人们在所有房间里做不同的事,因而要根据实际需求来安排和布置。在莱顿市,直到17世纪中叶,每四个房间中有三间放有床铺或是卧具。[35]房间的功能几乎从未限定,这表明它们具有混合用途。基本上没人使用"卧室"一词,而是通称为"内室",或是根据其位置、特征来描述,如"后屋"(back room),或"有壁挂的房间"。此时,房间功能的划分充其量是将杂乱活动限制在房子的后部,将体面的或较整洁的活动安排在堂屋和主室。

在英国,尽管17世纪后期的富裕自耕农多拥有三四居室的房子,一些房间的名称变得比较明确了,但其独特功能尚未充分体现。新命名的"客厅"(parlours)里仍然安置床铺,几乎所有的家庭活动继续在堂屋中进行。在新兴工人阶级的较小住宅里,以前的"堂屋"现在通常被称为"起居室"(houseplace),而"里屋"变成了"客厅"。充其量是将公共的和私人的、访问者和家庭成员的活动区域划分开来。在英格兰西北部,前屋是接待客人的场所,后屋是干家务的地方;而在苏格兰,两居室的房子里一间是灶屋(but),另一间是客厅(ben)。前者是家庭活动场所:吃饭,睡觉,做饭,洗衣;后者更多作为起居室,放置主卧床及一些贵重物品,如亚麻被单,余下的空间也用来储存食品。1780年的一幅水彩画如此描绘苏格兰一户人家的灶屋：头戴老式罩帽的厨娘在灶旁忙碌着，灶台上面是放锅的柜架，背景中有一张床，女人们在读书或梳妆，身旁放着针线筐。画面中还有一点乡村生活的景象：鸡栖息在房梁；烟气缭绕，有可能是正在熏烤火腿。这绝不是一个贫穷的家庭，梳妆台上摆放的几件奢侈品表明了这一点（图9）。[36]

到了该幅画完成的那个年代，多功能混用的房间在经济繁荣的英国变得日益少见了。在有条件的情况下，准备食物的活动，无论是刮鱼鳞、清除家畜内脏还是洗菜，都集中在后屋进行，只有烹饪本身继续采用荷兰人的方式在起居室里完成。进入18世纪后，这种功能区域的划分在德语地区变得截然分明。堂屋里保留的明火灶专用于烹饪，会客室里的炉子仅为取暖，不用来做饭，因而就没有油烟了。

房间功能专门化意味着家具摆放的变化，根据不同的用途被移放到各个相应的房间。到了18世纪初，在莱顿市，有床铺的房间已从四分之三下降为不足一半。英国的情况也类似，在南部的许多住宅里，杂物常被单独储存和堆放在一处。即使是在小房子里也能看到这种划分房间功能的现象。[37]在房屋的空间太小、不可能按照单一功能划分的情况下，人们至少会尝试划分出公共和私人区域。据17世纪早期一个工人住宅的相关记载，它同当时很多典型的房子一样，起居室里仍然放置卧床并储藏物品，但也有另外一些物件，如一只坐垫和几幅绘画，显示出起居室的公共特征。同时，厨房在早些时候仅用于备制食品和储藏，因而几乎没有家具，可是这家的厨房里安放了两张桌子、七把椅子、一张凳子、一只橱柜和一个物品架，以及餐饮和烹饪用具如锡镴制器皿和木盘，还有一些新型商品，如代尔夫特陶器和时钟——它们从前都是放在堂屋或起居室里的。楼上有两间房，继续作为传统的多功能场所：睡觉加储藏。堂屋楼上的房间里有一张床、家用亚麻制品和大量储存物——两个木箱、一只行李箱、一个保险箱和一只橱柜，另一间房里有一张床和一套制作奶酪的设备。

在"家园国度"的绝大多数乡村地区，这种生活方式出人意料地延续了很长时间。以德国为例，直到进入20世纪，许多农村地区仍保存着前工业化的经济模式，整个家庭作为一个经济单位，相当于工业化地区两个多世纪之前的生活方式。瑞典也保留着传统格局，直到19世纪末，孩子们仍然和仆人睡在一起，或是睡在任何有空间的地方，同延续几个世纪的习俗毫无二致。[38]

在18世纪英国的许多城市，标准连栋式住宅将家务区（厨房、洗碗间，大宅第里还有洗衣房）设在地下室里（最不理想的是放在一楼），家庭成员住在一楼和二楼。从理论上说（有时很难实施），越来越多的做法是让仆人睡在地下室和阁楼里；孩子按性别和年龄分开，或跟仆人睡在阁楼，或睡在父母卧室的楼上。需要牢记的是，一方面，建筑设计、报刊和家庭手册向人们宣传什么是值得拥有的或时尚的；另一方面，实际生活经验告诉人们什么是可操作的，这两者之间存在着差距。今天，对维多利亚时代的英国中产阶级家庭生活方式有一个共同看法：夫妇分开睡觉，丈夫睡在更衣室，妻子睡在主卧室。然而，房屋库存和销售目录显示，只有30%左右的房子足够大，设有一间更衣室，但其中仅20%放有床铺，也就是说，不到6%的住宅有供夫妇分开睡觉的空间。在18世纪和19世纪，依据许多家庭生活指南，似乎所有中产阶级家庭都有单独的育婴室，而在现实中这只是一厢情愿的梦想，除了非常富有的极少数，人们不可能有足够的空间让某个成员独享自己的房间。

然而，增加分隔的愿望意味着单一功能房间的概念在迅速蔓延，从城市的时尚精英到乡村的富裕农户，即使尚未完全成为现实。1825年，一家杂志的文章描述了德比郡（Derbyshire）一个三代农民家庭的变化。[39]作者写道，她的祖母结婚时搬进一所房子，楼下有五间居室，还有一个未装修的阁楼（"暴露出屋梁和茅草顶棚"）是给仆人住的，并作为储藏室。她布置了一间体面的起居室和一间漂亮的卧室，两间房里都摆着床。她和丈夫睡在起居室，卧室留给访客。他们的儿子继承了这所房子之后，儿媳妇重新装修了老式起居室，搬走了梳妆台、高背椅、家人和仆人共同用餐的橡木桌子，将床移到隔壁的房间，木地板铺上了地毯，并做了纱门壁橱来存放可供炫耀的新颖物品：茶具、银制水罐和陶器。到了第三代人，又有所改进：起居室里不再陈设餐具，而是改为展示绘画；并把隔壁的卧室改成客厅：地板上铺了地毯，墙上贴了壁纸，红木家具取代了橡木家具。

有些人既买不起这些新式陈设，也没有足够的空间可做这类改进；而有些能够负担得起的人，却选择继续生活在老式风格的多功能房子里。1798年的一幅水彩画表明，建筑师约翰·索恩爵士（Sir John Soane）家中吃早餐的房间里仍放着一张写字台；直到1830年底，他的图书室仍兼做家庭的接待厅、餐厅和起居室。另一个例子是一位小店主的家，他的经济收入比索恩爵士低得多，全家人住在店铺的楼上（图24）[40]。这幅画显然试图描绘一个家庭的富裕生活，但现代时尚的房间功能划分并不是他们所想展示的内容。看上去这个家庭是在起居室里用餐，室内有一个可拉出来的活动翻板餐桌和带刀具盒的餐具柜。正如我们所了解的，绘画可能不完全反映现实，但上述这两个例子至少说明，尽管家居手册提出了规范性建议，实际生活中的情形却是多种多样的。

在劳动阶级的住宅中，主屋继续作为一个劳动场所，包括缝纫、编织、洗衣和其他类型的计件劳动，也包括其他许多随着工业化的进程不久将迁移到工厂去的工作。18世纪早期，伯明翰（Birmingham）的一位寡妇在她住的楼下经营锉具作坊，因而里面放着一个铁砧和一只风箱。美国的情况也是如此，18世纪末，90%的人把卧床或工具放在主屋里。在1822年，一位铁匠的五口之家搬进了坐落在马萨诸塞州（Massachusetts）的巴利四角（Barre Four Corners）的一座房子里。房子建于二十年前，前部是厨房，后部是一间卧室——也在里面用餐，还有一个小起居室兼家庭作坊。然而到了40年代，这家人把卧室通向起居室的门封起来，在起居室里开了第二扇窗户，将它布置成房子里最漂亮的房间。于是乎，他们就变成了"拥有客厅的人"。[41]

19世纪客厅的象征意义比物质空间的作用更为重要，它标志着房间由多功能向单一用途的最终演变。客厅是社交场所，而且只用于社交聚会。它也是为最尊贵的客人保留的，日常来访者则被引导到其他的房间。大多数家庭仅在每年的圣诞晚餐时使用一次客厅。有些家庭的客厅甚至仅用于婚礼庆典或在葬仪之前陈放死者。直到20世纪20年代，据瑞典一位铜匠的儿子回忆，他家中最好的房间只在节假日使用，或"病得很重才能躺在里面"[42]。拥有客厅成了地位的象征，因而许多房主将一个较大的房间隔成两个小间，其中一个布置为客厅，每年仅使用一两次。

隐私欲望的发展同城市化进程紧密相连，并不是因为时尚通常出现在繁荣的城市。这种生理上的迫切欲望——在浑然一体的群体生活中划分出家庭成员和个人的空间，首先产生于人口稠密的地区。直至1650年，莱顿市所有的房产中只有两座拥有窗帘；接下来的十年中，在荷兰人口最稠密的中心——海牙、代尔夫特和莱顿，富裕阶层的住宅中一半装上了窗帘。历史文献中没有记载这一变化产生的缘由，故而我们必须通过研究窗帘的用途来探寻它出现的动因。早期的窗帘仅覆盖窗口的下部,因而不像是为了调节室内光线。此外,窗帘无一例外地挂在一楼临街房间的窗户上,亦即房子的门面。由此产生了两种可能性:一是为了向世人展示窗帘这种新商品,一是想遮蔽家庭的私生活。[1] 这两种可能性都存在,但主要是为了保护隐私,因为如果是为了展耀,那么临街的楼上房间也应当挂上窗帘。此外,窗帘一般是单帧的而不是成对的,未体现当时室内装饰偏爱的古典对称风格。[2] 这也不是简单的金钱问题。社会顶层同样采用单帧窗帘,如17世纪80年代海牙的莫瑞泰斯庄园(Mauritshuis)和海牙郊外的赖斯韦克宫(Rijswijk Palace),后者在1697年重新装修后仍继续采用单帧窗帘。[43]

正如窗帘最早在荷兰的中心城市兴起,在英国,窗帘起初也几乎是伦敦的独特现象:17世纪中叶至18世纪中叶,在人口拥挤的城市中,81%以上的房屋至少有一套窗户装饰;而在乡村,87%的房子没有窗帘。这种差别有力地说明,隐私,而不是调节光亮或时尚,是刺激窗帘产生的因素。另一个佐证是,在人口稀少的北美殖民地,窗帘普及的速度相对迟缓。1645—1681年间,马萨诸塞州一个县的房屋中仅十座装有窗帘。纽黑文的总督希奥菲勒斯·伊顿(Theophilus Eaton)非常富有,1658年去世时留下的遗产达1565英镑,然而他的宅邸里仅妻子的卧房有窗帘装饰。整整一个世纪之

---

[1] 荷兰一位作家撰写的《窗帘的社会史》中只提到第一种可能性,未谈到保护隐私。这或许可参见她一笔带过的评论:"荷兰人在夜晚拉下窗帘是不常见的。"据认为,荷兰住宅的临街房间不拉窗帘是因为"好教徒没有什么可隐瞒之事",隐私欲望标志着有见不得人的可耻行为。与之相反,英国内向型住宅里的居民认为,不遮掩临街的明亮房间是异乎寻常、不可思议的。人们无法想象英国的历史学家在研究窗帘产生的原因时会忽略保护隐私的因素。
[2] 尽管库存清单往往列出窗帘的数目,但很少记载窗户的数目,故很难确定对称的双帧窗帘是何时成为标配的。

后,特拉华州的一个富裕地主的宅邸里仍然全无窗帘。[44]

在18世纪,乡村人家和城市里的许多中产阶级家庭采用遮窗板来保护隐私,并可保持室内空气湿润。到了晚上,通过窗台下面的槽沟将这种木板向上推滑,遮住三分之一的窗口(图13)。不过,该世纪末时纺织品价格下跌,大多数中产阶级都买得起窗帘了,很多人甚至可以多重装饰窗户,包括安装滚筒遮帘或百叶窗来控制光线;白天用钩花、丝网或薄纱帘来保护隐私;夜晚再拉上一对厚重的帷帘来保证静谧的睡眠环境。窗帘拉开时,通常用装饰性的花结和钩子固定在窗户的两侧,另在顶部加上窗帘盒或更多的织物,以达到装饰整个窗户的效果。到19世纪20年代,窗帘已成为许多中产阶级住宅里必不可缺的部件。这不仅是囿于装饰效果的吸引力,而且是因为隐私受到了高度重视,越来越多的保护性元素被添加进来,防止白天及夜晚点灯后室内被人窥探。在约克郡的一个生活优裕的寡妇家里,餐厅的窗户除了配有装饰性窗帘,还有一道绿色的绸帘,从顶部拉下来直至遮住窗框底部,其功能很像早期的遮窗板(图15)。[45]

在丹麦也能看到这种形式和功能的组合。威廉·本茨(Wilhelm Bendz)1827年的小说《吸烟派对》(*A Smoking Party*)里描写的窗户除了百叶,还挂有一对薄纱帘,遮住窗户下部的三分之二,这样房间里的学生们就有了充分的隐私保障。跟这种实际效用相反,顶部的巨大垂帘似乎除了装饰以外没有其他的目的(图14)。

到了19世纪中叶,无窗帘的房子就像无走廊的英国房子一样古怪。窗帘不再是单纯用来遮挡户外陌生人目光的保护屏障,它已开始被视为室内的一种保护设施,较常见的目的是避免户外有害物质的侵袭,甚至连日光照射也不欢迎。17世纪的启蒙思想家们曾经将光比喻为理性时代的象征。据约翰逊博士编纂的《英语大辞典》

(A Dictionary of the English Language)解释,"sash windows"(推拉窗)的"sash"(窗框)一词源于法语动词"savoir"(知道),因为"推拉窗的设计目的就是为了看与被看",很自然地等同于"光明和知识"。然而事实上,"sash"是法语"chassis"(框架)的变体;在英语中最初为"shashes""shassis"或"shashis"。到了19世纪,采用新技术生产的大块玻璃价格低廉,人工照明技术水平提高,加之室内取暖设备的改进,鼓励了人们安装更大的窗户,从而室内采光变得更容易了。在这种情况下,许多人开始感觉到光照本身破坏了家庭的隐私氛围。以前,"充足明媚的阳光"由于稀缺而受到珍视;现在,"强烈刺眼的阳光"变得令人讨厌了。在"家园国度"里,日光的廉价易得提高了幽暗环境的价值。[46]

"幽暗"在美学上受到重视,它能够营造氛围,或至少表现喜怒无常的心境。英、德两国人尤其醉心哥特小说,诸如霍拉斯·沃波尔的《奥特朗托城堡》(The Castle of Otranto,1764),弗里德里希·席勒(Friedrich Schiller)的惊悚本《强盗》(Die Rduber,1817)等,它们传播了阴郁的中世纪城堡和月夜幽会的时尚。① 浪漫主义运动建立在这种幽暗理念之上,将之同人的情绪反应联系起来。其追随者视情绪的价值高于理性,从新奇别致的而不是经典平衡的画面中辨别出这种审美要素。哥特复兴派建筑师,如法国的维奥勒·拉·杜克(Viollet le Duc)和英国的奥古斯塔斯·普金(Augustus Pugin),试图通过自己的作品来表达这类情感。他们在世俗建筑中配置宗教建筑的特征,并创造出一种室内装饰风格,普金称之为"用建筑语言传达的灵性真理"。当代美国一位有影响的

---

① 这些故事的场景通常设置在野外、山中、墓地、城堡或陌生的地点,并经常发生在夜里,刻意制造令人恐怖的效果。

景观设计师和建筑作家发现,"那些喜好阴影、寻求古雅和宁静氛围的人"十分偏爱这种风格。这种审美时尚导致了一个结果:家庭主妇和家政指南的作者统统开始拒绝明亮的、未经过滤的室内光线。一篇室内装饰的指南写道:"无人能从大块玻璃中发现美的属性。"相反,室内采光必须是"有教养的",即过滤的、柔和的和昏暗的,"以便与室内生活相协调"。[47]

德国人全盘采纳了幽暗室内装饰的理念。(乃至于一些人讽刺这种室内装饰效果是混浊的"棕色肉汁"。)窗帘不仅具有遮住外来光线的用途,而且是居住者道德水准的一个标志。通过所谓光线的"教育",可使房内的居民获得良好的教养。《如何通过装饰房间来营造温馨之家》(*How to Furnish a House and Make it a Home*,约1853)一书明确指出,窗帘"对外彰显房中的秩序",提示路人:体面的人住在里面。这种观念一直延续到20世纪。非洲的德国殖民者认为,他们将家居风格和家庭价值观带到了非洲。一位女士写道,她喜欢挂上干净的白色薄棉纱窗帘,这给她所住的非洲民宅加上了"一个德国家庭的标识"。毋庸赘言,"干净""白色"和"薄棉纱"这三个词不仅令人联想起德国,而且充分地体现了家庭的美德。[48]

当幽暗氛围日益变得十分可取,仅有窗帘就不够了,于是,彩色玻璃被推荐为家居的配置。雅各布·范·法尔克(Jakob von Falke)写了一本颇有影响的书:《房间艺术》(*Die Kunst im Hause*,1871),指出透明玻璃显示"平庸"。人们开始有意地把窗户和灯遮蔽起来。大教堂式玻璃逐渐走俏,它通常是绿色的或不透明的彩色玻璃,质感较强。有人甚至采用质地更密的制瓶玻璃(Butzensheiben)来镶嵌窗户,透过这种玻璃只能看到模糊的形影。1890年,一家装饰公司运用版画来宣传现代风格:一个房间的窗户镶嵌的是大块的普通玻璃，另一个房间是小格的制瓶玻璃。下面加了惊叹标注："不采用彩色玻璃减弱光线的房间是多么冷冰和缺乏润饰啊！"在美国，路易斯·康福特·蒂凡尼（Louis Comfort Tiffany）和约翰·拉·法吉（John La Farge）是两位最具盛名的彩色玻璃艺术家、设计师和制造商。他们的艺术体现了对新技术的一种情感反应。[49]

当新式推拉窗推广到英国时，它备受推崇，因为人们可以坐在家中直接欣赏户外景色了。一位园艺和农学作家热情地赞叹："从客厅和卧室的窗户向外望去，花园的景色美不胜收，还有什么比这个更令人愉快的呢。"二百年后，在"家园国度"里，这种观点被颠倒过来了。雅各布·范·法尔克断言："不需要在家里欣赏户外风景。"恰恰相反，"人们须向内寻求有吸引力的事物"。德国艺术史家科尼利厄斯·古利特（Cornelius Gurlitt）说，室内采用"昏暗、遮蔽"的光比较好，因为它使人感觉到"外面发生的事离我很远"①。这种观点广泛流行。在英国，奥斯卡·王尔德（Oscar Wilde）声称，简单而论，无论从内或从外透过窗户看事物都是"非常坏的习惯。彩色玻璃的优点即是可划定界限，将户内同户外区分开来"。威廉·莫里斯补充说，小格玻璃窗比大的好，这样"我们将会时时感觉是待在室内"。[50]

室内和室外的分界问题尤其令英国人感到纠结，他们越来越意识到，要使一座房子成为一个家，它必须是超然独立于外部世界

---

① 见古利特的《城镇住宅》（*Bürgerhaus*），出版于 1888 年。注意不要将这位作者跟与他同名的孙子相混淆。20 世纪 30 年代，老科尼利厄斯的儿子希尔德布兰德（Hildebrand）深深地卷入了为纳粹政府抢劫艺术珍品的勾当。他收藏的一千多件艺术品由儿子小科尼利厄斯秘密保存，直到 2013 年才为世人所知。

的。因此,英国人对欧洲大陆兴建公寓楼感到忧惧。① 巴黎的新式建筑高达八层,第一层辟为商店、餐馆和咖啡馆,一进正门,便会遇到一个看门人或门童。在那些来自"家园国度"的人看来,街道和家庭之间的界限被打破了:看门人既不是任何家庭的成员,也不是某个家庭的雇员,而且往往不住在同一个楼里;一楼的店铺是商业活动区,餐厅的海鲜吧台临街敞开,咖啡馆设有露天座位。自1833年始,巴黎的主要林荫大道上间隔地设置了长凳,过去人们在室内的一些行为也挪到了户外。[51]

因此,"家园国度"的人们尽可能寻找替代公寓大楼的住所。[52]在英国和美国,租住私人住宅的房间或许是令人向往和愉悦的。甚至某些有女伴或家室的人,用为房主服务来换取租住地下室,感觉也不错。引人入胜的小说人物夏洛克·福尔摩斯侦探及其搭档华生医生都是颇有教养的房客。18世纪末至19世纪初,新婚夫妇通常不立即搭建自己的小巢,或确切地说是暂不想"操持家务",但也不愿意像在早婚社会里那样跟父母生活在同一个屋檐下,于是便在一段时间里成为提供膳宿的私人住宅里的租户。在19世纪和20世纪初,高达一半的美国人曾经租住私人住宅。

到了19世纪,中产阶级通常期望尽可能通过建筑手段来创造隐私环境。城市中产阶级和城市上层阶级的房子面临主街,即使房子里面的隐私程度越来越高,外部仍展示在公众的视野之中。相比之下,长期以来,占相当大比例的工薪阶层住房一直隐蔽在公共街

---

① 仅苏格兰是一个例外,在20世纪前便开始为中产阶级建造公寓楼。在英国的其他地区,无论空间多么局促或使用不便,或是不得不划分成多个居住小间,绝大多数住宅仍是低矮的。40%的伦敦人住在某种形式的共享空间里,顽固地、尽可能久地拒绝住进公寓楼房。

道的背后。这类出租房和宿舍同中产阶级的住宅毫无相似之处，尤其是城市化和工业革命导致了人口密集，住房极度拥挤。1851年在利兹（Leeds），一个工薪阶层住宅区的222座房子里住着2500个居民，平均每两张床睡五个人。[53]在这些社区，很多活动都是在公共场所进行的，因为厕所和自来水均设在院子里；居民也很乐意逃出狭小、拥挤、潮湿和通风不良的蜗居，到户外呼吸一点新鲜空气。19世纪时的清理贫民窟运动将工人阶级的住房条件提高到了中产阶级的标准。工人们迁到了城郊的住宅开发区或连体排屋（back-to-backs）——这是最早的一种专为他们建造的房屋，尤其在英国的工业中心地带。这种排屋的结构是楼下一个房间，楼上一个（或两个）房间。① 在中产阶级看来，这种房子为家庭提供了隐私空间，因而似乎是对旧式大杂院的一个改进。不过，由于室内没有自来水和厕所，居民的主要活动仍然在户外公开进行。旧式大杂院由于远离大街，居民的生活被部分地遮蔽了，成为城市中"看不见的"角落；然而，连体排屋的设计要求配置标准的厕所和上下水管道，必须建在主要街道的两侧，从而导致了自相矛盾的结果：居民的生活更多地暴露在城市橱窗之中。

与此同时，中产阶级和上层阶级的家庭隐私以另一种方式被重新定义了。在18世纪初期，罗伯特·沃波尔将自己的宅邸——位于诺福克（Norfolk）的霍顿府（Houghton Hall），进行了改造，将之分为两个区域。一个是堂皇的厅堂，向公众展耀"品位、豪华、庄严气势"；另一个是家庭活动场所，包括"嘈杂、污浊和经营商业活动的"底楼。当然，在多数情况下，通过改造建筑结构来分隔

---

① 连体排屋跟两旁的房子和后面的房子共享一堵墙，因而仅在正面有门窗，让户外光线进入。

工作和家庭生活区域是不大可能做到的。不过，当很多人的工作从家里转移到专门的工作场所，工作和家庭生活之间的界限便开始彰显，它不是历史和特定环境营造出来的虚假现象，而是反映了一种上天安排的社会结构。倘若确实如此，接下来所发生的便是男人和女人顺理成章地待在"各自的领域"：男人在公共世界里活动，女人隐居家中。在下一个世纪乃至更长的时间里，这一想法成为占主导地位的家居理念。[54]

第三章
家与世界

在北美殖民地新英格兰,在教堂里参加礼拜时,男人和女人分坐在不同的座位区;孩子们则集中坐在后排,而不是跟父母坐在一起。这三组人大致依照三个条件顺序入座:第一是年龄,第二是社会地位,第三是财富。[1] 直到19世纪初,家庭成员在教堂里才坐在一起。从这个演变可以看出,人们对家庭的态度普遍地改变了。家庭不再被看作众多相互关联和竞争的社会群体之一。家庭被置于优先的地位,它是社会的基本单位。

从表面上看,家庭是处于公众领域之外的一个私人群体。至少从理论上讲,评价一个人应当基于他个人的素质优劣,同他的家事无关。1763年,威廉·皮特(William Pitt)在议会中否决了"赋予税收当局进入私人住宅搜查违禁品的权力"的法案,从此,家庭的隐私权就在政治上被确认了。我没有找到皮特发言记录的原始文件,但发现三十年后有一篇文章引用了其中一个片段:"他(皮特)强烈地反对这一法案……他声称,每个人的家都是他自己的城堡。"[2] 假如皮特确实采用了这样的措辞,或许是借用17世纪的法理学家爱德华·柯克爵士(Sir Edward Coke)的一句箴言:"一个人的家即是他的城堡。"然而到了 19 世纪中叶,仅凭这句话已不够有说服力,于是皮特进一步诉诸听众的情感共鸣:"最贫穷的人也可以在他自己的茅屋里反抗王朝的一切权力。家或许是脆弱的,它的屋顶可能摇晃,狂风可能吹进,暴雨可能侵袭,但英国国王不能进入。"住宅和家庭的隐私被视为是至高无上的,远比有关公共领域的需求和考量更为重要。

在皮特发表演讲后的短时期内,"家是我的庇护所"的观点在欧洲大陆成为革命思潮的酵母,尤其对于妇女来说。从 18 世纪 80 年代末到 90 年代法国大革命的初期,包括雅各宾派(Jacobins)在内的一些革命俱乐部欢迎女性作为政治辩论的听众。毕竟她们也是公民同胞嘛。但这没有持续多久,革命便达到了恐怖的顶峰。1793 年,雅各宾俱乐部的法布尔·德格兰汀(Fabre d'Eglantine)开始猛烈抨击出席这类场合的妇女:她们不是"家庭里的母亲和女儿,不是年幼弟妹的长姊",只能被叫作"女冒险家、游侠骑士、解放女性和亚马逊武士"。[3] 并且声称,女人天生就应当待在家中。所有接纳妇女的俱乐部都犯下了颠覆自然秩序罪。

天主教神学家一般将原罪视为性欲的一个方面,它属于成年人的一种烦恼。相比之下,马丁·路德及之后的约翰·加尔文(John Calvin)更多地将原罪视为一种通过思想传递的"遗传性堕落"[4],从成年人的过错变成每个孩子生来携有的遗传基因。洗礼是根除它的第一步,接下来必须采用教育手段,并实施严格的纪律来控制人的行为。缺乏惩罚会宠坏孩子。加尔文主义认为,教育对铲除遗传性罪恶有着重要作用;18 世纪的启蒙思想家进一步认为教育是头等重要的任务。早在 1693 年,约翰·洛克(John Locke)即在《关于教育的思考》(*Some Thoughts Concerning Education*)中提出:"我们遇到的所有人,无论是什么样的,善或恶,有用与否,十分之九是教育的产物。"教育导致人类的巨大差异。婴儿生下来如同一张白纸，纯洁无瑕。一旦进入世间，与腐败的社会接触之后，纯真便很容易丧失。因此，教育不仅是传授知识，更重要的是避免孩子获取错误的知识。在这个背景之下，卢梭奠定了他的育儿理论。他的名著《爱弥儿》（*Emile, or, On Education*，1762）极受欢迎，传播甚广。卢梭在书中承诺，倘若妇女遵循这些教育和行为的戒律来养育孩子，同时给孩子提供安全的港湾，直到他们足够强大去面对世界，将会塑造出充满荣耀和感性的新一代。卢梭不时强烈地谴责啃书本式的学习方式（他曾宣布"我讨厌书！"），但十分提倡"快乐的大自然教育"。《鲁滨逊漂流记》中的荒岛不是绝大多数人可能去的地方，但营造不受外界干扰的私人空间是养育孩子的基本条件。到了19世纪，鲁滨逊的孤岛生活状态被视作一个世外桃源的范例。塞缪尔·泰勒·柯勒律治（Samuel Taylor Coleridge）认为，这一小说人物象征着未受社会污染的人。

女人的主要职责不再是做丈夫的伴侣，而是当孩子的母亲。这个观点越来越为人们所接受。她的基本角色是培养孩子具有鲁滨逊那样的独立人格，家庭即是他们的"荒岛"。孩子们在这个安全的隔离带里学到各种知识和技能，最终将使他们有能力离开家园，立足社会。女孩子们则可学到培育更多"鲁滨逊"的技能，轮到她们做母亲时便能派上用场。"在孩子的成长过程之中，精心地教育和照管他们……让他们度过愉快和甜蜜的时光，这始终是女性的职责。"虽然卢梭提出的许多关于养育孩子的建议是革命性的，譬如主张通过游玩自发地学习，反对死记硬背，但是，他的女性观同教会和整个中产阶级社会是一致的。卢梭的理论是将妇女放在教养孩子的中心位置，教会确认妇女的角色为克鲁索岛的守护人。1797年，英国教会的牧师托马斯·吉斯伯恩（Thomas Gisborne）概括了女性的从属地位，其观点同激进哲学家的区别甚微：主妇的职责是"在家庭及其社交范围内"时刻考虑为丈夫、父母和兄弟姐妹提供更舒适的生活，并维护和睦的亲友关系，疏通人脉"。在家中，娇弱的女人可永久地受到庇护；男人可暂时摆脱商业活动的喧嚣或男性社会的罪恶，找到终极的安慰，使身心获得更新。女人的任务不是分担男人的社会重任，而是尽力让"他们生活得幸福快乐"。[5]

在瞬息万变、缺乏安定感的世界里，人们恪守这些观念并不奇怪。妇女从公共领域退出的做法似乎是自然的和正确的。在数百年中，"经济"和"家庭"这两个概念可以互换。家庭是一个自给自足的单位，目的是让全家人吃饱穿暖、有屋栖身，并且养育好孩子，让他们掌握必要的生活技能，进而为自己的下一代提供衣食和住房。每个家庭的全体成员为实现这一目标共同劳作。劳动任务依照性别分配。在农业地区，男人耕田，妇女养鸡；在商店和餐馆酒吧，男人负责采购，女人接待顾客；在手艺界，男人掌握高超的技艺或做粗放性劳动，妻子则担任比较精细的或常规性的工作。

正如我们所看到的，在工业化早期，随着圈地运动的施行，男人变成了现金收入者，妇女的经济贡献似乎减少了。男人开始被视为主要的，甚至唯一的维持家庭生计者。然而，这种家庭财务的变化发生不久，工业革命的巨大浪潮便进一步改变了男人的地位，无论是劳动阶级的现金收入者，还是上层阶级的财产所有者，或是中产阶级的专业人士、行业和企业的管理者。此时商人和企业家形成了一个新阶级，对旧的土地所有者和专业阶层构成挑战。虽然所有男人仍然占有一家之主的地位，但不像从前那么稳固了。到了19世纪初，新型工厂雇用的女工数目超过了男工；加之家政服务业的增长，妇女们再次通过自己的劳动挣得了现金，就像在工业化前的时代一样。孩子们的角色也发生了变化。在农业社会中，孩子们基本是家庭的财政负担,直到十几岁,他们的劳动价值总是低于所需的衣食住宿的成本,以及他们可能接受教育的花费。随着前工业化社会的发展和家庭计件工作的蔓延,孩子们对家庭的经济贡献逐渐增加。后来,工厂如雨后春笋纷纷建立,工厂主经常优先雇用童工,以利用他们的灵巧小手和可塑性大的优势。

工业革命在重组劳动市场的同时,也重新塑造了家庭结构。男性的职业范围不断扩展,使他们能够获得足够的收入来让妻子和孩子放弃有偿劳动,无论是在家庭之外的工作,还是传统的家庭副业,如饲养家禽和生产乳制品等。同时,男性的工作从家里转换到写字楼、会计师事务所和其他专门场所,学徒们自然也跟着迁移了。雇主减少了为农村来的雇工提供宿舍,改为支付现金让他们自找住处。因此,越来越多中产阶级的房屋成为一个核心家庭的单独住宅,或顶多包括几个仆人。房屋正在变成仅有血缘关系的人们居住的地方。

这种深刻变化无疑导致了社会心理的动荡不安,于是非常自然地出现了一个信仰系统,它试图解释新的生活模式同传统的实质上是一致的,而且是唯一可行的模式。这种理论认为,性别角色是由上帝设计的,男女分工不同,当男女在各自的"独立领域"活动时,他们的功用得到最有效的发挥。这个观念通过布道、教科书、小说和报纸杂志广泛传播。然而,在现实生活中,只有在地理、环境、阶级、收入、地位和个人意志允许的情况下,这种男女分开的独立领域才真正存在。人们有可能绝对接受一种信仰,实际却过着根本违背信仰的生活。

在很长的时间内,"独立领域"都不过停留在理念层次上,是富裕阶层的一种想法。相信家里家外、公共私人之间可以有一条鲜明的界线,犹如相信在自创世以来的世界上,画几条线即可划分国与国的边界。在现实生活中，不同的领域经常互相渗透。一方面，很多妇女在商店、旅馆等不同行业的公共领域里工作；另一方面，私人领域在表面上是将妇女同外界分离的庇护所，事实上也常是工作场所，仆人在那里工作，主妇是雇主，负责培训、监管和付薪水给他们。有些社会将女人与世隔绝，但在19世纪的"家园国度"里，似乎只应在家中才感到舒适的女人们，实际上却花了大量的时间在公共场所活动，无论是在火车和公共汽车上，还是在商店、餐馆和剧院里。有些地方的公共和私人界限不很清晰，是两者的交融。比方说绅士俱乐部，表面上是公共场所，却被设计为宛如一流的私人住宅。商店、酒店和火车的上等车厢也都属于公共领域，但经常布置得像家庭起居室，造成一种私室氛围。于是，表面上隐居在家的女人便可以轻松自如地进入公共世界，同时又不显得是公开地占据男人的空间。1854年，一位记者向纽约市的女读者们建议说，"假如你有点疲倦了"，便可以到位于第五大道的一家酒店的大厅里去休息。"在那里，你会感觉到宾至如归"。[6]公共领域的许多地方出现了私人空间的外观；同时，私人空间也采用了公共场所的某些要素。比如在家中客厅展示配套家具和闲置桌椅，即在很大程度上吸收了酒店大堂的室内设计。

尽管从理论上说，家是远离商业活动的避风港，但在现实中基本延续着传统的方式，从来不是，也不可能是纯粹非商业的私人空间。比起20世纪，19世纪的房子里住的人很多，包括孩子、仆人、房客和寄宿生。除了工匠及其家人在房子里生活和劳作，一天到晚，各色人等川流不息地进入这个所谓的私人领域，包括各种为房内居民工作和提供服务的人员，为肉铺、面包房、乳制品店和蔬菜店送外卖的男孩，家庭用品和设备推销商，养护和修理工，旧衣物买家（今称"收废品的"）等，房子外面的人行道上甚至还时而有艺人表演。

或许是因为这种"隔离的空间"在现实中不被认可,经常受到外人侵扰,所以在房屋布局设计中,"家园国度"的许多富裕人家日益表现出为家庭成员营造独享空间的欲望。假如金钱和空间条件许可的话,罗伯特·沃波尔对霍顿府的新设计是可以推广的。在大众房屋中,通过对建筑结构做小规模的改动,也可划分出公共和私人两个部分。在美国,庭院开始被栅栏围起来了,不再是堆放废物的地方,而变成了住户享用的花园,即私人的户外区域。过去流行的堂屋加起居室的住宅是前门洞开,穿过院子便直接进入堂屋,居民和访客混杂一气。现在让位给了I型房,人们在进入房屋之前,先在走廊或露台上驻足,接受第一道"筛选"。然后进入一个中央门厅(也称"过道"),这是第二道"筛选",取决于是家人、仆人、客人还是推销商,分流到房子的适当区域。I型房的楼上一般有多间房,过去楼下公用房间里的床被移到了楼上。未装修的阁楼墙壁抹了灰泥,分成隔间,也用于安放床铺。家庭的私人空间曾经一直设在楼下的主室,现在扩展到了楼上的更隐蔽区域。[7]

然而,这是工业化发达地区的住宅格局变化。大多数人的住房没有这种改进,反映了家居状况的相对稳定性。在英国城市化程度较低的地区,前工业化的生活节奏一直保留到18世纪;在德国和斯堪的纳维亚的大部分地区延续得更久。这既包括家庭运作的方式,也包括它的组织结构。由于今天的人们很难想象早期的小房子,所以也不容易理解为保持家庭运作人们所要付出的大量劳动力和时间。据估计,当时每天的劳作包括:三到四个小时准备食物,一个小时打水,一个小时喂孩子,并照看炉火,一个小时在菜园里干活,两到三个小时给牛羊挤奶、喂鸡或其他家畜,一个小时打扫,一个小时织布,一个小时看孩子,教他们读写或针线活。共计

16 小时。再加浣洗衣服，每周约需 8 小时。[8] 如此这般，待吃过晚饭，便很少有时间做更多的事了，必须赶紧上床睡觉。第二天起床又要开始重复繁忙辛苦的劳作。

在美国的许多乡村，这种生活方式持续到 19 世纪末，甚至 20 世纪。在气候条件严酷和人口居住分散的偏僻地区，日常劳动比其他地区的更加繁重。生活现实并不像掌握先进技术的伦敦和纽约的作家想象得那么美好。对于这些偏僻地区的妇女来说，每天谈不上是为家人提供舒适生活，而是进行确保生存的搏斗。在拓疆地区，需要完成的任务更为艰巨。首先必须清理出可耕耘的土地，种植农作物，才能提供起码的口粮。同时，男人要打猎，女人要做黄油和奶酪、养鸡孵蛋、采集枫糖、纺绩和编织，还要筛草木灰来制作肥皂。[9] 这些劳动产品的一部分要用于交换不能自制的必需品，如工具、五金和缝衣针。

尽管劳动任务按性别划分，规定出了"女人的工作"和"男人的工作"，但实际上家务劳动的范围很广，所有年龄和性别的成员都要出一份力。维持一个家庭的生计，真正需要全家人共同努力。下面的描述可概括家庭成员的劳动互相交织、分工合作的情况：乡村的大多数人家都在明火灶上烹饪，因而祖祖辈辈以来，他们日常吃的主要是各类炖煮的菜肴。为了全家的一日三餐，男人去打猎捕鱼；妇女和女孩到河溪或（男人掘的）井里去汲水，清洗捕获的野禽或鱼虾；男人种植和收获谷物，负责脱粒并运到磨坊去磨成面粉，女人负责种菜、做饭；炉灶是男人砌造的，他们还要砍伐树木，运回来劈成柴。① 碗碟和勺子是家中男性成员在农闲的冬夜里用

---

① 新英格兰地区的一个家庭每年通常要消耗 40 堆柴薪，从理论上讲大约相当于一棵 90 米高的树木。一个男人一生中三分之一的劳动要花在跟取暖有关的事情上。

木头做的。用餐之后，妇女和女孩负责清洗碗碟。假如有足够的帮手，或没有太多的幼儿需要照管，妇女们便有空自己编织。如有足够的现金，可去附近的商店购买一些纺织品。洗锅的刷子、扫地的笤帚都是用孩子们收集的树枝捆扎的。男人照顾奶牛，妇女或儿童负责挤奶、制作黄油；男人种粮食，女人烤面包；男人种亚麻，女人织布；女人做肥皂，用马毛或草编晾衣绳，男人和男孩削木头做成衣服夹子。妇女和儿童承担日常打水、做饭和清洁的任务，但到了每周的洗衣日就轮到男人出力，差不多要打400升水才够用。[10]

在欧洲和美国的城市居民区，家务劳动同乡村是有差异的，上述的许多劳动消失了，取而代之的是去商店购买，但家务劳动的分工仍保持不变。在19世纪20年代的纽约，以约翰·潘塔尔（John Pintard）一家为例，他的年收入超过1000美元，处于社会顶层，但他的妻子和女儿仍然承担着全家的烹饪和洗涤；他们自己动手做木匠活儿，修缮房子，粉刷房间甚至房子的外墙；他们自己清理院子，修剪树篱。半个世纪后，新泽西州一位校长兼牧师的妻子埃丝特·伯尔（Esther Burr）拥有一个奴隶负责做饭，必要时雇请其他帮工，但她自己的工作也很繁重，包括育儿、教学、护理、清扫、洗衣、纺织、制衣、缝纫、购物、娱乐、监督寄宿学生等。还要打些社交应酬的电话，她不喜欢干这类事，但仍视作分内，其重要性不亚于洗涤衣物。许多家庭小店的经营账目经常同家庭本身的账目混在一起，这反映了丈夫、妻子和孩子在家务劳动和商业活动这两个方面共同付出的劳动。[11]

虽然角色的合并仍很常见，但在过去的几个世纪里，有关用语及人们的观念发生了变化。在16世纪的英国，男人在遗嘱里经常称妻子为"劳动伙伴"；到17世纪中叶，"劳动伙伴"这个词消失了，妻子被视为通过"她们神圣的榜样、虔诚的祈祷和爱的奉献"

第三章　家与世界

提供"睿智忠告"的源泉。在18世纪的德国,描述户主的新名词"Hauswirt"(家政经理)取代了"Hausvater"(房子里的父亲),而"Hausmutter"(房子里的母亲)变成了"Ehegenossin"(婚姻伴侣)——其内涵不是指经济系统的组成部分,而是突出个人关系——"经理"的助手。家庭和经济不再是一体化的了。因此,到了19世纪,家务劳动被重新定义为限于妇女的职责,同现金经济完全区别开来。女人挣得薪水通常被说成是"补贴家用",而不是挣钱养家。事实上,在19世纪中叶,42%的美国妇女从事有薪水的工作,三十年后英国妇女有四分之一从事有偿劳动;尼德兰则有一半的妇女外出工作。在大卫·格里菲斯(D. W. Griffith)的无声电影《母亲的心》(*The Mothering Heart*,1913)中,莉莲·吉思(Lillian Gish)是位"好妻子",她的工作是"让年轻丈夫的奋斗道路平坦一些"。他外出工作的时候,她在家里洗衣服。然而,字幕还告诉观众,当他"努力争取在社会上立足时",她只是在一旁"协助"。每天工作结束后,丈夫疲惫不堪地回到家,表明他干的是男人的繁重劳动。相形之下,忙了一天的贤妻吉思把头发梳得纹丝不乱,装作非常轻松的样子。她干的活儿不值一提,只是做了好妻子分内的事。家庭手册经常建议,妻子不应在丈夫面前提及家务劳动的辛苦,而应掩盖疲劳的神色。[12]

妇女干家务不算是工作,男人和女人都这么认为。尽管埃丝特·伯尔每天完成上述各项任务之后,惊讶地发觉自己很累,但她心里十分清楚,这些不宜被称作工作。这是一种普遍的心态。马萨诸塞州塞勒姆(Salem)市的一位家庭主妇除了织布、喂牲畜、照管房客,还要鞣制皮革、搬运木柴、在田里干活,每天从早忙到晚,但她仍感到自卑。她叹息"没能力干工作来养活自己",完全是"当水手的丈夫尽最大努力养家"。[13]

很多家政手册的措辞都暗示，妇女的家务劳动是非工作性质的。不少小说和杂志也传达了相同的信息。根据女性生物学特性和上帝的旨意，女人的主要"任务"或重申为"使命"是双重的：在家里照顾丈夫和养育孩子。人们不仅对家中的繁重体力劳动视而不见，而且，随着家务劳动日益被视为不具有经济效益，妇女本身，无论她们的现实生活多么丰富复杂，自然地被看成了仅具生物功能，即生殖能力的人。

早在16世纪，缝纫、针织和刺绣就被称为"工作"，虽无现金报酬，却有公认的经济价值。进入19世纪，这类"工作"的经济价值不明显了，反而意味着一种"娴静的消遣"。由于缝纫等劳动不再是工作，便形成了对妇女的刻板印象：她们一门心思地花掉丈夫的钱。新的道德故事说，女人忙着"工作"，不是给家人缝制衬衫和床单，而是做一些华而不实、毫无用处的玩意儿，仅为消磨时间。1758年初，《纽约信使报》（*New York Mercury*）刊登了一组漫画，反讽女人是"懒惰的死敌"：她做了"比烟囱的数目多一倍的挡火壁，每张床上铺了三条拼花被……毫无用处的仿织锦挂画，还有镶金窗帘……她费了大量时间和气力才把它们装饰在窗户上"。一个世纪之后，这组讽刺漫画表达的偏见得到了政府的正式认可。1871年，英国人口普查文件在"导言"中说，家务劳动是"高尚的和必要的"，对它做出了象征性的肯定；但在正文部分，仅将在家庭之外的工作归类为"生产性工作"。这就含蓄地认定，女性在家中的劳动都是"没有生产效益的"。1881年的人口普查文件连这种婉转的措辞都省却了，直截了当地将家庭主妇归入"赋闲者"一类。不挣得工资的劳动不再属于工作的范畴。[14]

虽然19世纪的大多数家庭主妇几乎没有空闲歇息，远不是无所事事，但家务劳动被彻底重新定义了，包括家务的范围、做家务的方式，以及人们对家务劳动的看法。值得注意的是，在 18 世纪，在每天 16 小时的各类家务活中，清洗类占了不到 10% 的时间，包括清理炉膛、擦洗打磨地板、清洗擦拭锅碗瓢盆和酒具。完成之后，主妇便转移到下一个任务。到了 19 世纪，随着人们医学知识的增加和对卫生的重视程度提高，尤其是家用新技术不断涌现，清洁工作变成了家庭主妇每天的核心任务。

自 19 世纪中期，针对家庭主妇的指南开始流行，此类出版物繁多，传播到中产阶级及社会大众。在德国，牧师的女儿亨丽埃特·戴维蒂斯（Henriette Davidis）撰写了一本烹饪书，1844 年出版后的二三十年间不断修订再版，共有 63 个版本。戴维蒂斯有时被称作"德国的比顿夫人（Mrs. Beeton）"[①]。比顿夫人撰写的《家政管理》（Book of Household Management）一书 1861 年在英国出版，十年内销售了 200 万册。这些书的读者对象为城市中产阶级妇女，她们不很富裕，需自己操持家务，而且由于技术发展和城市化的后果，也许住得离她们的母亲很远，得不到帮助，或是碰到了一些前所未闻的新型食品和新技术。也有可能是，她们的社会地位发生了变化，需要面对从未遇到过的情境和挑战。这类指南进一步内化了延续半个世纪的男女领域分离的理论，视之为理所当然。故而，如果说一个女人的使命是在家里，那么作为家庭主妇，这个家的面貌便是最有说服力的一面镜子，折射出她自身的长处和短处。[15]

假如养育下一代的能力是衡量一个女人的标准；她的家是锻造这些孩子的熔炉，那么，女人的持家能力便成为问题的核心：它反映了她的价值观。这不再是一个简单的清洁问题——房子打扫干净

---

① 她的全名是伊莎贝拉·玛丽·比顿（Isabella Mary Beeton，1836—1865），19 世纪英国著名记者、编辑和撰稿人。——译者注

了吗？地板擦亮了吗？而是怎样最好地维护居住环境；它不是检验卫生状况，而是考量道德水准。因此，体力劳动成为衡量道德水准的一把尺子，自己动手比购买现成产品更受赞许。美国流行的指南书警告说，虽然"有些人"认为从商店买来的烘焙食品同自制的一样便宜，但实际上"远非便宜"。指南书采用了"有些人"这一模糊概念，也未做具体的价格比较，说明这是凭感觉做出的推断。德国指南书的手法大体相同。它告诉主妇们，不辞辛苦地用土豆皮制作的手工淀粉比从商店买的淀粉"档次高"，却避而不提前者的质量并不比后者好，成本也不低。出于同样的思维，就餐时用油布代替针织桌布受到批评："由于这些打了蜡的桌布很容易清理，人们吃饭时动作就变得马马虎虎，不在乎清洁了。"方便和实用导致了肮脏和粗俗。投入体力劳动及努力维护才是家务劳动的价值所在。[16]

雇人干家务也令人质疑，如同购买商品，仿佛把金钱关系带入了所谓的非商业领域，导致了道德污染。德国妇女不吝夸赞荷兰人的住宅非常干净，对此毫无异议；但她们不大轻易赞扬荷兰的家庭主妇本身。原因是荷兰的主妇雇用仆人，故不如德国的主妇令人敬服。19世纪60年代，有位年轻主妇将家人的袜子送到外面去修补。理由是她要照顾孩子，又没雇仆人，所以没时间；况且那位织补女工也需要挣钱维持生计。邻居是一个德国女人，她毫不理会这位年轻主妇的辩解，严厉地告诫说，她已经迈出了"走下坡路的第一步……一个健康女人自己能做的事却要付钱让别人做，这样的家庭不会兴旺发达"，她必须"彻底放弃这种坏念头"。年轻主妇听了顿感羞愧，接受了训导。于是老妇人软化了口气说，如果把破袜子交给她，她将亲自缝补，"帮这一次忙"。雇他人做家务是错误的，不收酬金的善意助人则是妥当的。美国的指南手册也论及商业性劳动同乐享型劳动之对比，但着眼点不同。德国人认为付钱让他人干家务是道德污染,而美国人关注的是工作转移到商业楼宇后,男人仍需自己动手干一些家务活。有一本手册建议"注意住宅的修缮保养",不过"假如你不可能自己完成,就雇他人来做"。在英国,中产阶级家庭雇仆人的比例较高。有些日常家务被视为是必不可少的,但对清洁卫生并没有实质性助效。最常见的例子是美化前门台阶,先清洗,再涂上白粉。这个增白效果只能保持很短的时间,没过两天就被踩脏了。假如是出于卫生的目的,清洗足矣;假如是为了美观,粉刷或油漆是一个永久性的解决办法。这种看似不明智的重复劳动表明,人们信奉人工劳动的价值。[17]

坚持保留人工劳动,部分地是对19世纪技术进入家庭做出的回应,正如保留男女独立领域,部分地是对工业化做出的反应。家庭住宅曾经是一个生产场所,新技术把它变成了一个消费单位。曾在家中自制的基本食品(面包、果酱、黄油、奶酪、肉类等)和衣服,很多都可从商店里买到了。到了19世纪末,势所必然,大多数家庭都会购买一些商品。正如广告所宣传的,它们"节省劳力"。

然而,哪类人工劳动,或者说哪些人的劳动仍被保留下来,不是一个容易回答的问题。我们看到,很多家务劳动在早期是由丈夫和妻子共同完成的。再回到前面提到的那个做饭的例子:在18世纪(有些地区是17世纪)的英国和欧洲部分城市,以及在19世纪的美国,对于大多数家庭来说,购买粮食比自己种要便宜。种植小麦或玉米,剥玉米粒或把小麦运到磨坊里磨成面粉,过去一直是男人分内的事。现在,他可能自己去店里购买,或者干脆把这个任务交给妻子。去商店买面粉看似减少了家务劳动,实际却增加了妇女的工作量。萝拉·英格斯·怀德(Laura Ingalls Wilder)的小说讲述了一个童年故事,那是在19世纪七八十年代的美国西部,妈妈是这样烤玉米饼的:她先把一只盘子放在火堆上加热,"再将玉米粉、水和盐混合搅拌之后做成小面饼，放进盘子里，然后盖上盖儿，把盘子架在火上"。对于那些有室内炉灶又买得起小苏打的人家，制作方法基本一样，不过要等面饼稍微发酵后再放到炉子上去烤。（小苏打和发酵粉先后在19世纪早期和中期出现。）随着商品面粉的出现，低发酵的粗磨玉米面成为穷人或奴隶的主食。如果负担得起，每个家庭都希望能吃上高发酵面包，不过，制作高发酵面包要投入更多的时间和劳力，并需要预先计划：面粉要提前购买；活酵母在液体中只能保持几天有效，故需定期补充；面团发酵过程需要一夜，因而要留出足够的时间。①[18] 总而言之，突然之间，炖菜加面包的一顿饭不再是夫妻二人合作，而是由妻子独自计划并完成了。

新发明的铸铁炉，又称封闭炉，外号"厨师"，同样增加了妇女的劳动而免除了男人的劳动。封闭炉比明火灶消耗的燃料少90%左右，因而大大减少了砍伐、搬运和垒堆柴薪的劳动，男人的付出几乎为零了。当煤炭取代木柴作为主要燃料之后，由煤商直接运送到居民的家里，于是，提着沉重的桶给炉子添煤也就成了女人分内的事。男人跟炉火的关系只是支付燃料账单。在用明火灶时，一般只能安放一口锅，通常的烹饪方式就是将肉类、蔬菜和谷物都放在一起炖煮。改用封闭炉后可有几口锅同时烹饪，饭菜变得精细多样。食物准备和烹饪的时间增加了，清洗的碗碟也相应多了，这些任务都累加在妇女的肩上。此外，过去用明火灶时，在点火之前只

---

① 若小心处理并保持合适温度，酵母可以存活一到两星期，但在炎热的气温下很快就会死掉。有一些使酵母干燥的方法，但也需要时间并仔细计划（而且干酵母的力道会降低）。解释各种膨松剂的使用方法和差异需要写一整本书。蒸馏白酒有时可产出副产品——用作发酵剂的酵母。许多地区主要使用酸面团，天然酵母在其中可存活多年，但即使采用这种方法也需要比做低发酵面包投入更多的时间和计划。

需把炉膛里的灰烬扫净就行了。封闭炉虽然也仅需每天清筛一次炉灰，却多了一些清理步骤，必须每周做两次，包括清理烟道，刮净溢出的烟油，抛光金属器件，最后还要给铸铁部件涂上石墨。这一整套活差不多要花六个半小时。[19]

传统上男人分内的许多家务事都被外包了，同吃饭和取暖有关的劳动只是其中一部分。商品鞋的批量生产意味着男人很少需要在家制革了；日用品的大批供应，包括汤匙、碟子和衣夹，减少了男人的切削和雕刻劳动；商业屠宰场及后来的制冷设备和铁路运输出现之后，家中的屠宰工作变得多余了。虽然这些东西都可以购买，使男人减少了数百个小时的劳动量，但他们并没有转而承担新出现的购买商品的任务。采购全然是妇女的事。其他一些继续保留的家务，由于劳动强度降低，也都转交给了女人。譬如，男人过去负责清理厕所，把粪便运到田里作肥料，若是住在城镇就卖给农民；现在，抽水马桶替代了老式厕所，清洗它便成为妇女的任务。

技术发展在很大程度上不是减轻了男人承担的家务，而是让它们消失了。可是对妇女来说，虽然技术也改变了她们承担的一些家务，但大部分并未由此而消失。制造蜡烛是一种令人畏惧的家务活，"甚至比洗衣日还糟上许多倍"，据哈丽叶特·比彻·斯托（Harriet Beecher Stowe）说。当油灯变得既便宜又高效，蜡烛不再是必需品，但油灯本身要花时间定期维护。妇女的其他工作也增加了。贸易和产业化的世界带来了廉价的纺织品，棉布和平纹细布取代了传统的羊毛，成为最常用的服装面料。女人不再需要纺纱织布，可她们必须去商店购买，而且仍然要缝制；棉布便宜但不耐穿，故而每个人需要的衣服比过去多，这意味着加重了缝纫任务。即使是"节省劳力"的缝纫机，实际上也增加了妇女的劳动量。由于缝纫机可以较快地制作衣服，女人就较少地雇用裁缝或去裁缝店，而是自己动手。新的服装风格流行开来，男人的衬衫不再装有可拆卸的衣领和袖口，因此必须清洗整件衣服。最后需要提及的是，羊毛衣物很难水洗，通常只是掸刷清理；棉布可以水洗，洗的次数频繁，从而增加了家庭的洗衣量。洗衣是最繁重的家务。即使是一些理应知足感恩的好技术，如自来水和供应洗澡水的锅炉，也增加了妇女的劳动量：洗澡变得越来越频繁，因而要花更多的时间清洗浴室和浴具。[20]

一般来说，清洁卫生花的时间更长了。烧煤比烧木柴更脏，新的照明技术和改进的窗户玻璃意味着灰尘污垢更显而易见。从前的窗户没有玻璃或只有小格玻璃，现在安上了大块的光滑玻璃，需要保持干净明亮；随之而来的是"玻璃窗须有窗帘"[21]，必须购买织物、缝制窗帘并定期清洗。与此同时，木地板取代了砖土地，上面覆盖地毯（此时也变得廉价，很多人买得起了），于是需要清洁两层地面。同样，商品新世界带来了越来越多的家用物品，包括功能性的和装饰性的，都必须经常清理。

到了20世纪40年代，中产阶级家庭配备了节省劳力的最新技术，但主妇们实际花在家务上的时间比母亲一辈更多。其主要原因是，家庭雇用的仆人比过去少了；技术降低了体力劳动的强度，更多的工作由主妇承担，而不再利用商业服务；最后，新的科技发展同旧式的女性观结合起来，使人们对生活的期望值发生了变化。仅凭单个家庭经济单位的力量，不足以达到可接受的标准生活水平。一部指南书说，标准生活水平是"人们持有的一整套观念，包括特定的价值准则、购买和使用的商品、支付的服务，以及喜乐的生活环境"[22]。这就对主妇们提出了更高的要求，给她们增加了更大的压力。

技术进步和生活标准的变化均导致了妇女工作量的增加，不仅是在家中，而且扩大到户外，即使她们没有正式参加"工作"。随着公共交通和自家汽车的普及，送货上门的服务消失了；主妇要亲自去各种商业和服务场所，如医生的手术室、制造或修理商品的车间等。在接近19世纪末的美国，邮购商品开始流行，货物虽然继续被送到住家，但不再是由个体商家定期送货，而是通过每天一次的邮局投递。于是出现了另一种新现象：技术上的某些进步使妇女不必经常出门，导致了她们生活的闭塞。在20世纪50年代的西北欧和北美，郊区的家庭主妇中普遍存在与外界脱离的状况。

然而，这些技术进步的最初动机很少同家庭生活相关。例如，拿破仑为了保障作战部队的食物供给，在19世纪初设立了一项奖金，鼓励人们发明长期保存食品的方法。有人发明了密封罐头，它可以充分加热（后来人们才明白这样做能杀死导致食品腐败的细菌）。最早的食品罐头重达3公斤，需用锤子和凿子才打得开，家庭主妇几乎不愿意购买。在美国，罐头食品最初也是在内战期间供给部队的，但随着战争的结束，这个新行业开始生产适于家庭消费的产品。19世纪70年代，芝加哥肉类包装业建立了；到1892年，甚至连异国风味的夏威夷菠萝罐头也能买到了。1890年发明了旋转开罐器，罐头食品很快成为家庭的一种日常食品。由于罐头食品的普及，人们去食品商店的次数减少，也不需要供应商频繁地上门送货了。电冰箱出现于第一次世界大战结束时，在此之前，冰柜技术早已为人所知，到了19世纪末，大规模生产使之普及到中产阶级，推动了由罐头食品带来的家庭购买模式的转变。由于肉类、水果和蔬菜可以大量购买并长期保鲜，妇女与外界的接触机会进一步减少了。[23]

洗衣机也在19世纪80—90年代出现，它的原理是通过曲柄转动来清洗衣服。如果雇洗衣女工，一个四口之家每周的洗衣量得干两天，工钱是16先令。洗衣机的成本为8英镑，相当于一名洗衣工十个月的工资，同时可将洗衣时间缩短一半，家庭主妇便可自我应付或在仆人的帮助下完成。① 因此毫不奇怪，1892年英国有近千家经销商销售洗衣机，在美国更多。随着电力输送网的发展，更多的家庭可以安装洗衣机，市场不断扩大，洗衣机价格继续下降。1926年，它的销售量达到近100万台，约150美元一台；过了不到十年，价格降为60美元（25英镑）一台，每年售出约150万台。[24]

机械化减少了对雇工的需求，这是长时间以来一种社会演变的延续——通过采用技术来增强居民的隐私保护。1663年，塞缪尔·佩皮斯在自己的卧室外安装了一个小铃铛，用来召唤仆人。可是铃声传播的距离不够远，没能把仆人叫醒，于是他决定"买一个更大的铃"。铃声毕竟比人的声音传得远些，因此，家庭成员第一次同仆人拉开了空间距离。当呼叫铃可以通过电线连接之后，家人同仆人之间的距离进一步扩大。（英国自18世纪70年代，德国自19世纪30年代开始使用电铃。）德国和斯堪的纳维亚地区在陶瓷炉技术方面领先，它的取暖效果比明火灶更好，并可以在房外通过管道添加燃料，这样，室内既能保持温暖，又不受仆人频繁进出的打扰。然而，即使陶瓷炉具有这些优点，英国人仍不愿意放弃壁炉。他们在壁炉旁边放一只桶，装上够用几个小时的煤，用完之后才唤仆人进来添加。在餐厅里安装小型自动送餐升降机之后，递送饭菜便不需仆人到场；对于不很富裕的家庭来说，使用保温锅也可达到

---

① 在这个阶段，洗衣机必须人工启动、停止、加水和清空，自动化的程序只是旋转和摩擦洗衣。即便如此，仍大大减轻了体力劳动。

这一目的。①[25]

中央供暖和照明技术也增强了隐私。传统取暖方式成本高、劳力花费大，因而家庭成员和仆人通常聚集在有炉灶的房间里。汽灯和油灯等照明方式也往往促使人们待在一起，围着堂屋中央的一张桌子，各自缝纫、阅读和写作。然而，当中央供暖技术出现后，它可以加热整座房子，至少是一整层，于是人们便没有理由聚集在同一个房间做不同的甚至是相互矛盾的工作。电灯可以安装在房间的不同地方或单独的房间里。只需增加一点额外的开支，人们便可以舒适地在整座房子里活动，每个人的房间都很温暖、很明亮。[26]

一些科技产品使用方式的演变也遵循了类似的模式。当电话第一次安装在私人住宅时，它通常是放在房子里公用的堂屋。然后，从公用房间转移到私人区域，先是起居室或厨房，最后到卧室。中央供暖系统取代了过去家庭围坐的炉灶之后，无线电收音机先是安放在起居室；[27]然后出现了晶体管收音机，可以带到不同的房间；之后又发明了"随身听"，最后变成iPod或手机的一项功能，成了纯粹的个人财产。电视起初是取代收音机在客厅里的位置，之后搬到厨房和卧室；随着iPad和平板电脑的出现，看电视也从家庭集体活动变成了完全私人的活动。

进入21世纪，科技进步带来了多种私人娱乐的可能性，可在每个家庭成员的私人空间里享受。但最重要的一项创造私人空间的技术出现在20世纪：汽车。它将整个家庭完全与外界隔绝。早在20世纪20年代，在美国的中西部，居民们已经注意到了这种变化。

---

① 1904年的一个电热锅广告吹嘘说，它可以在火车上或旅馆房间里使用。这不是瞄准男性客户，而是女性旅行者。女人不去餐车或酒店餐厅加入男人的圈子，而是像在家里一样，在与外人隔离的环境中用餐。这种情况似乎不很普遍，但这个推销广告表明这种现象的确存在。

1923年在印第安纳州的曼西镇（Muncie），三分之二的家庭拥有汽车，但很多人怀念旧日的时光：夏天的夜晚和星期天，人们常常坐在前廊里，跟过路人和邻居们打招呼。有了汽车以后，人们开车出去兜风，呼啸着驶过邻居的前廊，不再互相照面了。到了第二次世界大战时期，现有建筑物的前廊往往仅被作为一个入口，没有人坐在那了；而新建的房子通常将门廊建在屋后，以远离废气和噪声。过去的马和马车声音嘈杂，气味也不好，但行进速度较慢，人们容易互相接触和交流。如今的前廊不再具有任何跟邻里交流的用处。房屋变得越来越"内向"了。[28]

同样在英国，到19世纪末，摄政时期流行的临街阳台（balcony）不再是时尚，而被栏杆取代，以便跟路人保持距离，这成为中上层阶级城市住房默认的设计。房屋的第一层建得高于街道，使室内生活避开过路人的视线。房前的花园和树篱在住户和路人之间建起了一道屏障。牧场和农田种植树篱的目的是防止牲畜走失；当它用于郊区的房屋，目的就变成了防止邻居轻易窥视。（如今，许多英国的住宅仍有前庭花园，但几乎不是房子的扩展，也不作为交际场所。假如有人坐在自家的前院里，会被认为非常古怪。）[29]

然而，即使当住宅和家庭主妇变得日益远离外面的世界，家务却变得越来越受外界关注。从19世纪的行为指南演变而来的早期家政手册已流行了半个世纪，它们的读者对象一直是所谓的业余人士。自20世纪初，家务活动在许多方面开始被看作一种专业。工厂雇用一种新型的管理人员——效率专家来负责厂房和设备的布局设计，目的是最大限度地提高产量、增加利润。美国效率专家和作家克里斯汀·弗雷德里克（Christine Frederick）的丈夫跟她是同行，她进一步发挥了弗雷德里克先生的研究成果，取得了很大成功。她直截了当地把自家住宅称为"我的工厂"，在《新型家政服务：理家效率之研究》(The New Housekeeping: Efficiency Studies in Home Management, 1912—1913)一书中,她将家庭主妇置于消费经济之中,指导她们如何最有效地购买大工业生产的商品,如何安装和使用对家庭有用的新技术。对于弗雷德里克和她的许多读者来说,衡量一家工厂根据它所获得的利润,衡量一个家庭则根据它的舒适和技术先进程度。

假如家务被描述为一种职业,那么住宅和家庭主妇还应继续被看作私人领域的一部分吗? 1860年,比顿夫人曾将家庭主妇比作军队指挥官或"企业管理者",这些是男性角色。但假如有任何人注意到了这句话,也不过看作比顿夫人采用的一种修辞手段,并不是当真将两类人相提并论。不过,跟后来的克里斯汀·弗雷德里克一样,比顿夫人也异常坦率地谈到妇女家务劳动的商业和公共性的一面。新的科学和工业管理领域的专家更常采用老一套的女性主义语言。弗里德里克·温斯罗·泰勒(Frederick W. Taylor)是科学管理和工业效率专业的创始人之一,曾为玛丽·派特森(Mary Pattison)的一本书撰写前言。这本名为《家政工程原则》(The Principles of Domestic Engineering, 1915)的书有一个冗长的副标题:"试图寻找有关家务问题的解决方案——'劳动力和资本'问题——使家务规范化和专业化——遵照'科学管理的原则'重新安排家务——并对家务中的公共和个人要素以及实用性做出提示。"这表明它是一本商业性书籍。尽管作者十分明了,她在书中所描述的私人领域是公共生活的一个组成部分,但是她和泰勒都竭力掩盖这一点。泰勒试图让读者信服,运用他的商业模式来管理家政不会导致忽视理家的"审美"要素,并令人欣慰地补充说,派特森本人的"穿着总是很有艺术性"。该书的封面印证了泰勒的这番评论,照片中的作者确实衣着优雅。她用优雅女人的形象来掩盖劳动的辛苦,并通过副标题的谦卑语气("试图……")来淡化她的劳动成果。[30]

尽管家庭主妇的工作性质是模糊而有争议的——是一种工作,还是女性的一个衍生物?但语言学中的"家"非常明确地显示,公共和私人领域是相互渗透的。荷兰语"gezellig"一词,在英语中通常直译为"comfort"(舒适),对荷兰人来说,它的含义更深层一些,表达身体和情绪两方面的称心惬意。1938年的一本礼仪书指出,作为家庭主妇的角色,帮助家庭成员产生舒适感(gezelligheid)是她当仁不让的责任:她必须确保房间的陈设舒适而典雅;她必须保持房间干净整洁,并装饰以美丽的花卉;还有,她必须提供美味的点心。不过,在日常用语中,"舒适"一词同样适用于公共空间。外出就餐可以是舒适的;一些咖啡馆、餐馆、酒吧或者派对都能让人感觉很舒适。这些带有家庭气息的词语同样也可以用于描述某些公共场所的氛围。[31]

在19世纪,杂志和报纸的名称经常包括"家庭""家"和"家人"这类词语,以强调这些出版物是在家中阅读的,虽然它们是商业产品,但是在私人世界里消费的。举例说,有《家庭导报》(The Family Herald)、《基督教家庭导报》(Christian Family Advocate)、《家庭预算新闻画报》(The Illustrated Family Budget of News)、《家庭卫报》(The Family Guardian)、《家居新闻》(The Home News)、《基督教典籍和家庭杂志》(The Christian Tomes and Home Journal)、《布里斯托尔家庭新闻》(The Bristol Household News)等。据大英图书馆(The British Library)的目录,1800年至1900年,有64份报刊的名称中包含"家庭"一词,但1900年到2000年之间,只有15种报刊如是。这并不意味着家庭观念变得不那么吸引人了,只是它不再经常跟家居商品紧密相关,而是转移到了其他的领域。自20世纪以来,超出家居之外的各种商业不遗余力地利用"家庭"

第三章　家与世界

和"家园"的概念大做广告,令人们下意识地对这些商业活动产生亲切感,从而更愿意解囊消费。例如,家庭餐馆、家庭度假、"全家乐"休闲公园、"宾至如归"酒店、超市的"家庭自制"食品等,不胜枚举。[32]

20世纪发明的这一商业技巧——利用人们心中"家"的情结来推销产品,不过是彰显了长期以来一个不言而喻的现实:或许哪里都不如家好,但家里的大部分东西都是可以买到的。

第四章
家具演变

1785年,威廉·考伯(William Cowper)写了一首诗来赞颂家庭生活,第一章的标题是"沙发"。第二章的标题是"冬天的夜晚",开头描写一位邮递员在街上递送信件,接着迅速地将视线从黑暗的户外转移到室内,眼前出现一幅温馨、惬意的画面:

> 时辰到了。
> 拢好壁炉火,关紧百叶窗。
> 让窗帘落下,
> 安歇在移动沙发中。
> 水壶响亮地嘶叫,
> 热气升腾。
> 杯盏交错,
> 但并不狂饮。
> 大家轮流干杯,
> 迎来宁静夜晚的降临。

在 18 世纪末，即使是一个如此平常的场景也被认为是值得用诗来赞美的。它的象征性中心是壁炉，通常还会展现一些新的奢侈品：窗帘、沙发和瓷器（隐含"茶"的意思）。①[1]

在文艺复兴之后的欧洲，上层宅邸里的装饰性家具是主人及其家庭地位的一种展示，目的在于显耀而非实用。[2]为上层阶级服务的建筑师们将家具作为其整体设计的一部分，每一件家具摆放的位置都要精心选择，以同某个建筑要素相对应。设计动力的源泉是室内美学，而不是房间里人的行为或需求。空间同其中的陈设融为一体。因而，通常的布局是将桌子放在两扇窗户之间，小柜子摆在门厅，椅子靠墙，等等。所有的物件都起到突出和衬托建筑结构比例的作用。

当然，在历史上，除了顶层阶级之外，其他人的家具都不是为着陈列而是实用的，它们几乎一直被搬来移去。即使是最富有的家庭，宅邸里也需要有很多实用的家具，以满足房间的多种需求。英语中的"家具"一词通过法语从古高地语（Old High German）派生出来，源于动词"供应"或"提供"；但是，在其他大多数欧洲语言中，"家具"一词明确地含有"移动的"意思。例如，法语"meubles"，意大利语"mobili"，葡萄牙语"mobiliário"，西班牙语"meubles"，德语"möbel"，荷兰语"meubilair"，挪威和丹麦语"møbler"，瑞典语"möbler"，波兰语"meble"，俄语"меbеаb"，全都跟英语的"mobile"（移动）来源一致。这个词源反映了"家具"的真实内涵。

经常挪动家具，部分原因是数量少，必须搬来搬去才能满足不

---

① 自考伯之后，"茶"经常被称为"舒心饮"（the cup that cheers）。人们认为这一短语由他首创，事实上他是借用了伯克利主教（Bishop Berkeley）的话。不过该主教当时所指的并不是茶，而是松焦油水——用松脂制成的一种药用饮料。

同的需求。直到17世纪晚期，普通家庭仍然只有很少的几件家具。在英国，这类家庭的堂屋里一般只有一张桌子、一把椅子、几个板凳和一只柜子；那些比较有钱的或是拥有土地的人家，可能会有两把椅子或两张桌子，或许还有一两件装饰性物品，如绘画织物、靠垫或长凳垫。炉灶旁放有一些专门用具：烤架、平底锅架，用于烤肉的圆烙铁、带钩铁条和叉子，还有挂炖锅的钩子。有些人家甚至连烤架或挂锅钩都没有。如果有独立厨房的话，便会将锅碗瓢盆存放在里面。（大多数人家的灶间是同堂屋一体的。）富裕家庭的厨房里还有一些其他器具，用于腌制菜肴、制作乳品、酿酒或烤面包等。不过，这类厨房是为储存和准备食物之用，而非用于烹饪，里面不摆放任何家具，也没有可坐的地方，甚至没有桌子。17世纪末，据记载，一个普通劳动者家里的全部用品如下：一张无腿的桌面（可能安放在水桶或酒桶上）、一个柜子、两把椅子、一条长凳、一个浴盆、两只水桶、四个菜碟、"一个酒壶和一只酒桶"、三个水壶和一口锅、床上有一床被和三套床单、枕套，此外还有一只箱子、两个盒子、一个小保险箱、一只过滤桶，以及"一些木料和零碎杂物"。[3]

这个户主绝不是穷人。拥有三套床单、枕套标志着他是个有一定资产的人，他甚至还有一张真正的床，在当时是很不寻常的。直到15世纪，大多数欧洲人所谓的"床"不过是塞满稻秸或干草的麻袋。每天该睡觉的时候，人们就将这些麻袋放在木板、长凳或柜子上，或直接放在主屋（也是唯一的房间）的地板上。同时期的北美殖民地，在马里兰州和弗吉尼亚州，80%的低中产阶级家庭没有床。许多奴隶睡在棚屋、地下室、阁楼、灶间或马厩里，更多的是轮流睡在楼梯平台上和过道里，他们也许有铺盖。18世纪开始建造奴隶居住区后，情况有所改善，但下层家庭的财产仍不过是几只板凳、一张桌子、一只椅子或条凳,最幸运的人可能拥有一个低矮的床架,上面放着干草床垫和一床被子。一个夜晚睡在床上,或能在白天坐在床上的人,如同有椅子的人(chair-man,主席)一样,是一家之主,一位有资产的户主。在17世纪的荷兰,买一个普通床架要花25盾,相当于一个体力劳动者五个星期的收入;四柱头床至少要花100盾,若加上雕刻和繁复装饰,就更为昂贵了。在意大利的一些地区,直到18世纪,一个体力劳动者可能需要干六年的活才能买得起一张床及床上用品。[4]

总体来说,一个家庭的财富往往有多一半用于床、床上用品和衣服。因此,卧床是主人的骄傲,通常置放在主室里,以便能够让来访者观赏到这个大件家具。[5]在最富有的家庭里,有一种很壮观的礼仪床(state bed),或许在一代人里只有王室继承人在它上面睡过一次,甚至从未有人睡过,仅作为家族地位的一个象征。它在选料和工艺方面均展示出荣华富贵之气:漂亮的木雕床柱,三面垂挂着用华贵面料精心绣制的帐幔,床顶上是用更精美的织物做成的镶着流苏的罩帘,堆叠繁复,极尽铺张之能事。

17世纪之前,在荷兰和英国,人们有时在门前或壁炉前挂一道帘子,以保持室内空气不至过于干燥。但大多数情况下是采用床帷,在英国的大部分地区,床帷挂在四柱床的周围;在荷兰是挂在柜床敞开的一面。进入17世纪后,通过贸易路线从东方进口的和国产的纺织品数量增加,成本也降低了,这就为室内装潢提供了各种新的可能。在低地国家,家居展示风靡一时。织物是华贵装饰品之一,居民们用各种漂亮的织物做成窗帘,展耀家庭的财富。[6]

1653年,沃尔夫冈·海姆巴赫(Wolfgang Heimbach)绘制了已知最早的分帧窗帘,即在窗户的左右两侧各挂一道布帘(图12)。海姆巴赫是一名德国画家,当时在哥本哈根习艺,为荷兰的宫廷工作。正如我们已经了解到的,逼真的绘画,无论它们看上去多么自然,都不能断定是写实的。不过,海姆巴赫绘制的窗帘画中有一根用来关闭窗帘的小木杆(其用途是防止用手拽拉窗帘而损坏织物)。这一实用的细节表明,它描绘的可能的确是艺术家看到的实景。据知,同时期有些贵族豪宅,如汉姆庄园,也采用了这一新时尚;都柏林堡(Dublin Castle)亦在1679年安装了对称的窗饰。[7]

在接下来的世纪里,窗饰成了不折不扣的地位展示物,有些奢华得超乎想象。法国在这方面领导潮流,主要见于顶层阶级的住宅。1755年,路易十五的情妇蓬帕度夫人(Mme de Pompadour)宅邸的窗户装饰着意大利塔夫绸帘,上面绘着半透明的花束和花环图案……窗帘绳是用丝绸和黄金线编织的,坠着梨形流苏,上面绣着菠菜和茉莉花图案及闪光亮片。现在,早期通过遮盖窗户来保护隐私的想法升级为展耀的欲望。很多人并不是准王族,甚至连贵族也算不上,但是钱囊很鼓,便大量地堆砌织物,千方百计地装饰窗户:首先是安装百叶帘;然后在窗户的顶部加一道帷帘,用来遮住百叶帘的滚动装置并盖住窗帘杆;接着在玻璃的前面挂一块用轻薄透光织物做成的帘子;最后再用厚重繁复的织物制作一对帷幔,装饰在窗框的两边。即使是很简单的双帧窗帘也过了很久才进入中产阶级家庭,添加帷幔和华丽的顶饰普及得就更晚了。1765年,丹麦的海关检查员弗雷德里奇·卢肯(Friderich Lütken)为自己的书房作了一幅水彩画。它坐落在埃尔西诺(Elsinore),所有三个窗户都挂着单帧窗帘;大约15年后,在描绘同一书房的另一幅画中才出现了配对的窗帘。[8]

许多家居用品的演变都遵循了类似的轨迹:最初是一件实用品,然后变成一件昂贵的展耀物。莎士比亚在《罗密欧与朱丽叶》

(作于16世纪90年代)中描述了这样一个细节:晚餐后,卡普莱(Capulets)家的仆人要"腾出房间",换言之是布置出一个跳舞场地。[9]他们"把凳子搬走,拆掉(陈放餐具的)活动板",并且"翻起桌子",即把桌面抬起,脱离支架腿,然后放在一边。①直到17世纪末,一些豪宅中设立了单独的餐厅,才开始使用不经常挪动的厚重桌子。有些家庭的收入虽高,但不一定有足够大的房间,故不能很快地接受独立餐厅的观念;较低的社会阶层则对这类时尚闻所未闻。单居室甚至两、三居室的房子均不宜采用单一用途的沉重家具。相反,人们继续使用轻便的桌子,根据不同的需要而随时挪动:全家人围坐在壁炉旁的桌子旁用餐,饭后把桌子移到墙角去,便可以在壁炉前取暖或睡觉。

当然,若是连一张桌子都没有,可挪动就无从谈起了。在中世纪,除了宫廷或宏伟宅邸,大多数人家都没有椅子。椅子是用来体现地位和权力的,坐在唯有的一两把椅子上的人无疑是特权者。椅座的类型是等级的标志:在路易十四时期,宫廷中级别最高的人坐的是扶手椅,低一级的座椅没有扶手,然后是靠背凳、板凳和折叠凳,逐次降格。然而,能坐凳子的人尚不算是宫廷社会的最底层,凡尔赛宫里的很多人在主子面前完全没有坐的资格。

在17世纪,除了宫廷之外,无论是在欧洲或北美殖民地,椅子绝不是常见的家具,仅偶尔出现在日常生活中。1633年,在马萨诸塞州的普利茅斯镇,一个拥有100英镑财产的富裕家庭仅有两把椅子。在1670年之前,康涅狄格州的一半住宅里没有桌子,20%没有椅子,平均每个家庭拥有不到三把椅子,不及家庭人口的一

---

① 在英语成语中仍可发现"可移动桌子"的历史痕迹。例如"转动桌子"(tables continue to be turned——使事情发生逆转);"铺设、设置和清理桌子"的短语也同样具有隐喻意义。

半。直到 18 世纪中期，特拉华州一个县的三分之一住宅里仍然没有桌椅。一些成年家庭成员坐在长凳或箱盖上吃饭，餐盘放在膝上。孩子们很少有地方坐，通常是站着吃饭。在荷兰，从扬·斯汀 1665 年的绘画《农家就餐》（*A Peasant Family at Meal-time*）中可以看到，只有家庭的男主人坐在搁板桌旁（图 20）。如果有足够的成人座位，儿童或许会被允许坐在箱子上；家具再多一点的话，身旁可能会有个凳子置放餐盘。[10]

直到 17 世纪中晚期，箱子和柜子是主要的多功能家具。它们的首要用途当然是储存，也可当座椅或吃饭的桌面，后来又作为床铺的底板。箱子的用途最多，但同其他多功能物品一样，每种用途都不尽理想，即使是基本的存储功能也有缺陷。在箱子的单一空间里，东西可以仔细置放、分层保存。但要想拿到下层的东西，必须先把上层的东西挪开，而且也无法把东西分类存放。事实上，取用方便和分类存放显然不在制箱工匠的考虑范围之内。1630 年在博洛尼亚（Bologna），一名盗贼从同一只箱子里偷走了亚麻布和奶酪，他并不感到惊讶。[11]

虽然百年传统继续延循，大多数箱子兼具储存和座椅两种用途，但一场储存革命正在悄然到来，低地国家再次领先。箱子的设计开始逐步改进，每一种变化似乎都微不足道，其意义或可忽略不计，但是，累积的进步最终彻底改变了人们储藏物品的方式。

14 世纪末至 15 世纪初，深箱的底部加上了短腿，用户不再需要把箱子搬倒才能够到底部。不过，由于高度的增加，箱子也就不适宜坐人了。起初只有富裕家庭才购买这种带腿的箱子，因为他们有足够的凳子和长椅，不需要利用箱盖当座椅。

箱子专用于储存似乎是一个缺点，却提供了进一步革新的可能。为了尽可能多地储存东西，箱子可以做得又高又大，但由于是从上面开盖，它的高度便受到限制，否则人们便无法取放物件。16世纪出现了一个改进，将合页从箱子的顶部移到了侧面。这样，箱子的高度就可以大大增加，只要不高于人的视线即可。侧开还有个优点，即箱内的东西一目了然，不必翻开上层来揭示下层了。另一项重要的革新是，仿造墙上的多层物架，在侧开箱里装上几层木板，既可营造出明确的隔层，又能支撑储存的物品。改进到这一步，箱子就不再是原先的一种大盒子，而可以说演变成橱柜了。

如同床和桌椅，橱柜最初也是富人的奢侈品。做一只箱子要付给一名工匠约两个星期的工钱。加雕饰的橱柜价格是箱子的两倍，用珍贵木料做的橱柜的价格可达六倍之多。到了17世纪后期，价格下降，橱柜才普及开来。荷兰几乎每个中产阶级家庭都至少拥有两个橱柜。通常一个用来存放餐具，另一个用来存放床上用品和衣物，如衬衫、衣领、帽子和大衣，还有金银物品及《圣经》和祈祷书等。橱柜的顶层陈列瓷器、锡器、代夫特陶器和银器（图4）。橱柜及其储藏品是所有者的身份象征，尤其是带装饰性金属合页或镶嵌艺术的橱柜更能体现富贵之气。因此，橱柜总是被放置在前面的主室里。曾有一首诗如此提醒荷兰的一位新娘："世上所有的精美物品……都藏在橱柜里"，但它们不是供她单独享有的，而是"令所有宾客钦羡的珍宝"。这种展耀的时尚没有在英国流行开来。玛丽女王出生于英国，但自15岁起住在荷兰，直到27岁时才回到英国登基。18世纪20年代，丹尼尔·笛福对已故玛丽女王在荷兰沾染上的习尚表示不敢苟同，认为"在橱柜里堆砌瓷器"将导致"十分恶劣的奢靡风气"。[12]

另一种新型家具——带抽屉的橱柜，在同一世纪里出现了。教会用抽屉来储存文档已有两个世纪的历史，不过，家用的抽屉很少见，桌面下偶尔会附一只抽屉，德国的带腿橱柜里有时也安装一两只抽屉，但仅此而已。1692年，五斗柜在凡尔赛宫首次亮相，它是世间第一件以抽屉为主体的家具。法语"commode"（五斗柜）意为"方便"。① 这种新式家具非常实用，迅速地流行开来，并投入大规模生产。18世纪30年代在布伦斯威克（Brunswick），朝臣的宅邸里时兴一种核桃木五斗柜，顶层抽屉的正面镶着玻璃，用于陈列珍贵物品。到了该世纪末，巴黎一半以上的劳动阶级家庭至少拥有一只简单实用的五斗柜。至此，储存革命成功地告一段落，正如荷兰的一首诗教诲人们的："凡物皆有其用，凡物皆归其所。"[13]

另一项创新——软垫家具，也是法国人的创意，它给家具设计带来了更深刻的变化。这项技术出现于17世纪，风靡法国顶层社会，并迅速传播到其他一些国家。我们知道，伦敦白厅宫（Whitehall Palace）在17世纪下半叶至少拥有两把软靠背椅子。② 到该世纪末，椅座也加上了软垫，椅背填充了马毛，椅子变得越来越舒适。早期填充法是将填充物直接钉在木椅上，后来采用一种较复杂的工艺：先将填充物固定在一个撑架上，然后再将撑架悬挂在椅子的框架中。这样一来，通过绗缝垫套的整个表面，就能够很好地将填料固定，从而能够填充更大的面积。有了撑架，还可以随意更换织物垫套。椅子由此变成了时髦的家具。[14]

---

① "commode"在英国曾是"便桶"的同义词，亦指装便桶的容器——便桶箱。现在很少这样用了。在美国的某些地方也曾有这种用法，但在另外一些地方，这个词演变为"盥洗池"（lavatory）。对此种器具及其置放场所的不同委婉语尚需进一步澄清。在20世纪之前，英国的"lavatory"是指洗漱的场所；之后演变为指盥洗池本身，或指盥洗池所在的房间。美国不同地区的用法各异，或指一个水槽，或指有水槽的房间，或直接指"厕所"（WC），如同在英国。可见，不仅是家具在不断变化，词汇也随之演变。
② 这两把核桃木扶手椅出自托马斯·罗伯特（Thomas Roberts）——1686—1714年间的宫廷家具制造商——之手。该厂家的装饰家具是由法国工匠冉·潘特瓦（Jean Poitevin）制作的，他也曾为英国宫廷服务。这两把椅子现藏于英国肯特（Kent）的诺尔宫（Knole House）。

在数百年中，每个房间的中央在大多数情况下都是空着的，人们习惯于将桌、椅、长凳等家具排成一行、靠墙置放，需要使用时，将它们搬到特定的地方，用过之后再放回墙边。进入18世纪之后，人们逐渐认识到，家具作为装饰部件的作用不亚于它们的实用性，因而传统的摆放方式便显得过时了。不拘礼仪的路易十五是这一新时尚的推动者。在他的宫廷里，家具布局的出发点不是为了令人敬畏和惊叹，而是方便社交。具体做法是在一个房间里摆放几组桌椅，每组形成相对独立的一个社交区域。即使在无人使用时，这种陈设也保持不变，乃至于看上去家具们仿佛在"同自己交际"。随着这一布局侧重点的改变，椅子设计的思路扩展了，它不仅是为了在小房屋里实用，或在大宅第里展耀，而且要便于社交。既然是社交，就要令人感觉舒适：它们变得更宽大，座位的高度更贴近地面，并且很柔软——这是所有要素中最要紧的。[15]安逸开始变得令人向往。这个时期的绘画逼真地反映了这一变化，画中的很多人物慵懒地坐在扶手椅中，或悠闲地卧在躺椅里。软垫家具导致人们使用方式的改变，使用方式的改变进一步推动了设计创新，设计创新反过来又影响了行为方式。从这个意义上说，鼓励社交的家具变得跟用于展耀的家具同样重要了。

沙发——第一个彻头彻尾为社交和舒适而设计的坐具，推动了这一演变。沙发的本质是柔软，而且可以同时坐进两三个人，其作用不再是显耀某个人的至高权威。1743年，时尚大师霍勒斯·沃波尔在一封信中漫不经心地提到："我并不感觉轻松，就像坐在沙发里那样。"对此，收信人不得不诙谐地说："霍勒斯不知沙发为何物，不过他很快就会明白了。"18世纪下半叶，装饰技术和软垫家具广泛流行；同时，家庭拥有座椅的数量急剧增加，这不是巧合。令人吃惊的是，自18世纪末到19世纪，缺少椅子的状况彻底改变了，人们的房子里放满了椅子。很难想象那时它们都放在哪里，或是派什么用场。在 17 世纪时，巴特西（Battersea）的一名外科医生[①]拥有一对漂亮的绿色嵌金窗帘、一面镜子、几张桌子、一块棉织地毯和两块皮革地毯，还有一只"沙发椅"和一把"大椅子"；不过，在这座时髦的住宅里，他的大部分时间仍是坐在凳子上。到了 1774 年，汉堡（Hamburg）的一位商人家里拥有 18 只榉木椅子，全是软垫的，按装饰特点每六把为一套，共三套。1877 年，漫画家林利·桑伯恩（Linley Sambourne）在伦敦的住宅里共有 66 把椅子，主卧室里有 10 把。富裕人家不仅有大量多余的椅子，而且经常"成套"购买，为着时尚而不是实用。成套购买家具曾经是宫廷和最显赫阶层才能做到的事，现已日益成为中产阶级的习惯。[16]

尽管传统的靠墙摆放方式显得过时了，但直到 19 世纪 40 年代或更晚一些，除了国王之外，绝大多数法国人仍沿用此法，无论他们多么追求时髦。非正式的家具布置风格是在浪漫主义运动的影响下从英国传播开来的。浪漫主义推崇风景如画的大自然，青睐非对称之美胜于古典的秩序。最初，在英国富足中产家庭的起居室里出现了一种倾向，将家具固定地摆放在舒适的或实用的位置——壁炉边、窗户下、通道门旁，或是房间中央的交谈区。但是，要想让更多的人彻底改变百年旧习尚需更长的时间。一位外国游客讥讽道："这种安排使房间看起来像个家具店。"今天，无声的组合家具象征

---

① 原文为 "barber-surgeon"。在中世纪的欧洲，拔牙、拔火罐、抽血、放血和灌肠等"外科手术"经常是由专业理发师操作的。1540 年，"理发师－外科医生行会"正式成立，并选定三色柱作为执业标志。三色柱中的红色代表动脉，蓝色代表静脉，白色代表纱布。1745 年，英王乔治二世敕令成立皇家外科医学会，医学界从此同理发行业分家，但理发店门前的三色柱却一直沿用至今。——译者注

第四章 家具演变

着房间里充满社交和谈话,但当时欧洲大陆的一些人认为,英国人将家具不正规地组合摆放,或许是由于他们在社交生活中感到拘谨的缘故。法国和德国人戏称"沉默"为"英国式交谈"。有一篇日记这样诠释,"按照英国的品位,外国的社交场合看上去往往显得很正式,因为人们不是分散地坐在房间的各个角落。可是,外国人并不感到特别拘束……若想跟房间另一边的任何人交谈,他们就毫无顾忌地穿过中央的空荡地带";英国人则相反,他们"天生缺乏社交能力,因而需要(用家具组合来)弥补"。[17]

这种新的、较随便的家具摆放方式逐渐为各个社会阶层所接受。几十年后,过去的方式成为古板守旧的标志。1861年,一个女人抱怨她丈夫家里的摆设"太死板,太正规……你时时感觉到(严格的秩序),假如有谁挪动了一把椅子,过后它肯定会阔步自行走回原处——墙角"。①[18]

当家具从墙边移到了房间的中央,小而轻巧的家具便开始受到欢迎,它们不仅可划分房间里各个部分的用途,而且有助于营造一种新的、轻松随意的氛围。比方说,在椅子或沙发旁摆一只小几,用于放书或茶杯;或是将一张小桌子靠在堂屋门口,上面置放蜡烛台,晚上去卧室时可随手取用;缝纫桌总是根据需要而移动,选择放在光线最好的位置;卧室里配上梳妆台和女人用的小写字台,也都很实用。(大写字台一直是男人专有的。)在英国和德国的大部分地区,床头柜直到19世纪才出现,之前一般是在床头放把椅子,用于置放时常需要的小物件。

大部分人都挺喜欢这类小巧的家具,因为它们方便实用。然而

---

① 这种旧风格的痕迹可能依然存在,只是现代人不容易注意到罢了。英国旧时的酒吧原本设在私人住宅的前厅里,吧台是19世纪添加的。现今酒吧的布局(将桌子和长椅围放在四周,房间中央空着)或许表明18世纪前的家具置放方式遗迹尚存。

也有少数人持不同看法,不是出于任何实际的考虑,而是认为它们太虚浮,太法国气。这种反感几乎是发自本能的。18世纪末,英国的一位上流绅士说,一看见这些"小里小气的玩意儿"[19]身上就起鸡皮疙瘩,因为它们实在是极其轻浮和不稳重。二十多年后,从另一个极端的政治和经济立场出发,激进的记者兼议员威廉·科贝特(William Cobbett)批评说,一座简单的农舍里居然有一间"客厅"!里面摆设了一张红木餐桌、一只沙发、好几把"花哨的椅子";更有甚者,还有一块地毯、一个拉铃、葡萄酒过滤器、眼镜,以及餐厅侍服柜和"好几扇书架式暗门"。很难说最令科贝特气愤的是什么,是家具的数量太多?太奢华?还是太新潮?毫无疑问,他对工业革命给住宅家具带来的变化十分反感。

在工业革命之前的几个世纪里,不同阶级拥有的家具数量均差别不大,主要的区别在于质量。这里有13世纪一位英国绅士住宅中的财产明细表:"一张漂亮的桌子、洁净的桌布、镶边毛巾、高三脚架(用于炉灶)、粗支架、点火把、木柴、酒吧、长椅、凳子、扶手椅、木制相框、折叠椅、棉被、长枕垫、椅垫。"农民和贵族之间的经济状况和社会地位差距很大,但殷实的农家也拥有类似的物品:一张桌子、至少一个凳子、一两只箱子、锅碗瓢盆、调羹、酒器、炊具、毛巾和床上用品。上层阶级的家具多用珍稀昂贵的材料制成。17世纪一位贵族女子给丈夫写信,商量购置一些日用品,她将"土制"(陶器)或"木制"的东西按照材质归类,但是提到瓷器时,她特别标明了每件物品的功能:"茶具和餐碟",一个"糖罐"和一只"咖啡壶"。[20]

这位女子应当能领会1772年一张连环漫画的寓意。漫画的作者是法国哲学家德尼斯·狄德罗(Denis Diderot),题目为《我后悔扔掉了旧睡衣》(*Regrets for My Old Dressing-Gown*)。[21]它通过一个悲喜小品讽刺人们追求新奇时尚的恶习：故事的主人公扔掉了自己的旧睡衣后买了一件迷人的红色睡衣；但刚一穿上新睡衣，他便感到旧桌子相形之下过于寒酸，于是换了一张新桌子；结果，挂在桌子上方的绘画又显得陈旧过时了……如此连锁效应，他接二连三地更新家具，直到藤椅被摩洛哥皮椅取代，松木书架换成了精致镶嵌的书橱，朴素的布条毯换成了法国名牌"萨伏纳里"羊毛地毯。最后他终于如梦初醒，对"贪恋高档时尚……把父辈的积蓄挥霍殆尽"感到悔恨，开始极力抵拒"追求奢华的致命诱惑"。因为，每获得一件新东西，就引发出占有另一件新东西的欲望，人的欲望是永无止境的。

人们的购买狂热达到顶点，导致了一系列的社会动荡。在17世纪，英国和荷兰为争夺世界市场的统治地位进行了一轮战争。然而，这个时代揭示的重大发现是，贸易的扩张是无限的，因为欲望的扩张是无限的。尚未满足的欲望不断地寻求被满足，已被满足的欲望又创造了新的需求，必须再得到满足。由于贸易的扩张，过去的奢侈品变得越来越廉价易得，曾经是仅供富人和贵族享有的东西敞开供应，迅速进入中产阶级家庭的日常生活。大众的消费又进一步导致价格下降。很多商品并不是日常生活必需的，而是可以让生活过得更舒适、更愉快的享乐性物品。

床是显示地位和展耀财富的大件家具；床上用品是最早的消费商品之一。一个家庭的大部分资产投资于床上用品：在17世纪，荷兰的家庭中多达三分之一的财力可能用于购置床上用品；进入18世纪后，一个普通劳动者家庭的床上用品价值或许占全部家产的40%以上。两口子结婚时，购置家庭用品的开支通常有四分之一花在床上用品；随着家庭成员的增加，必须提供更多的床或床垫。此时的床垫仍是干草麻袋式的，只不过铺了两层，从而增加了舒适性。当时的版画显示，有时一张床上竟摞着五层麻袋垫。接下来，逐渐出现了不同类型的床上用品：枕头、长枕、床单，各类盖物如毯子、棉被和床罩。质量也开始有所改进，细羊毛毯取代了毡毯，亚麻被套取代了粗帆布被套，麻或棉束取代了干草作为床垫填料，从18世纪开始，人们也用棉制品工厂的边角料来填充床垫。后来又出现了羊毛垫和羽毛垫。从鹅毛升级到鹅绒，再到鸭绒，床上用品越来越高级。[22]

各种纺织品，尤其是亚麻布，要数荷兰生产的质量最为精良，亦最昂贵。[23]服装的款式仍然为数不多，但需求量似乎不断增加，即使中等家庭也不例外。17世纪时，多德雷赫特（Dordrecht）的一位家庭主妇拥有近三百件衬衫，还有各种软帽、手帕、围巾及其他亚麻制品，其中除了她自己的和家人的，还有她母亲和外婆留传下来的。除此之外，她还收藏了近500块桌布和餐巾，预备留给孩子们成家后使用。这在当时并不是一个特例。阿姆斯特丹的一个并不富裕的推销商也拥有60张桌布和300多条餐巾。人们收藏亚麻制品达到了近乎疯狂的程度。

在阿姆斯特丹的商人们家里，当地制造的产品琳琅满目，令英国人感到震惊。非常富有的房子里拥有"至少"50幅绘画作品，多达十几个橱柜、50把椅子和十几张桌子。还有镜子（这在荷兰非常普及，家家户户都有）、时钟、地图、锡器、银器、花瓶、水壶、茶具、瓷砖、蜡烛台、鼻烟盒和书籍，所有都排列在壁炉台、桌子和柜子上，或放在玻璃门的橱柜里。同时，阿姆斯特丹作为一个贸易大都市，也是展示东方进口的新奢侈品的橱窗：黑檀木、丝绸、印花棉布、细棉布等；吸收传统荷兰风格而设计的日本陶瓷酒具也是富有家庭通常拥有的。即使是低收入家庭，通常也拥有地毯、窗帘、镜子、一两张印刷画，或许还有一幅油画。本地制造厂家常常融合远东的样式与荷兰的图案,仿制进口货,推销给那些购买力有限的消费者。代夫特陶器即是一个典型的例子。阿姆斯特丹的一位观光客在1640年写道,"一般来说,每个人都会花工夫装饰房屋","家具和饰品……非常昂贵和新奇",包括"瑞琪橱柜、收藏品陈列柜、画像、瓷器、精致的鸟笼等",这一切都是为了营造一个"充满乐趣的美满居住环境"。这种装饰和购置的强烈欲望并不局限于城市中心,乡村社区很快也获得了有关知识和最新产品。机械摆钟是在1657年发明的。二十年后,荷兰的小康农民尚没有一家拥有这种新玩意儿;又过了二十年,十分之九的家庭都拥有了。[24]

在英国,不言而喻,高质量的产品首先也是在富裕阶层流行。到了1727年,在巴思(Bath)等最时尚的城镇,新房屋的建筑材料有很大的改进,室内装饰物品的数量和种类几乎跟荷兰不相上下了。松木地板换成了橡木的,地板上覆盖了地毯,粉刷墙壁变成了镶木的,大理石烟囱取代了砖烟囱,蒲席椅垫换成了皮革软垫,橡木箱子更新为红木或胡桃木衣柜,壁炉台的上方安装了大壁镜,壁炉旁添置了黄铜制的各种燃火工具。"桌布和床上用品越来越高档,直到可与显赫家庭的媲美。"中产阶级家庭拥有的财产数量也增加了。在17世纪末,超过一半的家庭拥有桌子、烹饪用具和锡镴盘,近半数拥有桌布,五分之一拥有镜子、五斗柜或衣橱以及书籍,四分之一拥有陶器皿。此外,三分之一的家庭拥有一张鹅毛垫床。在财产数量增加的同时,较富裕的人家也开始像荷兰人那样提高日用品的质量,锡镴器皿取代了木制餐盘,银勺取代了木勺,铜烛台换成了铁烛台。然而,这些家庭都没有杯子,也几乎没有刀叉(仅有不到1%的家庭拥有)。五十年后,中产阶级的住宅内部有了更大的改观:超过四分之三的家庭不仅有了桌子、烹饪锅具和锡镴盘,而且有了软垫家具;一半的家庭有鹅毛垫床、衣橱、陶器皿和镜子;三分之一以上的有桌布;超过五分之一的拥有书籍、钟表或绘画。拥有杯子的家庭从几乎为零增加到六分之一。在繁华的伦敦地区,几乎每个家庭都拥有了半个世纪之前的珍稀物品——陶瓷器皿、书籍、时钟、绘画、镜子、餐桌布、窗帘,甚至杯子。消费革命从欧洲大陆跨过英吉利海峡,然后又穿越大西洋,蔓延到北美洲。[25]

当这场革命席卷而来之时,有些人却选择不购买新商品,或拒绝享受时尚,尽管他们具备经济能力。1715年有一条惊人的报道,弗吉尼亚州一位富有农场主的"房子里外几乎一无所有……他好歹有张床,但没有窗帘;没有藤椅,只有几只木凳"。① 这类人似乎没有受到尊敬,还被视为没有对商品社会的发展尽到应有的义务,正如从前有些乡绅不愿意担任地方法官或不定期上教堂,便被视为未履行阶级和出生所赋予的职责。对于成功者来说,家具已成为表现高雅的一种手段。椅子不再仅供人坐,而且成为显示整个家庭地位的标志。即使是那些没有多少资产可炫耀的人也加入了消费大军。1744年,美国拓疆地区的一些民兵组织成员们拥有黄铜鼻烟盒、进口玻璃杯和陶器,他们的鞋子和短裤上装饰着金属扣。在弗吉尼亚州,富人们自18世纪60年代开始只穿进口丝绸做的衣服。短短的一代人之前,他们还以买得起棉布而自豪呢,在新的商品世界里,棉布衣服只配给奴隶们穿了。在北方,劳动阶级也买得起陶制餐具了,甚至大量地成套购买,因而家庭成员不必再合用碗碟。在很多

---

① 必须强调的是,弗吉尼亚殖民地有80%的人口继续居住在至多两居室的房子里。总体来说,北美洲的生活水平落后于欧洲:直到18世纪50年代,在美国东北部的部分地区,大西洋中部各州,只有65%的家庭拥有一张桌子。又过了整整一个世纪之后,拓疆地区许多家庭的生活方式仍比欧洲落后近两百年。

情况下，人们购买商品的目的不是出于必需，而是讲究舒适和显示地位。诱人的新商品总是源源不断地出现。1758 年，英国的供应商如此回复纽约的一位销售商："你仅要求订购'餐具'，这不能说明问题，必须具体一些：是要圆形的还是普通的长形荤菜碟？是要汤碟，还是沙拉碟或布丁碟？"[26]

当然，有许多人不赞同这种消费风气。哲学家、教育家和牧师们警示世人：这种时兴的、贪得无厌的物质欲损伤了国民的道德结构。1714 年，面向英国上层读者的一家杂志撰文说，购买时髦商品的欲望是如此强烈，女人们不惜变卖自己的裙子或丈夫的裤子来换取她们想要的东西，假如丈夫不舍得掏腰包的话。[27]这貌似一句玩笑，表达的意思其实很严肃：人们轻率地丢弃了生活必需品，却去追求无用的奢侈品，这种做法是十分愚蠢的。值得注意的是，在英国，大多数热衷于这类讨论的人倾向于批评低于或高于自身阶层的群体，他们往往觉得自己的欲望是适当的并合理的，而认为其他人的购买欲颇具破坏性。

然而，在北美殖民地，消费品上升为一个政治问题。美国独立战争以及抵制纺织品运动（主要是抵制进口货）将曾经不值一提的消费品转化成了某种象征。消费成为革命的引擎。妇女，作为家庭支出的管理者和日用商品的选购者，掌控了道德和经济的权力。

我们不妨将美国独立战争视为一场由消费导致的革命。其导火索是大英帝国强加给殖民地的商品消费税，如玻璃税，特别是茶叶税。因而，最有效的反叛武器即是消费者全面抵制进口商品。一位历史学家指出，进口物品禁单看上去很像时髦商店里的东西："家具、帽子、带金银和真丝花边的手套、鞋子、金银纽扣……餐具……钻石、石雕和石膏艺术品、钟表、银器和珠宝首饰、每码价格高于 10 先令的宽幅布、皮手笼、皮草和披肩，以及各种女帽……瓷器、丝绸、棉布、天鹅绒、纱布、锡镴器皿、上等细棉布、麻纱、各类丝绸、麦芽酒……"[28]这些来自英国的商品在政治上不被接受,但货物本身的价值仍被认可。一般的共识是,购买新桌子、窗帘或锡镴器皿,甚或一块英国制造的麻纱手帕,都是在助纣为虐;相反,购买北美制造的相同商品是对反叛事业的支持,是一种爱国主义的表现。

这种爱国主义,结合新的大众市场(精心设计和制造的新产品越来越容易买到),使拥有这些商品成为一种民主权利。每一代人都比前一代拥有更多的、质量更好的商品。商品大量涌现和商品意义的发掘改变了人们的价值观。反过来,价值观的变化又影响了商品占有的最基本要素:储存方式。长期以来,荷兰人一直在橱柜里陈列可炫耀财富的陶瓷和金银器皿;在英国,餐具橱也有专门空间来展示茶具等显示地位的物品。然而在北美殖民地,此时箱子依然是主要的储存工具,这意味着新颖的消费品只有在使用时才能亮相。[29]到了18世纪中叶,大众化的奢侈品和廉价陶具开始流行,它们的设计比较精美,于是刺激了橱柜陈列的新时尚,餐具在不使用时也摆放出来,供人观赏。与此同时,橱柜本身也升级为可展耀的家具,正如狄德罗在《我后悔扔掉了旧睡衣》中所讥讽的。

有些东西很受欢迎,不仅因为它们本身是人们渴望的享乐物,而且因为是来自远方的舶来品。例如在新的食物类消费品中占第一位的糖,由于贸易路线通畅,可保证不间断地定期供应,其价格急剧下降,人均消耗量不断增长。在17世纪末的英格兰,糖的人均年消耗量不到一公斤;到了18世纪70年代,上升到人均每年26公斤。(这种上升幅度几乎令人难以置信,但是今天的人均年消耗量竟已达到37.5公斤!)茶叶和咖啡最初都是奢侈的进口货。18世纪,欧洲国家在殖民地建立了种植园,这两种商品的价格随之下降。尤其是茶叶,过去是在社交场合才能享用到的异域珍品,现在变成了普通人家中的温馨饮料。不久,人们把牛奶和糖加进这种东方饮料,它摇身一变,成了一种"万灵补品"。即使是那些吃了上顿没下顿的人,总还能买得起一杯热乎乎的甜茶。穷人能喝上热茶或许就知足常乐了。对于富人而言,沏茶和饮茶的用具随之成为地位的标志:水壶、酒精灯、茶叶罐、茶壶、热水罐、过滤器、糖盘、糖夹子、牛奶罐、坡碗(用来放茶叶残渣)、茶匙、茶杯和茶碟等,不胜枚举。① [30]

随着新商品大量涌现,有购买能力的人数不断增加。最重要的是,新商品可用来显示身价,这就意味着仅凭出身不再足以确保一个人的社会地位。约瑟夫·卡贝尔(Joseph Cabell)的出身和联姻皆是名门,他跟弗吉尼亚州的许多大家族有人脉关系。但在18世纪80年代,一位朋友向他建议,为了维系通过出身而获得的社会地位,"你应该有个家……否则你在社会上便没有真正的分量和影响"。当然,"家"里必须摆设家具,否则只是一座房子而已。而且,不仅是购置家具,还须将漂亮的家具及整个室内装潢展示给特定圈子的人们看,卡贝尔才能保全必要的社会声望。到了19世纪初,一位游客在英国观察到,类似的变化不仅反映在社会上层:"社会风气怂恿人们追求奢靡……小店主的房子同公爵的宅邸一样虚华。一座装潢漂亮的房子、精美的家具、盘子……数不清的餐具……这几乎不能称作真正的好客,而是显摆自己的耀眼财

---

① 英国人很快就发现中国式茶具不适合英伦的习惯,他们从根本上改变了中国式的茶水配制方法。中国人沏茶要倾倒两次,茶水是温热的,因而适宜用无柄的杯子。英国人沏茶希望尽可能地烫,于是杯子上要加一个柄;英国人的茶水中要兑上牛奶,故较大的杯子更为实用;此外还要在茶水里加糖,故需要一只小茶勺来搅拌,以及一只碟子来搁放湿勺。

富。""向公众展示"已经成为房子的基本属性了。私人领域的公开展示被视为关乎人的道德层次，房子的漂亮和整洁体现了主人的美好品格。伊曼努尔·康德（Immanuel Kant）认为："一个完全与世隔绝的人是不会装修或打扫房子的，甚至都不会为他的妻子和孩子做这些事……只有在向陌生人展现自己的优势时才会这样做。"维护私人住宅的动机实质上是维护主人的公众形象。[31]

这并不意味着过去的人对家居用品的外观漠不关心，而是说现在更多的人拥有一些家居用品，它们具有独立的外观价值，可跟实用价值分离开来。自16世纪末，人们普遍采用一些方法来标明自己的财产所有权，例如，将姓名的首字母雕镂在盒子和箱柜上，在门楣和壁炉上刻下制造日期，将镌刻着主人姓名的匾牌挂在房屋和谷仓等处。甚至在墙壁未抹灰泥、土坯地的独间小屋里，房主也觉得值得给自己的财产加点装饰，比方说在橱柜上雕刻花纹，或给箱子涂上鲜艳的漆。在新的城市和商品化世界里，这些东西及其他用品通常都是购买的而不是继承的。人们通过购买商品来奠定或保持社会地位。绘画、家具、饰品和瓷器不再仅是贵族身份的象征，而是市场、贸易和大规模生产的产物。随着城市化的发展，流动人口越来越多，"英雄莫问出处"，个人和家庭的形象比家族史更有价值。现在人们关心的是，假如别人完全不认识我，仅从我的房子外面走过，将会产生什么印象？当陌生人上门拜访时，他们会怎么评价我？因此，中产阶级也开始重视此前曾是富人所关注的格调和品位。房子将反映居住者的素质，展示主人的品格和修养，用现代语言说，就是体现"感性"。[32]

有些人不赞同这种为追求虚浮外表的消费方式。1759年，亚当·斯密对于许多新产品缺乏实用性的现象表示不安。他喟叹："有多少人因为把钱花在无聊的东西上而忘掉了生命的意义？……

他们的衣袋里塞满了琐碎的杂件。他们发明了各种新型口袋……以便携带更多的无用之物。他们带着许多华而不实的玩意儿四处闲逛……所有这些东西都可随时丢弃。"丹尼尔·笛福也很反对这种时尚。用印度印花织物做的"窗帘、靠垫、椅垫，还有床上用品，潜入我们的房子、壁橱和卧室，取代了原先的英国羊毛和丝绸"。①他认为，这些新的进口奢侈品是外国工商业对英国的侵蚀，给诚信可靠的英国制造带来威胁，毁坏了旧时的简朴生活。然而，在另外一些人看来，这种新消费主义是有益处的，贸易和制造业有利于国家的发展和强盛。1821年，巴尔的摩《尼尔斯周刊》（*Niles Weekly Register*）发表的一篇文章中说："每当想到国家的一部分劳动力用于家庭制造业所取得的进步及其发展前景，我们的心中便充满了民族自豪感。国民的品行、道德、宗教和政治都从这些生产活动中获得收益。"这是一种良性循环：购买本国商品是爱国行为，因为它促进了产业的发展；产业体现了民族美德，商品闪烁着美德的光泽，拥有商品者的道德层次便随之提升了。[33]

爱国主义、工业发展、人们追求社会地位及时尚的欲望，这些因素都推动了商品的传播，但是，另一个不易测量的因素——舒适，也发挥了至关重要的作用。在过去，奢侈或昂贵的物品为富裕阶层所看重；在新的商品市场里，品位和舒适——两者均可无限复制，拔得头筹。"舒适"是一个有弹性的词语，获取它的方式各有千秋。有些舒适是可直接购买的，如新房子或室内装饰；有些舒适

---

① 1708年，笛福将丝绸视作英国本土的产品。创立英国丝绸业的实际是一些法国人。法国在17世纪禁止新教徒在垄断的大工厂就业。17世纪80年代，法国的新教徒〔称为胡格诺人（Huguenots）〕为逃避宗教迫害来到英国，聚居在伦敦东角的斯碑塔佛德（Spitalfields），开始从事纺织业。自18世纪初，丝绸便被认为跟羊毛一样是英国自产的了。

也可通过新技术来实现，如在房间里安装更先进的取暖和照明设备。在19世纪，尤其是在美国（那里的劳动力成本同欧洲相比仍然很高），发明了大量节省劳力的设备，特别是用于厨房的：土豆削皮器和制土豆泥机、葡萄去籽器、咖啡研磨机、樱桃去核器、苹果去核器、绞肉机、鸡蛋搅拌器，不胜枚举。[34]这些技术使烹饪劳动变得越来越轻松，甚至成为一种愉悦的艺术。

然而，尽管标准住房和室内装潢变得十分普及，新技术可带来舒适和轻松，但是仍受到某些社会阶层的排斥，原因是他们试图保持显示地位的传统方式。譬如在19世纪的英国，新的取暖技术很易采用，改进的新型拉姆福德炉灶的燃烧效能高，用较低的成本即可生产出更多的热量。可是，上层阶级继续使用老式的较低效的明火灶，因为他们的宅邸里有很多壁炉，并有仆人负责清扫和照管，便不觉得有必要更新换代。中产阶级中的有些人为了效仿上层品位，争相附庸风雅，也拒绝接受新技术可能带来的舒适，宁肯坐在冰冷的客厅里。在采用照明技术方面也是同样的情况。由于有仆人照管蜡烛和油灯，有钱人家便可选择不安装又臭又脏的煤气灯。出于这个原因，不采用新技术的家庭反被视为地位较高了。1857年，安东尼·特洛勒普在小说中描写了一个无可救药的庸俗角色，万恶之源就是他在家里安装了煤气。[35]摆设客厅是另一个追求虚浮的例子。大宅第里的富人自然有条件将一个或多个房间闲置起来，而中产阶级有样学样，也常将客厅当作门面摆设，非逢贵客和节日不用，哪怕牺牲日常生活中的方便舒适。同样，客厅的家具设计也不是出于舒适的考量，而是为供人观赏，故往往模仿法国宫廷建筑里的家具样式，只是规格小些而已。

至少从理论上说，一方面，私人住宅里的展耀式客厅源于法国宫廷，另一方面也吸收了商业空间尤其是酒店的装饰设计。在

19世纪下半叶世界博览会盛行之时，各种样板房屋纷纷亮相，让那些囊中羞涩的人"窥见了开创新时尚阶层的家居环境"。最初推广新式家居是通过雕刻模型，当可以廉价印刷照片之后，杂志便成为家庭理念和理想家居的主要传播工具。《理想家居》(*Ideal Home*)杂志于1909年首先在美国出版，1919年在英国发行。1876年，英国的《世界》(*The World*)杂志刊登了"名人居家"系列，连同著名人物的传记，诸如英国首相本杰明·迪斯雷利(Benjamin Disraeli)、因发起邮政改革而闻名的罗兰·希尔(Rowland Hill)爵士、哲学家托马斯·卡莱尔(Thomas Carlyle)、离奇侦探小说家威尔基·科林斯(Wilkie Collins)，以及桂冠诗人丁尼生(Tennyson)，等等。发表人物传记本身并不是杂志的新手法，但现在增加了展示名人家庭生活环境的照片，相当于20世纪流行的"高雅家居"图片。① 因此，上个时代的夸示风格被重新诠释了，通过融合商业场所和名流住宅的要素，形成一种理想的上流客厅设计。对于名人家居，平民大众只能钦羡向往，但无人怀疑它所体现的社会价值：华贵的帷幔、钢琴、摆满装饰品的壁炉台、锦缎、丝绸、天鹅绒或刺绣织物，以及精心搭配的"成套"家具。[36]

客厅布置的一个信条是每种家具要有多件，成偶数，因而可以对称地摆放，这比摆放每种一件的同样数量家具要高明：六把椅子是最常见的，尽管一打是首选，如果空间允许的话，再配上两只扶手椅。桌子、沙发和镜子的设计都是为了展示而非实用。所谓的

---

① 窥视名人们在私宅里活动的欲望蔓延到许多奇特的领域。杜莎夫人(Mme Tussaud)蜡像馆在19世纪初就展示了一些臭名昭彰的杀人犯蜡像，但自从媒体出现了"名人居家"专题之后，她不仅开始购买世纪罪犯的衣物，而且购买犯罪行为发生的房间，加以重组再现，供大众观赏。

"餐台"(buffet)上陈列着精美易碎的瓷器。① 这些客厅家具的价格不等,有极其昂贵的供富人挑选,也有价格适中的供其他人选购。1897 年在美国花 18.5 美元即可从西尔斯(Sears)买到三件套的家具。但无论是昂贵的还是经济实惠的,这些家具的设计有一个共同特点:不使用。椅座通常很高,对于大多数人来说,坐上去都不太舒服;织物装饰无法清洗;桌子形状是细窄的,靠墙而放。这些家具的象征价值已变得至关重要,实用性则几乎忽略不计了。[37]

即使对于那些财产很少的人,拥有和展示财产也未必仅仅关乎时尚或社会地位。一件物品的档次可以高于拥有者的实际生活水平,亦可用来寄托主人的希望和梦想。萝拉·英格斯·怀德(Laura Ingalls Wilder)回忆说,她的母亲是个拓疆者,在 19 世纪 70 年代,她长途跋涉近 2500 公里,先是从一个小木屋搬到一座草皮房,后来又迁徙到受政府补贴的垦荒区。在颠簸不平的漫长旅途中,她始终小心翼翼地保护着一件牧羊女形象的陶瓷雕塑,把它郑重地安放在一个特制的架子上,不许孩子们触摸。每次搬到新的住所,直到铲掉土坯地、铺上木地板之后,她才打开这件艺术品的包装。她先把一块红色条格布铺在桌子上,再把雕塑置放在上面,然后轻轻地叹口气道:"唉,现在,我们终于活得像文明人了。"[38]

桌布是"文明"生活的另一个标志,哪怕只是用三根树桩拼起来的桌子,上面也要盖一块桌布。这是众人用餐的新要素之一。直至 17 世纪,富人就餐用锡镴器皿,最显赫的用金银器皿,但绝大多数人都没有独自的餐盘,食物烹熟之后,盛在一只菜盘里,放在桌子的中央,就餐者直接从那个菜盘里取食。随着时间的推移,越

---

① 北美洲东北部沿海地区至今仍在使用一种叫作"hutch"的立式陈列柜。《牛津英语词典》最后一次引用这个词已是近 150 年之前了。

来越多的家庭有了木制的或锡镴餐盘,食客们便用刀和手指从主盘里取食。陶具和缸瓦器开始取代木制的和锡镴餐具,到了18世纪初期,伦敦四分之三的家庭、全英国一半的家庭拥有一些陶器商品,半个世纪之内翻了五倍。从那以后,各种类型的瓷器和陶瓷餐具广泛传播。在该世纪的最后三十几年里,德国的许多中产阶级家庭理所当然地拥有锡镴器、陶器或瓷器。汉堡的一名商人除了拥有各种器皿,还有15把刀、20只银匙和1把叉。甚至一个卑微铁匠的家里也有数只杯子、咖啡壶、罐、碗、盘、汤盘,以及15个勺子和3把大舀勺。[39]

为什么是单个叉子和奇数的刀、勺呢?这说明了一定的问题。勺子的起源可追溯到古罗马,之后一直在欧洲使用,而餐刀是在中世纪早期由"野蛮人"入侵带到欧洲的。这两种餐具都被视为私物,属于个人使用的餐具,而不是共有的家居用品,访客一般随身自带餐勺。这种行为方式至今仍反映在几种语言中。意大利语的"餐具"是"posate",从动词"posare"(放置)衍生而来:人们就餐时应将自带的刀、勺放在餐桌上。德语的"餐具"是"Besteck",意为"鞘",指装餐刀的鞘[40](鞘后来做得大了一些,可同时装进刀、勺和叉三样餐具)。

文艺复兴时期,餐刀的尖角被钝化了,使之更适于家庭用餐。由于没有了刀尖,就无法把食物从中央盘子取到个人的盘子里了,于是便需要另一件刺器。罗马人曾用叉子烹饪和准备食物,但是不用来吃饭;后来叉子完全从欧洲大陆消失了,直到10—11世纪才再次出现,它是从拜占庭帝国进口的一种怪玩意儿,不为一般大众所接受。在13、14世纪的意大利,面条成为当地的一种主食,叉子便成为日常使用的餐具。不同于勺子和刀,叉子是专为面条而设计的完美器具。叉子可能是通过凯瑟琳·德·美第奇(Catherine de'Medici）从意大利带到法国的，她在 1547 年嫁给了法国的亨利二世（Henri Ⅱ）。但是，直到一个世纪之后，他们的儿子亨利三世仍在尝试鼓励人们使用叉子，且收效甚微。在英格兰的都铎王朝年间，人们使用双管齐下的蜜饯叉来取用黏糯甜品，至于其他（较大的）叉子，无疑是干农活才用的。后来，詹姆斯一世（James Ⅰ）开始用叉子就餐，但很少有人模仿他，大众肯定更是闻所未闻。用刀和勺用餐的方式流传到了新大陆，普利茅斯殖民地自 17 世纪中叶建立起，勺子是最常见的餐具。一位历史学家考证说，餐刀罕见，叉子则根本"不存在"。[41]

当时，即使在新的商品市场中心荷兰，人们也基本没听说过餐叉，它仅限于非常富有的阶层。一位商人吹嘘说，在他女儿的婚礼上，"42 个餐位上完整地配置了刀、叉和勺子，以及玻璃器皿、盘子和餐巾"。他详细地列出了每一种餐具，却没有提到餐桌上的其他物件，可见餐具在当时是多么值得展耀。然而直到 18 世纪，这种富人独享的新奇奢侈品才逐渐普及。17 世纪时，即使在伦敦的城市中心，仅 14% 的家庭拥有餐刀或叉，农村家庭的拥有率尚不足 2%。半个世纪之后略有变化，在纽约州的一些县，拥有一把叉子的家庭不到五分之一；同期的马萨诸塞州仅一半的住户有一把刀或叉。德国格赖夫斯瓦尔德（Greifswald）的居民此时开始使用刀叉。该城是汉萨同盟（Hanseatic）地区的一个繁忙的港口，作为一个贸易中心，或许对新时尚比较开放。[42]

正如叉子在文艺复兴时期的出现是对餐刀钝化做出的一个反应，它在 18 世纪的传播是对不断演变的时尚的一种反应。此时陶器日益盛行。过去的木制食盘造型完美，它的中央部分比较低凹，用勺子很容易从底部舀集食物；外圈有一道沿，勺子可在边沿停顿、清理一下，再送入口中。然而，瓷盘和陶盘的底部都是平坦的，顶多边沿上有一点隆起，人们发现，勺子在这种盘子里把食物推来推去，很不容易舀起来。解决的办法便是添加一种餐具：叉子。它可直接用来戳取一块食物，或把食品固定在一处，用刀切成小段，然后戳取。[①] 并不是每个人都能立即接受这种新颖的玩意儿。英国海军直到 1897 年才开始使用叉子。[43]

对其他人来说，谈不上接受或拒绝，因为他们根本就没机会见识这类新东西。在美国，同其他地方一样，这些器具的传播往往局限于城市，或是相对富裕的农村地区。在 18 世纪中叶，马里兰州的一个船夫和妻子仍旧完全像他们的祖辈那样吃饭，用双手从仅有的一个木盆里抓食，"他们不用任何刀、叉、勺、盘或餐巾"。[44] 这种情况并不少见。即使当餐具变得日益普及，绝大多数人的生活水平不再如此低下了，城市的中产阶级作家仍可能用想象代替现实来误导我们。直到 19 世纪 70 年代，萝拉·英格斯·怀德家的餐具仍是分别归属于个人的物品：每人有一只锡盘、一把钢刀和一把叉；每个成年人还有一个锡制杯子，最小的孩子自己有一个杯子，两个大女孩共用一个杯子。

成年人比孩子们占有更多的珍贵资源，这是惯常情况。不仅在拥有财产方面，而且在所有其他事情上，成人都自动享有优先权。

---

① 在许多国家，叉子的到来和刀尖圆钝化发生的时间距离很近，因而叉子自然地替代了刀子所失去的刺戳功能。而在美国，圆钝的餐刀在使用叉子很久之前就有了，习惯上同勺子配对使用。当叉子出现后，它接管了勺子的舀取功能，形成了三步模式：切割、转移和舀起。即：一、左手拿叉，右手拿刀，用叉固定住食物，用刀切割完盘中所有的食物；二、放下刀，把叉移至右手；三、将食物一块块地叉起送入口中（叉的曲线朝上）。故有人指出，美国人用叉是"头朝下"（或者说右侧朝上，取决于你怎么看）。欧洲人的模式是一步完成：左手拿叉，右手拿刀，用叉刺住食物，用刀切下一块食物后，用叉直接送入口中（叉的曲线朝下）。我个人的看法是，因为美国人开始使用叉子的时间比欧洲人晚得多，而用勺子的时间比欧洲人早得多，所以他们用右手拿叉戳起食物，叉子的曲线朝上，更像是使用勺子的动作。

成年人有自己的餐具，孩子们常常合用；当食物稀缺时，成人先吃并吃得多；大人坐着，孩子站着。世界是由成年男人创造并为他们所取用的，孩子们需要适应成人的要求，而不是相反。

在历史上的绝大多数时期，孩子们都被当作不完美（有缺陷）的小大人。这一方面意味着儿童被视为等而次之；另一方面也导致成人和儿童之间的界限不明显，较容易互动交流。（20世纪以来的情况不同，这两个年龄组的人都很清楚他们之间存在的代沟。）例如，各种游戏很少有年龄限制。早在17世纪，儿童就参与成人游戏，包括打保龄球、赌博、玩九柱戏、投骰子和捉迷藏。捉迷藏今天被认为仅是儿童游戏，过去是人人都玩。厂家不生产专为儿童设计的产品，而是将产品按比例缩小，譬如口哨、摇铃、弓箭、羽毛球拍和羽毛球。17世纪晚期至18世纪早期的代尔夫特瓷砖画显示，孩子们不仅玩跳绳、滚铁环和九柱戏，还参加小型高尔夫俱乐部。在莎士比亚的浪漫喜剧《第十二夜》（*Twelfth Night*）中，谁要是发现了藏在第十二夜节日蛋糕里的豆子，便当选为当晚的国王。1668年，扬·斯汀的一幅画显示，一个小童发现了豆子，人们按照传统风俗给他戴上纸皇冠，并奉上一杯酒；若是大人发现了豆子，仪式场景也完全相同。在成人和儿童之间，财产和游戏的界限是可移动的。如玩具娃娃，直到18世纪，在很大程度上不是供儿童玩耍的，而是工厂用来展示新型服装的模特。它们的价格不菲，是成人拥有和收藏的奢侈品。1699年在沃里克郡（Warwickshire）发生了这样一件事：一位来访者看见主人的孩子躁动不安，就好心地把随身带着的一个玩具娃娃借给那个孩子玩。它是一个裹着襁褓的蜡制娃娃，故从现代意义上说不是一件玩具。结局很不幸：那个小孩把娃娃掉在地上，"摔成了碎片……结束了它的短暂生命"。[45]

"玩具"（toy）这个词本身即反映了人们的观念——享受"好

玩的东西"是不受年龄限制的。从 16 世纪开始，玩具指的是小物件或廉价的装饰品。在莎士比亚的作品中，这个词用来指无甚金钱价值却很有魅力或灵巧的玩意儿（"哎呀，这是个窍门儿、玩具、恶作剧……"）；或指有趣的故事["我不可能相信这些古老寓言或这些童话（toy）"]；甚至指女人的帽子["任何绸缎、丝线、任何玩意儿（toy），都可做成你的头饰"]。[46]进入 18 世纪后，这个词用来泛指金属做的各类小饰品，鞋扣或胸花都属于"玩具"。（令人困惑的是纽扣钩①也叫作玩具。）直到 18 世纪后期，专为儿童娱乐设计的玩具才出现，称作"playing-toys"，意为"供游戏的玩意儿"。

  18 世纪 50 年代之前，在北美殖民地很少有人提到玩具，肖像画里几乎没有描绘，幸存至今的实物就更为罕见了。[47]随着 18 世纪的演进，玩具渐渐成为儿童生活中较突出的内容。哲学家约翰·洛克认为，孩子们是通过玩耍来学习的。他的教育学论著颇受欢迎，鼓励了重视教育的母亲们为孩子购买玩具。南卡罗来纳州（South Carolina）的伊莉莎·平克尼（Eliza Pinckney）给三个月大的儿子买了一套字母砖，"让他自己边玩边学"。正如婴儿和幼儿的衣服不分性别，他们的玩具也是中性的：摇铃、套环、诺亚方舟、拼图、拖拉玩具。当孩子们穿上特定性别的衣服时，大人便开始给他们一些带有性别倾向的玩具。男孩玩奔跑型的玩具（滚铁环、木马、球、风筝），而女孩都有娃娃和微型家用品。男孩的玩具范围比较广泛，包括多种多样的军事题材玩具（铅士兵、枪、剑、喇叭、鼓等），以及户外玩具（如运货马车）。在新大陆的不同地理区域，孩子们的玩具以及他们对玩具的态度是有差异的。在南部和中

---

① button hook，一种工具，手柄上带个小钩，用于系衣服、鞋和手套上的纽扣。——译者注

部，很多孩子放风筝、玩九柱戏、滚铁环和旋陀螺，以及赛跑、追人、捉迷藏及其他户外运动；而在清教徒占主导的新英格兰地区，很多游戏都受到质疑，被视为浪费时间、毫无裨益，因而是不虔敬的行为。①

女孩们的玩具多是为了鼓励母性的抚育习性，基本上是娃娃和玩偶屋之类。此外，她们的玩具往往是脆弱的，不能真正地拿着玩耍，只是放在架子上欣赏。工厂制造的玩具娃娃的模样最初都是像"妈妈"，直到19世纪末才开始像它们的主人——孩子。有些孩子（通常是女孩子）根本没有玩具。一位历史学家研究表明，在19世纪30年代至70年代之间，美国三分之二的男孩有玩具，而80%的女孩没有。虽然玩具的成本逐渐下降，越来越容易买到，但大多数的娃娃仍是用旧布头自制的。书籍也有性别之分，男孩看的书通常讲述冒险故事，女孩看的书跟家庭的关系紧密，比如讲一个粗心大意的女孩摔坏了自己的玩具，从中吸取了一个教训；或是讲玩娃娃的乖女孩日后成为一位贤良的母亲。正如卢梭令人沮丧的名言："她将成长为一个玩具娃娃。"[48]

有些父母担忧自由玩耍的方式缺少教育内容。针对这种情况，英国厂商自18世纪末开始销售各种纸板智力游戏②。拼图是一位校长发明的，旨在让孩子们通过拼摆地图或历史事件全景来学习地理和历史知识。不过，儿童教育家玛利亚·埃奇沃思（Maria Edgeworth）主张让孩子们多玩锻炼手眼协调和跑动能力的游戏。同一个世纪之前的洛克一样，她的教育理论很有影响力。她推荐的

---

① 现代一位历史学家注意到，阿米什人（Amish）社区让孩子们"玩"的方式是让他们负责照管一头牛或羊；或是在菜园划出一块地，让孩子们自己种植。她认为，这种"游戏"理念跟清教徒的类似。
② board games，在标有不同图案和格子的硬纸板上玩的智力游戏的统称，包括棋类。

游戏包括放风筝、玩陀螺、滚环和球类。她同时认为，就像纸和铅笔对教育来说不可或缺，玩具城和玩偶房可促进孩子的"推理能力"和"创造性"，培养"良好的习惯……耐心和毅力"。[49]

过去孩子们的自由活动空间比我们今天想象的要大得多。无论成人对教育的期望是什么，孩子们的大部分活动是不受大人监管的。由于房屋的面积狭小，且成年人多在家中工作，没有什么可供玩耍的空间；而且，房子里往往堆放着劳动工具和专业用具，或许还有机器，再加上明火灶，室内并不比户外更安全，所以，大人多鼓励孩子们去户外玩耍。乡下的孩子们爬山、捉鸟、筑巢、赛跑、捉迷藏和放风筝，或者干脆在野外游荡；城市的孩子们也一样，在公园、墓场和空地上玩耍，或是在街上闲逛。

在家中，孩子们必须适应成年人的生活，而不是相反。很少有专为儿童设计的产品。顶多只有一两把椅子的家庭不大可能拥有专门的婴儿用品，这是可以理解的。自16世纪始，荷兰的一些绘画里出现了微型椅子，或是中央有个洞的木凳，供刚开始站立或学步的婴儿使用。[50]这些便是最常见的儿童家具，目的大概是防止孩子在土坯地上爬行，弄脏衣服和身体；更重要的是，避免他们接近成年人的工作场所和明火灶。

在把孩子们当成小大人的时代，没有专门为不同年龄段设计的服饰。一旦过了幼儿期，他们基本上就开始穿小号的成人服装了。在17世纪的荷兰，男女婴儿戴婴儿帽，穿小束身褡和裙子直到七岁；之后，男孩和女孩开始分别穿袖珍版的成年男女衣服。北美殖民地的习俗略有不同，幼儿都穿带衬裙的裙装，戴一种特殊的小帽子（叫作"biggin"）；男女之间的唯一区别是裙领的形状。[51]衬裙标志着儿童的卑微地位，衬裙做得特别长，以限制婴儿四处爬行（"爬行"是相当于动物水平的一种身体特征）。到了五六岁，男孩不是直接穿上成年式男装,而是要经过一个过渡时期,穿一种长袍,类似16世纪男人惯穿的长燕尾服。这种服装清楚地表明,虽然他们获得了男性资格,但尚未取得跟父辈平等的地位。假如男孩子有不良行为,成年人经常采用的恐吓就是让他"重新穿上衬裙"!("衬裙"在此有双重贬义:不仅指婴儿穿的服装,而且指女人的衣服。)

18世纪之前,如果说有专为儿童制作的用品,它们大多数都是同约束身体有关的物件:襁褓、摇篮、习步凳。婴儿被裹在襁褓里之后无法滚动,便可以把他们放在任何地方。从16世纪开始,襁褓逐渐消失,摇篮成为常用品,多为柳条编制,轻巧价廉,便于在多用途的房间里挪动。此外,若遇传染病流行,很容易烧毁处理。不过,更普遍的情况是,年幼的家庭成员很少甚至完全没有特殊用品。高脚椅在17世纪下半叶出现,最初只是比正常的椅子高一点,直到18世纪才加上了一根护栏。在此之前,"小大人"们必须学会克制自己,老老实实地待在椅子里。

在18世纪,富裕家庭的三至五岁男孩穿的裤子样式跟父亲的不一样,他们穿的是劳动阶层的长裤。这不是为了反映性别或年龄的差别,而是标志他们的地位比家中成年男子低。男孩比父亲低下,而他们母亲的地位则高于劳动阶层的男人。男孩长到七八岁后,衣服样式终于跟父亲的相同了,但尚不戴扑粉假发和领结,表明地位仍然低于成年男子。女孩的适应和过渡阶段要简易得多,她们脱掉婴儿服后便立即穿上母亲衣服的袖珍版。英国上层阶级的女孩换上成年女人的服装比其他阶层的女孩更早一些,很多自两三岁开始就穿鲸须胸衣了。[52]

在专用商品开始涌现的19世纪,专门的婴儿家具问世了。到该世纪末,高脚椅的前面添加了一块平板,作为供婴儿专用的小餐桌。儿童家具在美国比在英国更受欢迎。英国上层阶级的育儿室多设在房子的隐蔽处而不是公共房间，故常利用一些淘汰的旧家具。而在美国，富裕家庭的孩子同父母的生活交融比较紧密，在公共房间里活动较多，所以如果有足够的财力，便会为孩子们购置专门的家具。①[53]

在儿童家具传播的同时，专为儿童设计的服装也开始流行。儿童不再穿袖珍版的成人服装了。除衬裙之外，儿童仍普遍穿戴肚兜、内衣和尿布。在这个年龄阶段，服装尚无显著的性别差异，而且经常包括裙子（即小衬裙和小裙衣）。不同于旧式的盖住脚面的婴儿袍，此时的裙衣长度缩短到脚踝，使婴儿比较容易爬行和学步。三岁至十岁之间，男孩和女孩逐步换上新式的半长衬裙和裤子。最初是男孩们这样穿，到世纪中期，女孩们也穿上了。新式童裤是白色的，镶着花边，在现代人看来很女性，当时却令人震惊，因为它是裤子——男人的服装啊。很多人认为，让小女人穿得像小男人是"耶和华憎恶的"[54]行为。然而事后分析可以看出，让这个年龄段的孩子穿中性服装的做法表明性别被中和了。这些小生命不再被打扮并看作小型的成年男人和女人，而是男孩和女孩了。他们成为一个独立的群体，他们的首要性质是"儿童"。

当完美女性的理念变得越来越以女性的生殖功能为中心，性前期的儿童便成为一个家庭获得的天使祝福。突出儿童的性别差异将是剥夺他们的"纯真和快乐的懵懂岁月"[55]。童年阶段的养育任务不再是迫使不完美的小大人学会自制，而主要是让孩子在上帝恩赐的轻松环境中受到保护，让他们远离世俗社会的有害影响。卢梭在

---

① 这一点未必很容易考证。今人误以为是给儿童坐的小椅子，过去有时其实是成人用的脚凳；有些小桌子和小五斗柜是为孩子们配置的，但也有些是厂家用于推销的产品模型。

《爱弥儿》一书中即已清楚地提示世人。但即使是卢梭也从未认为儿童的需求可被置于成年人之上。不过,这种情况开始发生了。儿童日益成为家庭的中心,家是一块让孩子不受外界污染的净土。

尽管儿童被保护在一个与世隔绝的场所,但儿童的重要性吸引了市场的关注,商家开始迎合他们的需求。以前从未想到的各种商品被发明和制造出来:爬行垫、翻滚毯、高脚椅和婴儿车,数不清的品种和花样,一切都是为了让父母给孩子提供舒适的生活环境,尽可能延长他们的快乐童年。

第五章
建筑神话

20世纪60年代,在伦敦北区的一幢老房子里,建筑工人发现了一个惊人的秘密:在壁炉的砖墙背后有一只篮子,里面装着两只鞋、一个烛台和一只酒杯,还有四个儿童的骷髅,其中两个是被掐死的,另外两个是活着被封死在墙里的。据考证,这个遗迹记录了16世纪的一种祭祀家神的风俗。根据神话传说和民间故事,房子是有灵魂的,甚至可能有心灵。虽然今人或许不再理智地采信这类说法,但在生活中仍保留着许多小型的迷信仪式。譬如,家庭成员去世后要让钟摆停止,把镜子藏起来;举行葬礼的那天要放下窗帘(所谓遮住房子的"眼睛");新娘嫁入,要在婚房的门槛上驻足片刻,礼仪式地标明"未嫁"和"已嫁"的分界。19世纪70年代,英国的一位牧师用家具作隐喻来强调人生苦短、时光荏苒:"你是否有时环顾四周,对自己说……那些窗帘黯然褪色了……旧地毯应该更新了……在生命的最后一刻,这些东西呈现在垂死之人的脑海中,勾起奇特、模糊的记忆。"主人活着的时候深切地依恋家中的物品,临终时它们便自然地成为头脑中出现的最后影像。[1]

最平常的物品也可能同主人的生活产生共鸣。演员斯坦利·卢皮诺（Stanley Lupino）跟比他年长一些的查理·卓别林（Charlie Chaplin）一样，在伦敦南区度过了贫苦的童年时代。他回忆起1899年母亲去世后的情形："经纪人来了，把她多年来竭尽全力维持的小房子收走了……葬礼结束后，我留在屋子里，目睹她的家具被一件、一件地清理出去，仿佛母亲的身体被一点、一点地掏空，至此，我方才深切地感到失去她的悲哀。"[2] 小说《了不起的盖茨比》(*The Great Gatsby*) 运用高超的文学手法，透辟地揭示了住宅里的陈设与居住者的灵魂之间的依附关系：挂在屋外的彩灯串标志着盖茨比的存在。有一天，彩灯没有点亮。于是，盖茨比先被戴茜拒绝，失去了心中所爱之人；接下来，房外一片漆黑，他的生命便走到了尽头。无论是卢皮诺母亲的家具、盖茨比的彩灯，还是其他人心爱的电视机、沙发或搅拌碗等，都是人们心照不宣地奉给家神的祭品。

到了19世纪，家庭生活的中心地位变得根深蒂固、高于一切，乃至于人们忘却了曾经有过不重视家庭生活的时代。住在伦敦的一个德国人评论说，尤其是"英国人，他的全部生命都体现在自己的房子里"。巴黎人喜欢出门，在街上寻找生活乐趣。巴黎的咖啡馆通常将临街的一面敞开，把桌椅安放在人行道上，人们一边品尝饮料，一边旁观街头巷尾发生的趣事。而在英国，人们更喜欢待在家里。甚至那些没有家室的可怜人（此时人们认为没有女人的房子即不能算是"家"），也通过"外包方式"寻觅家庭生活，譬如去咖啡店和小餐馆吃饭，或在俱乐部（商业性的"家"）里消磨一个夜晚。在招待这类常客的场所里，他们枯坐独酌，几乎不需要跟任何人

第五章 建筑神话

说话。① 正如建筑师欧内斯特·牛顿（Ernest Newton）在1891年所说："神圣的家庭生活……本身是一种宗教，它十分单纯，且易于笃信，无须繁琐的教条。对家的敬拜是最简单的，需要遵循的戒律是温和的，获得的回报即是平安与满足。"[3]

很多人会认为，"平安与满足"是家和家庭生活全部意义的写照。在这个与外部世界隔离的避风港里，我们受到关爱和保护，找到感情的寄托；我们可以无所顾忌地"做自己"。此外，还可以享受身体上和精神上的"舒适"。直到1859年底，法国哲学家欧内斯特·勒南（Ernest Renan）仍对使用"舒适"一词感到迟疑："我不得不用这个野蛮的词语来表达一个很不法国的想法。"[4] 如果勒南觉得"舒适"一词很不法国，那么，他对于比"舒适"更甚的词语将做何感想呢？例如英语的"cosy"、荷兰语的"gezellig"、德语的"gemütlich"，以及丹麦和挪威语的"hygge"，这些词全都蕴含"舒适"的意思，但表达的感情更丰富、更细腻。这种体验，无论是真实的还是隐喻的，都不存在于冰冷的外部世界，只有在温暖如春的家中才能获得。

18世纪末至19世纪初，英语中有关"家"的词汇扩展了，一些新词开始流行，如宾至如归（homelike）、家庭主妇（homemaker）、宜室宜家（homey）等。一百多年后，在20世纪70年代，芝加哥举行了一项问卷调查，要求82个家庭描述他们居住的房子和他们理想中的房子。答案中用得最多的词语不是有关建

---

① 易卜生在《魔鬼》（*Ghosts*，1881）中讽刺了中产阶级将家庭和婚姻混为一谈的观念。墨守成规的曼得斯（Manders）牧师认为，艺术家奥斯瓦尔德·阿尔文（Osvald Alving）"从未有机会了解什么是一个真正的家"，因为他的朋友都是些清贫的艺术家，没钱"成家"，成家的"确切"概念就是结婚。小说人物夏洛克·福尔摩斯不过是一个中产阶级的单身汉，但因为他的住处有一位专业的"房子天使"，即女房东，所以他可算作是个有（幻影之）家的人。

筑形式的，甚至也不是描述性的，而是情感性的："舒适""惬意""放松"。德语中也有一系列唤起家庭情愫和舒适感的词语，"heimelig"（像家一样）和"häuslich"（像住房一样）是最明显的，"behaglich"指一种心情及身体的舒适感，含有"在里面"的意思（hag 意为"围住"），而另一种表达"惬意"的词"wohnlich"源于"wohnen"（居住）。"Gemüt"原本为一个哲学术语，是"思想和灵魂"（Gemüt 意为"灵魂"）的一个浪漫概念。但在 19 世纪中叶，"gemütlich"一词同喜爱家庭生活联系了起来，并逐渐为大众使用。它不再是一个文学词语或专用术语，而是用于日常生活，表达可为所有人享受的一种家庭乐趣。曾被用来抒发社会精英情感的阳春白雪，如今脱胎换骨、自我驯化，变成了能让大众欣赏的田园诗。而且，这种现象不仅发生在德国。威廉·华兹华斯（William Wordsworth）说，"日常生活中的事件和情景"也是 19 世纪英国的许多诗人和作家选择的主题。荷兰语中的"gezellig"和"gemak"均为英语"舒适"的同义词，但很多人坚称这些词语实际上无法翻译，因为它们所表达的情绪纯粹是地域性的。尽管各个国家的"舒适"在不同方面有所侧重，但均倾向于蕴含近似"gezellig"所表达的情感范围。一般的理解是，"gezellig"具有以下丰富的含义：舒适、惬意、随意、氛围、娱乐、文明、礼貌、谦逊、得体、慷慨和礼仪。[5]

　　首先是表达舒适感的词语增加了，接着建筑也发生了相应的变化。到了 19 世纪末，在欧洲西北部，"使居住者在情感和物质两方面都获得舒适感"已成为建筑学的一个传统。在此之前，如果一座房子的面积足够大，能遮风避雨，或是结实坚固，即被认为是很好的，反之就是劣质的。时尚的和创新的建筑风格受到推崇。现在，一座普通的小房子也能获得赞美，倘若它能给居住者的生活带来福祉，并且令观赏者感到愉悦。强调审美价值的词如"漂亮"，越来越多地让位给强调道德价值的词如"诚实"或"真实"。现在，一座好的建筑不仅反映居民的道德水准，而且可以激发居民的正确思维。1776 年，美国人通过拒绝进口英国面料、穿家庭自制的简朴衣服来表达爱国主义；1860 年，费城（Philadelphia）一家房屋建筑杂志的编辑如此写道："有家有室，过着有品位的舒适生活……即是好公民。"[6]

到了这个时候，介绍富豪和名人的生活方式已成为美国大众新闻的一个常见特征。半个世纪以来，杂志热衷于刊登社会名流的趣闻逸事，包括展现他们在家中的生活场景。正是这些人的日常生活环境，体现甚至可能促成了他们的成功。一种流行的浪漫主义见解是，一幢房子是其主人的物质表达。不过，最终成为美国人代表的住房风格在刚出现时是出乎意料的，我们将在后面论及。从 19 世纪初开始，被称为"希腊复兴式"（Greek Revival）[7]的英国风格吸收了一些其他要素［主要来自当时考古学家发现的多立克式（Doric）和爱奥尼克式（Ionic）建筑］，从而创造出一种公共建筑风格。它的主要特征是门廊、列柱和白色外墙，最常用于博物馆、剧院和政府大楼。例如大英博物馆（British Museum）、国家美术馆（National Gallery）和考文特花园剧场（Covent Garden）。这种风格在英国的住宅中不很常见，除了最富有的人偶尔选用。在美国，希腊复兴风格最早也用于公共建筑，如华盛顿的国会大厦（Capitol Hill，1803 年）。1812 年第二次独立战争后开始广泛传播，用于大小不同的建筑。1814 年英军短暂占领华盛顿特区时将白宫焚毁，重建的白宫采用的即是希腊复兴风格。

在随后的和平时期，这种风格完全被同化了，不再被视为英国的舶来品。新生美利坚合众国的公民自认为是民主发源地希腊的直系后代，因此，希腊复兴风格被重新诠释为美国爱国精神的化身，美国人的房子同美国的成功故事相得益彰。不过，尽管借鉴民主发源地希腊的风格是很可取的，但它的广泛传播还有一个更为实用的原因。这种建筑的经典模式——带圆柱的门廊和入口的三角楣饰，很容易添加到已有建筑物的外部，因而不需太多花费便可给老房子换上一副新面孔。小说家詹姆斯·费尼莫·库柏（James Fenimore Cooper）在《拓荒者》（*The Pioneers*）中委婉地嘲讽了这种赶时髦的风气：一个人盲目追求简洁的希腊风格，将自家房子的老式斜坡顶换成了希腊式平顶。[8]结果，当大雪堆积在屋顶上时，他险些遭到灭顶之灾。

通过一种建筑风格来表达爱国主义的现象并不局限于美国。当工业化给世界带来了不确定性和巨大变数，许多国家树立了自己的风格，多采用一些象征性图案来代表本国的独特价值观、历史和美德。最常见的是，通过弘扬历史上某个时期的思想来彰扬时下似乎缺乏或至少希望效仿的价值观。都铎式是英国默认的历史风格，始于政治不稳定的18世纪末至19世纪初。法国大革命后，许多英国地主害怕造反情绪蔓延到自己的领地，突然间匆忙地改善了雇农的住房条件。罗斯柴尔德家族（Rothschild family）①自1833年始在白金汉郡（Buckinghamshire）建造了一批工人住宅村，包括门特莫尔（Mentmore）、特林园（Tring Park）、维因（Wing）和温格雷夫（Wingrave）。这些房屋是清一色的白墙黑柱，加上伊丽莎白式的高耸烟囱，人称"罗斯柴尔德都铎"（Rothschild Tudor）[9]。其

---

① 罗斯柴尔德家族是欧洲乃至世界久负盛名的金融家族。发迹于19世纪初，创始人是梅耶·阿姆斯洛·罗斯柴尔德（Mayer Amschel Rothschild）。他和五个儿子（即"罗氏五虎"）先后在伦敦、巴黎、维也纳、法兰克福、那不勒斯等著名城市开设银行。——译者注

他工业巨头也先后效仿罗斯柴尔德家族的做法。自1888年，利华兄弟公司（Lever Brothers）在利物浦（Liverpool）郊外的阳光港（Port Sunlight）为工人建造了都铎式住宅；1893年，吉百利糖果公司（Cadbury）在伯明翰郊外建造了同样为都铎风格的工人宿舍伯恩村（Bournville）。但都铎风格不仅用于工人住宅，许多业主也选择此种风格建造自己的宅邸。在工业主义未为人知的农耕时代，乡绅阶级是父权制度的基石，他们居住的都铎式房屋无疑代表着神秘的旧日时光。因而，采用普通都铎式建筑的细节成为一种便捷的手段，以满足人们回归"快乐老英格兰"田园生活的欲望。新贵们尤其喜欢都铎式乡村建筑，这也许是要造成一个印象：他们的房子和家族的历史都很悠久。其他一些房产所有者拆掉旧房子，取而代之的是看上去更古旧的房子。在肯特郡（Kent），一位富有的针织品制造商修建了一座新的都铎庄园，取代了原先的佐治亚风格；建在周围的工人住宅都是带有黑色梁柱的小乡舍，与该庄园的风格相匹配。

尽管都铎风格无处不在，它的建筑特征也为人熟知，但在现实中，19世纪的都铎风格同都铎时期的房屋非常不同。黑色梁柱和白色灰泥墙作为都铎建筑风格的典型要素其实是19世纪的发明。在16世纪，梁柱通常是隐藏在灰泥下面的，灰泥一般为浅黄色而不是白色。当梁柱偶尔暴露在外时，上面从不涂漆，而是任凭风吹雨淋，木头渐渐变成银灰色，仅比灰泥墙的颜色稍暗一点。在19世纪，黑白分明的外观成为都铎风格的标志，有些人甚至把幸存的16世纪建筑物上的梁柱找出来，涂上黑漆，"修复"[10]为假想的原始状态。19、20世纪的一些照片显示了这类建筑物在"修复"前后的对比（图16、图17），从中可以看到伦敦罕见的16世纪幸存建筑的模样。

都铎式迅速被确立为乡村上层阶级房屋的历史风格选择，但其他历史风格也对英国人的理想家园产生了显著影响。"乡墅风格"（cottage style）是一个概念有点模糊、宽泛的术语，它来自浪漫主义对美好自然风光的憧憬。浪漫主义倾向于将家居生活等同于淳朴的田园牧歌，并表达一种遁世态度，包括逃避工业、商业和城市。于是在建筑方面产生了"乡墅"风格，虽然它跟"村舍"是同一个词，却不是指劳动阶级住的简陋单间小屋，而是大大美化了的仿乡村风格住宅，建造在城市的郊区，配置了所有的现代化设备，面积也比较大，足以适应19世纪中产阶级家庭的需要。这些建筑的外观具有不规则和不对称的特征，取代了古典主义的对称与平衡；它暴露出木梁，将木板镶在墙壁外面；并且用老式的小格玻璃窗取代现代的推拉窗。正如都铎式是通过黑白鲜明的外观来展现，乡墅的概念也是通过一些装饰元素传达的，而不是来自于整体设计。乡墅里的私人区域——卧室和书房，常采用低矮的天花板，以营造一种闭合的氛围。当人们描述一幢乡墅时，多采用表示"小"和"赞许"的形容词：简朴低调的，小而舒适的，温暖惬意的，等等。

安妮女王式（Queen Anne style）建筑同时也在英国的乡镇和城市流行，由于它十分普通，比比皆是，即使在今天，英国人通常也不认为它是一种独特的历史风格。从表面上看，它似乎同乡村风格没有联系，内在的原动力其实是相同的，因而也融合了浪漫主义风景画的一系列不对称的特征，以及各种稀奇古怪的点缀：飞檐、前廊、装饰瓷砖、形状奇特的窗户（尤其是海湾窗或凸窗），加之采用红砖类质地粗糙的建筑材料。总的目的是造成鲜明的个性印象。[①]

[①] 令人困惑的是，这种19世纪的建筑风格同安妮女王（1702—1714年在位）没有多少关系。据说，安妮女王风格的早期建筑师们是从17世纪的红砖乡舍获得了灵感。这些房子中很多是在安妮统治期之前建造的。

在美国，人们改造和发展了安妮女王式和乡墅风格的要素，创造出一种新的历史风格，它是纯美国化的，被称为"殖民地式"（colonial style）。1876年，在费城的世纪展览会（Centennial Exhibition）上，参展者重建了殖民地初期的建筑模型——一位清教徒的房子，里面陈列着一些据说是首批英国移民使用过的物品。当时一家杂志刊登的图片显示了部分内容：炉灶上放着炖锅，一个女人坐在一旁纺纱。然而，参观者们看到的并不是17世纪的现实。任何清教徒都不会认为这种房子是他们的家，当时的单间房简陋而狭小，床铺、工具、烹饪用具和储藏品全都堆积在一起，基本上没有家具。同时展出的所谓19世纪的"殖民地式"房屋，也会令早期殖民者感到莫名其妙：粉刷的外墙和整洁的院落对他们来说是完全陌生的。直到举办世纪展览会的时候，北美殖民地的简陋小屋仍然很少值得粉刷。相反，随着风吹日晒，木板条外墙逐渐变得色泽黯淡、脏污不堪。在城市之外，住宅的院子是没有篱笆的，也不种植草皮和花卉，而是堆放着大量废弃杂物。19世纪初，纽约第一次出现了画砖房，即在房屋正面的外墙上画出砖的图案。图案不是白色的，而是鲜红、明黄或淡灰的，有的还描画出了砌砖灰浆缝的白色轮廓。很多人看后感觉宛若走进了一座玩具房子城。在接下来的几十年里，哈得逊河（Hudson River）沿岸繁荣社区的房屋逐渐都被粉刷了，最常见的是白色。当然这只是上层阶级的一种做法，直到19世纪40年代，白色铅漆变得廉价易得，粉刷房屋才逐渐普及社会其他阶层。大约在同一时期，费城北部出现了第一座带栅栏的庭院。从19世纪70年代开始，如今被视为传统的殖民地风格广泛传播开来。它的主要特征是，两层楼，白色外墙，油漆的百叶窗，前廊，中央门和坡屋顶，前院围着整齐的栅栏。令人惊讶的是，它跟最初美国人自诩继承的"希腊式"竟然没有多少联系。简而言之，它就是"美国"。[11]

因此，维多利亚时代英国的典型住宅是"都铎式"；美国的代表性住宅是"殖民地式"；在荷兰，则是"老荷兰式"（Oud Hollandsch），其特色是依照荷兰黄金时期的艺术风格来做室内装潢。费城的世纪展览会通过陈列"真品"来推崇这种风格，在19世纪下半叶，很多展览会都采用过这种方式。1876年，阿姆斯特丹的一个建筑广告标榜说"古色古香的阿姆斯特丹家居将令您耳目一新"，尽管事实上它是建筑师新近设计的。另一个广告推销"肯曼尔·范·扬·斯汀"[12]家居，室内装饰仿照扬·斯汀的绘画。虽然扬·斯汀来自荷兰中部的城市化地区，但画中的室内装饰其实是北方农业地区弗里斯兰（Friesland）的传统风格。此外，参展商还在这些所谓的农舍里陈放了城市家庭的一些用品，如代尔夫特陶砖、铜锅，以及观众通过绘画而熟悉的17世纪的其他用具。其目的不是要建立一个精确的历史影像（讲求逼真的观念当时尚不普及），而是要展现代表旧时代精髓的东西。正如人们将19世纪的都铎式认作16世纪的都铎风格，19世纪的"老荷兰式"也被20世纪的人误读为16世纪荷兰黄金时期的艺术现实，至今仍是如此。

相比之下，在19世纪早期，德国及斯堪的纳维亚大部分地区的人们已开始欣赏一种简洁、轻快的装饰风格，它采用浅色木料和色调中和、图案优雅的织物，后被命名为毕德迈尔风格（Biedermeier）①，尽管当时并不这么称呼。"老德国"（Altdeutsch）

---

① 如同许多艺术术语，"毕德迈尔风格"最初是一个蔑语，来自报纸上的一个虚构角色：Gottlieb Biedermaier。这是一个混合名字（"biedermanns abendgemutlichkeit"和"Bummelmaiers Klage"），取自约瑟夫·冯·谢菲尔（Joseph von Scheffel）的两首诗（《Biedermann的舒适夜晚》和《Bummelmaier的挽歌》）。它是一幅自我满足的中产者的讽刺肖像。因而，用Biedermeier这个词来描述室内装饰试图表达一种对资产阶级的谴责。

是在 1871 年德国统一之后诞生的一种新的传统风格。[13] "老德国"建筑的外部有阶梯式山墙和涡旋形装饰,室内摆放巨大的家具,镶嵌彩色玻璃窗,悬挂美人鱼状的吊灯,营造出幽暗的氛围,复归 16 世纪之古风。幸存的"老德国"家用实物十分罕见,但可以在丢勒(Albrecht Dürer)的版画里看到,并因此被融入现代室内装饰,如同荷兰人铺在桌上的毯子。其他受欢迎且源于德国历史的古董包括盔甲服(纽伦堡的一家公司曾制作纸型版本供家居摆设)、一种木制扶手椅(Lutherstuhl),以及最引人注目的瓷砖灶(Kachelofen),灶台旁有时摆上一把高脚椅,供人坐着独饮,戏称为"生闷气的角落"。如同荷兰人的住宅常用代尔夫特瓷砖进行装饰,"老德国"式的房子里通常摆设兼具"古旧"和"本乡"情调的物品:石制器皿、皮革制品、刺绣或蕴含农家意趣的编织物件等。

尽管借用了古朴的要素,或者恰恰是由于具备这种情调,"老德国"实际上是城市高级资产阶级青睐的风格。此前有一种称为"老阿尔卑斯"(Old Alpine)[14] 或"巴伐利亚"(Bavarian)的风格,首先在德国内外的旅游胜地受到欢迎,适于那些不追求复杂和高档的物质享受,而想寻找失落家园的人们。"老阿尔卑斯"恰如美国的小木屋和英国的乡墅,是一种简朴生活的象征,因而迅速传播到社会各个阶层,从乡村小屋到乡间豪宅。很多没有全盘接受这种风格的人亦吸收了它的某些特色,例如八字腿的木椅(brettstuhl)和带纹理的松木墙。这些特征也出现在公共空间,如啤酒屋。德国的"老阿尔卑斯啤酒屋"即类似于英国的带都铎式梁柱的酒吧。到了 19 世纪末,慕尼黑的中产阶级家庭住宅融合了"老阿尔卑斯"的装饰图案和现代的舒适与技术,原始的爱国动机几乎消失不见了。正如"殖民地式"在美国成为无可争议的理想家居,德国城市里的"老德国"被公认为温馨家居的代表,它给居住者带来的舒适感既是物质的，也是心境的。

无论是都铎式梁柱、丢勒版画中的吊灯还是白漆墙面，都被纳入了历史现实。对传统风格的借鉴和改造之风普遍而持久。20世纪初在伦敦北郊的新建房屋里，只要额外支付一笔钱，就可以添加古朴乡舍情调的装饰，包括仿乡村式雕花木屏风、木制壁炉、地板砖和铅条格窗，等等。2013年，英国的一家木材公司承诺"建造地道的'新英格兰'房屋，采用鳕鱼角（Cape Cod）式外墙"，并提供了荷兰一家会计师事务所的样板屋照片。都铎式和殖民地式不再是固定于某个历史时期的或某些地区的建筑，而是成为家园的理想化身。[15]

这类风格的流行还反映了一个重要的变化，即房子的面积或时尚性不再必然是家庭美德的指标。现在的小宅子、木屋或乡间别墅均可通过选用传统的符号来体现爱国情操，创新的家具和工艺技术反而会令人感到不舒服。1852年，美国的一名建筑评论家谴责农村的一些住宅放弃了旧式壁炉。"一座乡舍看上去应当是热情好客的，让人感到宾至如归……而室内最宽敞、最令人愉悦的地方就是柴火熊熊的壁炉边。"他警告说，采用新式炉子或许节能高效，能产生更多的热量，但随之而来的是家居的温馨氛围消失不见了。另一本书提醒人们，不要用软垫椅子取代"古朴的硬木条凳"，因为后者"更显得有身份"。[16]这些专家认为（也许居民自己不这么想），在某种程度上，壁炉的赏心悦目比取暖功能更为重要。同样的道理，粗犷的家具能够唤起坚韧的开拓精神，"坚硬的家常条凳"可给人们带来象征性的心灵慰藉，就这一点来说，它们优于坐着舒适的软垫家具。这种看法在"家园国度"里很普遍。当工业革命把世界搞得天翻地覆、面目全非，回归"过去"（快乐日子的通用潜台词）的渴望便油然而生了。因而，人们普遍地开始欣赏荷兰黄金时期的绘画，这不是一种巧合。这些艺术作品清晰地展现了前工业化时期的风土人情，它们如今已遥不可及、永不复返了。

技术和社会进步总是不免同怀旧心态产生冲突。怀旧者由此得出的必然结论是，美好的时光永远是已逝的时光。1851 年，在伦敦举办的世界博览会上，参观者目睹了工业和科技取得的巨大进步，未来的愿景令他们欢欣鼓舞；然而，成功的展览也导致了另一种结果，促使其他许多人做出相反的抉择——拥抱过去所谓的简约和朴素。在美国，恐怖的内战结束之后，人们更加渴望回归简单和俭朴的生活。建筑商提供的模型房间可反映出这种趋势，如殖民地时代的"新英格兰厨房"，或是采取更为具象的仿古手段——依照本杰明·富兰克林（Benjamin Franklin）1706 年出生的房子复制的模型。在模型房子里，志愿者们身穿古典服装站在古色古香的家具旁；四处摆放着文化遗产的象征物：一只摇篮、高木匣里的落地摆钟（或称祖父时钟），还有一辆纺车。1876 年在费城举行的世纪展中，一间"殖民地厨房"里有纺车、摇篮和老式高背靠椅，还陈列着特定历史人物曾拥有的家具，具体来说是一张书桌，据认为是约翰·奥尔登（John Alden）的财产[1]。奥尔登先生是普利茅斯殖民地最早的居民之一。在屋子里摆一辆技术过时的纺车，在橱架上陈放灯笼、烛台和油灯等，都是用来展现"快乐旧时光"的便捷手法，这一点生动地体现在约翰·弗雷德里克·皮托（John Frederick Peto）的画作《往日的灯光》（*Lights of Other Days*）中。[17]

在整个历史过程中，人们自然而然地接受了这样一个观点：建筑物常常随着时间的推移而被改造，增添房间，甚或增修一翼，

---

[1] 同过去建立一个有形联系的心理需求仍未消失，无论是真实的或想象的。位于马萨诸塞州普利茅斯的朝圣者博物馆展示了一把椅子，据称是有人乘"五月花号"带到美国的。然而，专家对木料进行分析的结果表明它是在美国当地制作的。

并修改其用途和装饰。在 19 世纪，人们第一次开始思考建筑物的"真实性"，试图剥除后来添加的成分，让建筑回归它的原始状态。当工业化被认为是在创造一个新世界之时，很多人竭力恪守旧的观念。譬如，他们认为给詹姆斯一世风格的房子加上一个佐治亚风格的侧翼，不是有机的延伸，而是完全错误的败笔。有些人，特别是在浪漫主义思潮盛行的地区，竟至于主张任凭所有的旧建筑自然地朽坏，并最终化为废墟：任何改造的企图，甚至修葺，都是对历史的干预。

到了 19 世纪 70 年代，人们对"剥除后来添加的成分，恢复建筑的更真实原貌"的热情无比高涨，以至于联合起来成立了"古建筑保护协会"（Society for the Protection of Ancient Buildings），其宗旨是抵制"由于过度热衷于恢复原貌而导致的伪造"。创始人威廉·莫里斯的家人给这个组织取了个十分形象的绰号："抗刮"协会。莫里斯坚决反对大规模复原古建筑的做法，因为它往往意味着鲁莽地"消除建筑最有趣的物质特征"。他的主张是"修缮古建筑"，保存"用旧式方法创造的艺术遗产"，但禁止做进一步改造，"如此，也只有如此，才能保护我们的古建筑，并将它们的珍贵价值和教益意义传给后代"。[18] 由此可见，虽然莫里斯反对剥去历史的层层旧衣，但他还是不免陷入了怀旧情怀的传统陷阱。他以自己生活的年代（19 世纪）为界，将以往添加的建筑要素均划归为需要保护的历史，而认为现时的或将来添加的任何东西都是可憎的。

当莫里斯吁请保护英国的建筑古迹之时，奥脱尔·赫赛里乌斯（Artur Hazelius）已在致力于保存瑞典日常生活的物质文化。他是一位民俗学家和语言改革者，创办了诺的斯卡博物馆（Nordiska Museet），或称北欧博物馆，专门收藏该民族的农舍家具、儿童玩具、日常生活用品和服饰等。到了 19 世纪 80 年代，他更加雄心勃勃。1891年,他建造的斯堪森(Skansen)博物馆开放了,它是世界上第一座露天博物馆,坐落在斯德哥尔摩的王室狩猎场岛(Djurgarden)。该博物馆不是简单地收藏椅子、水壶和服饰之类的物品,还收藏了一些整体建筑。它一共收集了来自瑞典各地的150个农场和农舍(有一个来自挪威)及其室内物品,记录和保留了已经消失的或正在消失的瑞典生活方式和文化。

此刻,在工业化时代的许多"家园国度"里,人们除了自觉地保留古旧建筑的风格之外,也普遍地意识到保存住宅遗产的必要性。最初成立的房屋保护组织着重保存伟人故居,对普通民宅不大关注。1850年,哈斯布鲁克府(Hasbrouck House)向公众开放,它曾经是乔治·华盛顿(George Washington)的总部,坐落在纽约州哈得逊河畔的纽堡市(Newburgh)。随后,其他属于历代总统或重要人物的宅邸,以及同美国革命和内战有关的建筑物也开始受到保护。保存这些建筑的目的是记录三维的历史画面。1929年,亨利·福特(Henry Ford)着手大规模地保存历史建筑。他几乎完全采用工业化的手段,搜集了83座具有历史意义的房屋,将它们从原址迁移到密歇根州的绿野村(Greenfield Village),紧邻亨利·福特博物馆(Henry Ford Museum)。游客在绿野村里漫步,沿途可以看到美国许多历史伟人的足迹:在一座房子里,诺亚·韦伯斯特(Noah Webster)编撰了《美国英语大词典》(*An American Dictionary of the English Language*);另一座房子曾是托马斯·爱迪生(Thomas Edison)工厂的车间;不远处是一座法院,亚伯拉罕·林肯(Abraham Lincoln)作为一名律师曾经在里面工作,等等,不胜枚举。

不过,在赫赛里乌斯的博物馆里,占主导的不是类似福特搜集的伟人故居,而是平民住宅,这反映了当时社会上弥漫的一种情绪——蒸汽火车滚滚驶来，碾压了过去的一切，令人们感到不安，渴望返璞归真。尤其是在德国，城市中产阶级喜欢探究并收集旧时乡村生活的文化要素，作为消除城市恐惧的一种心理疗法。精神家园（Heimat）博物馆的组织者采用新兴艺术史学科的方法来区分、归类和鉴别有关家庭生活的浩瀚史料。[19] 1889年，德国的民族服饰和工艺品博物馆（The Museum fur deutsche Volkstrachten und Erzeugnisse des Hausgewerbes，现为欧洲文化博物馆的一部分）在柏林开放，旨在展示与住宅及其居民相关的一切——家具和陈设、服饰、食物和厨房用具，以及艺术品、手工艺品和各种工匠技艺。从英国国民信托会（Britain's National Trust）保护的历史遗产可看到同样的趋势。该机构最初建立了一个景观保护区，然后在1896年搜集了第一座建筑，它不是恢宏的官邸，而是14世纪一幢普通农户的住宅。由商业和其他机构维护和保留的历史和文化遗产，营造出一种"思古之幽情"的氛围，成为人们怀旧和寄托乡愁的所在。

　　小房子也值得展示——这个观点已被普遍接受，但"如何展示"仍是一个难题。博物馆通常从实际操作的角度做出选择，而较少考虑什么是精确的或"合适的"。由于历史是纷繁庞杂和多个层面的，博物馆往往需要摈弃其中粗鲁和野蛮的部分，选择展示比较文明和高雅的遗产。早期某个精神家园博物馆展出了一座房子，标明为德国北弗里斯兰（Friesland）农舍的复制品，但又补充说明，无法精确复制，"因为这类房子不符合展览的目的"。19—21世纪，美国的展览会组织者一直很难接受殖民地时代的一室多用的小房子，结果他们凭空想象出一些空间，譬如妇女生孩子的"产房"。"产房"顶多十几个月才使用一次，可是在他们看来，它的存在竟比单居室的房屋更容易理解和接受。

　　不符合历史真实的展览不仅是19世纪存在的现象。当今在有些情况下，近乎狂热地追求真实性的做法反而自相矛盾地导致不真实的结果，威廉·莫里斯举办的年代房屋展览即是一例。他小心谨慎地注明了每件展品的具体来源和使用日期，然而事实上，住宅里的物品往往是多年积聚的，已持续使用了几十年甚至上百年。自从16世纪开辟贸易通道以来，房屋里的商品不完全是在当地生产的，它们可能来自世界的各个角落。即便房子及其家具用品都是本真原物，博物馆的陈列方式也不一定符合原始放置。很多博物馆从不同渠道和地点搜集家具和物品，将它们集中在一起，讲述一个故事或表达一个主题，包括历史的、民俗的或装饰艺术的。英国国民信托会的做法是，室内陈列的家具和装饰物不一定取自展出的房屋本身，而是从收藏中心挑选出来。在决定陈列位置时，首先关注展示效果，其次考虑不妨碍游客通行或不违反消防法规。因而，陈列品往往被摆放在最易观赏的位置，而不是最有可能符合史实的位置。20世纪初，一批早期的室内装饰家（其中最著名的是几位美国人）创造了英国乡间宅第风格（country-house style）[20]，将18世纪上流社会的室内装饰融入20世纪中产阶级的生活需求。这种风格影响深远，流传甚广，到20世纪结束时，它已被视为历史家居的正宗代表。不符合这种风格的房屋和陈设均被斥为不符合历史的真实。

  考证和确认历史古董的真实性确实是一个难题，即使是最严谨的现代学术研究也未能彻底解决。以维也纳应用艺术博物馆（Museum fur angewandte Kunst Wien）为例，20世纪90年代，该馆展示了建筑师玛格丽特·舒特-利豪斯基（Margarete Schütte-Lihotzky, 1897—2000）复制的著名法兰克福厨房[21]（详见第七章）。她注明这间厨房是一件复制品，但对具体复制的是哪个厨房语焉不详。20世纪20年代的法兰克福厨房从理论上说是大批生产的，但实际上往往是手工制作，每个厨房略有差异；之后，在几十年的使用过程中，主人根据自己的需求和爱好可能又会做一些添加和改造。因此，假如博物馆原封不动地从某个公寓里搬来一间法兰克福厨房的话，其展示效果将与人们的直觉相反，它不会是符合历史原样的，而是随着时间的流逝被使用者改造过的一间厨房。

在 20 世纪美国保留的一些历史遗迹中，人工设计的痕迹最为明显，但必须承认，这些人工仿造的古村镇也是最受旅游者欢迎的。马萨诸塞州的普利茅斯庄园（Plimoth Plantation，请注意它古色古香的拼写①）建于 1947 年，试图重现最早的普利茅斯居民区。殖民地风格的威廉斯堡（Colonial Williamsburg）[22]是约翰·D. 洛克菲勒（John D. Rockefeller）在 1926 年出资建造的，它复制了 18 世纪 70 年代弗吉尼亚州府的风貌。正如我们所知，普利茅斯的原始房屋无一幸存，而威廉斯堡有少数美国革命前的建筑幸存了下来，洛克菲勒去掉所有在 1776 年后添加的成分，并重建了大量早期建筑。然而，最突出的一些亮点同那个时期典型的普通房屋有很大的差异，包括州议会大厦、总督府和威廉·玛丽学院（College of William & Mary）里的初期建筑（始于 18 世纪 20 年代）。因而，威廉斯堡给人造成的总体印象比 18 世纪的真实图景要恢宏得多。设计者试图展现当时依赖奴隶劳动的历史，但它保留的和让参观者看到的却是一幅典雅、喜悦和明媚的画面，丝毫没有贫困和悲惨的阴影。它所展示的是占人口 1% 的顶层精英的宅邸，古雅清静，一尘不染，仿佛它们即可代表当时的全部现实。

"怀旧"一词是 17 世纪发明的，其定义是一种生理疾病。[23]

---

① 现代的拼写为"Plymouth"。——译者注

当时为外国雇佣的瑞士士兵特别容易罹患这种怀旧症。[①] 对此医生建议采用鸦片和水蛭疗法，造访阿尔卑斯山也是一种减轻症状的途径。之后，伴随19世纪初浪漫主义运动的到来，这种生理疾病被重新定义为一种精神症状，标志一个人的神经过于敏感。一位情感史学家称怀旧者是在"同过去谈情说爱"。随着工业化的普及，人们将"过去"想象为一种节奏缓慢、宁静祥和的乡村图景：社区纽带牢固，人际关系紧密，生活闲暇安逸；与新出现的、断裂的城市生活方式形成鲜明对照。怀旧不再是渴望一个失落的地方，而是一个失去的时代——怀旧者的纯真童年，或从更广的意义上说，社会的美好童年，一个想象中的过去。

而这种"过去的时光"往往以住宅和家庭为中心，无论是真实的或想象的。有人在20世纪50年代做过一项调查，请一万多个美国家庭描述他们对未来生活的期冀。大多数答案包括眷念想象中的传统生活，最普遍的愿望是拥有一座鳕鱼角风格的房子。[②] 同时，大多数人也承认，鳕鱼角式的房子并不很实用：面积太小，布局不适宜家庭生活，甚至也不适于采用现代科学技术。[24] 这个调查结果清楚地表明，受访者所渴望的主要是同这种风格相联系的情感寄托。在19世纪，都铎式建筑、荷兰黄金时期的艺术或丢勒的创作唤起了人们对理想温馨家园的情感共鸣；在20世纪，传统的装饰图案同报刊展耀的今昔名人家居场景互相交织，令人们获得了对"旧日时光"的先入之见。

在上述因素的共同作用下，美国出现了一种或许是最符合世外

---

① 输出雇佣军是瑞士历史上一个主要的出口行业。现今梵蒂冈的瑞士卫队是其最后的遗迹。
② 今天鳕鱼角建筑风格的主要特征是，对称的结构，一层或一层半楼，坡形屋顶和一个中央烟囱。

桃源理想的住宅——圆木屋。它牢牢地植根在民族意识之中，同爱国主义情愫密不可分。詹姆斯镇（Jamestown）是英国人在美洲建立的第一个永久性定居点，1857年，人们在"建造第一座木屋的原址"举行了建镇250周年庆典。[25]事实上，詹姆斯镇的1607位奠基者建造永久性房屋采用的是在英国学到的方法，用的是"坚固的木板"，即锯开的板料，而不是圆木。"圆木屋"这个词第一次使用的记录只能追溯到1750年。

圆木屋是瑞典的一种传统住宅风格，由来自瑞典的移民带到了新大陆。自1655年始，这些瑞典人（其中许多人来自现今的芬兰一带）定居在特拉华州和马里兰州周边的沿海地区。在这里首次出现了当代人所称的圆木屋。1662年的一个法庭记录里提到四年前存在的一座"木房子"。①1679年，一个荷兰人在今天新泽西州的一个地方建了一座房子，"按照瑞典的模式……没有附加任何其他材料，就是把砍倒的树干从中间劈开……摆放成正方形，一根接一根地垒起来"。这种"木房子"，后来称为圆木屋，显然是瑞典移民聚居区的特色。[26]

其中一个瑞典移民聚居区地处后来的宾夕法尼亚州，当英国人威廉·佩恩（William Penn）在1682年来到这里时，该地区已有许多小木屋了。佩恩及其同伴认为它是一种土著风格，开始模仿。

---

① 圆木屋（log cabin）和木房子（log house）这两个词可互换使用，尽管在19世纪人们有时特意将两者区分开来。一般来说，主要区别在于是采用未经砍削的木料，还是采用砍削过的木料。圆木屋是用未经砍削加工的树干搭建的，在树干之间填充苔藓和草，然后抹上灰泥。它没有窗户和烟囱，烟气从屋顶上的洞口散出。木房子则是用砍削加工过的木料搭建的，木料之间填充石块，然后涂上灰泥；它有玻璃窗、烟囱和木瓦屋顶。后来的很多房子有烟囱和窗户，但因为是用树干盖的，仍称为圆木屋。有时是根据房子的大小来选择称呼，圆木屋一般只有一层，顶多有两个房间，或加一个未装修的阁楼；假如有较多的房间或有装修好的二层楼，那就称为木房子了。这些说明这两种名称是灵活变化的。

18、19世纪时,苏格兰和爱尔兰移民在向南部和西部迁徙的过程中见到了这种房子,也开始仿造。宾夕法尼亚还有不少来自摩拉维亚(Moravia)、德国黑森林(Black Forest)和瑞士阿尔卑斯山地区以及波西米亚(Bohemia)的移民,这种木房子令他们联想起自己的故乡,感觉非常熟悉和亲切。(如今宾夕法尼亚的"荷兰式建筑"[①]常指那些最富有家庭的石头房子。这是又一例证:幸存下来的大宅邸令人们忽略了历史上普遍存在却早已消失的小房屋。)18世纪初,来自德国的一批新移民定居在哈得逊和莫霍克河谷(Hudson and Mohawk valleys),这第二拨移民将德国的建筑要素嫁接在早期的瑞典风格之中。第三拨有造木屋传统的移民又是挪威人,定居在中西部,主要聚集在明尼苏达州。他们在强化木屋模式的基础之上又增添了不少变化。[27]

在新大陆的各类房屋中,圆木屋属于临时和过渡性住房。一些贫穷的拓疆者买不起现成的建筑材料,就直接用在林子里开辟耕地时砍倒的树来搭建木棚,连钉子也很少用,因为当时钉子是一种稀缺商品。他们所期盼的是,一旦在新开垦的土地上收获的作物售出,有了足够的钱,就把圆木屋拆掉,用木板材来建造长久的住房。西部拓疆传奇小说作家詹姆斯·费尼莫·库珀(James Fenimore Cooper)曾说,当石头房子取代了圆木小屋,定居点就成为永久性的了。

正是在19世纪40年代——怀旧风格在"家园国度"流行的鼎盛时期,圆木屋的神话地位确立了。1840年威廉·亨利·哈里森(William Henry Harrison)竞选总统时,对手嘲笑哈里森住在一

---

① "宾夕法尼亚的荷兰人"最初来自德国,他们使用的德语方言演变成"宾夕法尼亚荷兰语",他们所发展的区域建筑风格也被称为"宾夕法尼亚荷兰式"。

个圆木屋里，以贬低他的所谓卑微出身。机智的哈里森反过来利用对手的攻击来体现自己扎根于人民。他的支持者打的旗帜上印着拓疆者生活的标志物：圆木屋、耕犁、独木舟等，游行队伍里还夹着圆木屋形状的彩车。宪法律师和政治家丹尼尔·韦伯斯特（Daniel Webster）以同样的方式支持哈里森："我本人不是出生在圆木屋里，但我的哥哥和姐姐都是……那是独立战争结束时我父亲在新罕布什尔州的垦荒地建造的……在冰雪覆盖的新英格兰，在那座简陋的小屋里，父亲通过诚实的劳动，奋力为孩子们争取更好的教育机会，从而可以拥有一个更加光明的未来。"这段话概括了美国精神的全部内涵：拓疆者，新英格兰的自给自足精神，独立战争，社会阶层流动和上升的机会，当然，缺不了圆木屋。（事实上，哈里森的童年生活并不是像批评者蔑斥的那么贫穷。他出生在弗吉尼亚州的一座大宅邸里，唯一跟圆木屋有联系的生活细节是，他在俄亥俄州买了一座小木屋，最初只有一居室，但后来进行了大规模的扩建，最终达到 16 个房间。）在哈里森竞选总统后的一年之内，圆木屋即成了一个文学符号。库珀出版了《猎鹿人》（*The Deerslayer*）一书，它是系列历史小说《皮袜子的故事》（*Leatherstocking Tales*）的第一部。主人公纳蒂·班波（Natty Bumppo）住在"一个粗糙简陋的圆木屋"里，尽管他是由特拉华（Delaware）的原住民抚养大的。该系列中的第二部《最后的莫希干人》（*The Last of the Mohicans*）最为脍炙人口。从此，圆木屋逐渐成为美国精神本色的象征：最必不可少的、本土的和简朴的。[28]

二十年后，一个地地道道在圆木屋里长大的人——亚伯拉罕·林肯从社会底层崛起，当选为美国总统。圆木屋的象征意义前所未有地提升了，成为不可改变的现实。1865 年林肯被暗杀后，圆木屋又变成"失去的伊甸园"（内战前的美国）的代表。战后，城市化和工业化席卷东海岸，人们的失意和怀旧情绪有增无减。库珀笔下的荒芜旷野或许已经消失，但童话般的圆木屋不仅幸存下来，而且广泛流行。林肯诞生的圆木屋（图 18）如今陈列在肯塔基州的历史纪念馆里，不过它是一件复制品，正如绝大多数类似的木屋，原物早在林肯成名之前就被拆除了。从最初的圆木屋拆除下来的一些木料可能被再利用，在附近另建了一座房子。但后来那座房子也被拆除了，在原地建了一座新房子，即第三座房子，它大概没有使用原来的木料。19 世纪 90 年代在这第三座房子里举办了林肯出生地展览（此时关于这座房子的一些记录也遗失了），最后才迁移到现今的林肯出生地遗址。[①] 通过这类展会，圆木屋符号渗入了 20 世纪郊区家庭的日常生活之中：1916 年，出现了"林肯积木"——圆木形状的儿童积木〔由现代主义建筑师弗兰克·劳埃德·赖特（Frank Lloyd Wright）的儿子设计，一个世纪后仍在销售〕；19 世纪 80 年代，有人在林肯的出生地创立了"圆木屋"牌（Log Cabin®）枫糖浆[②]，直到 20 世纪 60 年代，它的包装铁罐上一直印有圆木屋图像。（当今的挤压式包装瓶仍保留圆木形状，只是不那么清晰了。）[29]

  圆木屋同其他具备爱国主义风格的建筑有一个共同特点：物质结构并不很舒适，更大程度上是体现情感和心理上的舒适。它是家

---

① 必须指出的是，虽然国家公园对其管理的历史遗迹通常一丝不苟地标明不符史实之处，但林肯出生地历史遗址的做法有点混乱。它直截了当地承认木屋不是原始的，却保留了 20 世纪初的展牌，上面写道："亚伯拉罕·林肯出生在这座圆木屋里，预示了他后来保存联盟和解放奴隶的伟业。受惠感恩的人民建立这个纪念馆来彰显各州之间的和平、团结和兄弟关系。"
② 这一品牌是 1887 年由明尼苏达州（Minnesota）的杂货店老板帕特里克·托尔（Patrick J. Towle）创立的，旨在纪念他童年时代心目中的英雄和美国人民真正的偶像亚伯拉罕·林肯。——译者注

庭归属感的民族象征，一种共享的文化传承。至于唤起这类心绪的建筑是否由今人建造并不很重要。譬如，英国 19 世纪的乡村住宅跟 16 世纪的农舍有很大区别，它增加了室内装饰，安装了供水管道和先进的取暖设备；今天人们居住的圆木屋及其家居用品也跟清教徒时期的大不一样了。但是，人们仍然愿意相信这些乡宅和圆木屋是古典风范的代表，从中获得怀旧的慰藉。

北美早期移民生活的其他一些关键象征物——纺车和拼布被，同样笼罩着一种神秘色彩。1858 年，亨利·朗费罗（Henry Longfellow）在《迈尔斯·斯坦迪什求爱》（*The Courtship of Miles Standish*）中，描绘了一位典型的清教徒少女——普里西拉·马林斯（Priscilla Mullins），她坐在"纺车旁……粗梳羊毛纱像雪一般/堆在她的膝上，她那白嫩的双手灵巧地把毛纱送给飞旋的转轮"。事实上据考证，在殖民地早期，绝大多数人家都购买商品布料，只有约六分之一的家庭拥有纺车，更少有人工编织毛物的习惯。纺线很耗时间，生产效率又低，一架纺车纺出的毛线只够一个普通家庭的成员织袜子用。主妇们担负着各种繁重的家务，即使非常能干也腾不出时间来织布和纺线。18 世纪 60 年代，玛丽·库珀（Mary Cooper）住在长岛（Long Island）的一个农庄里，她栽种水果和蔬菜，制作酱菜和蜜饯，将多余的卖给邻居；她还腌牛肉，养蜂，酿葡萄酒，制作蜡烛、肥皂和衣服，甚至梳理亚麻，但她并不纺织。后来，情况发生了一些变化。首先是美国革命，然后是 1812 年的战争，北美居民在爱国浪潮的影响下开始抵制英国商品，自己动手纺织才成为一种家庭生产活动。此后，土布织物成为这个新生国家自给自足的代表。到了 19 世纪 20 年代，北方市民重新开始依赖工业制造的纺织品，包括进口的和本地生产的，但在南部和西部拓疆地区，自制土布延续的时间更长一些，在南方是因为存在廉价的奴隶劳动力，在西部是因为现金经济很不发达，所以自给自足是必要的。根据纽约中央公园的协作设计师弗雷德里克·劳·奥姆斯特德（Frederick Law Olmsted）的说法，在19世纪50年代，密西西比州有一半的白人穿土布衣服。[30]

大量人口依赖自制土布的现象表明，今人喜爱的古朴拼布被在19世纪前的美国家庭里罕见，只有极少数富裕家庭可能拥有。拼布被是用边角料做的，首先必须有足够的零头布；其次需要花费大量时间，将零头布"剪成小片、重新设计、组合来缝成一床新被子"[31]。英国在18世纪即采用较便宜的印度纺织品大批量生产被褥了，但美国的情况不同。在整个19世纪，除了城市里少数有现金收入的工人有能力购买商品服装，其他绝大多数人继续采用"方形裁剪法"制作衣服，以便充分利用布料。制作较时尚的服装或许能剩下较多的边角布料，但在这一时期，大多数人只有一套、顶多两套服装——分别用于日常的和"体面场合"。多少年才能凑够做一床拼布被所需要的边角布料呢？因而，拼布被并不是拓疆生活的遗迹，而是工业世界的产物。随着廉价纺织品的传播，有人抓住了新的商业机会：在英国，自19世纪开始，制造商将裁剪整幅织物后剩下的碎布打包，作为拼布被的原料出售。当然，也可以利用废布料和旧衣物，或是新旧面料的组合来缝制普通的被子，但是，直到出现了纺织工业，人们有了大量的布料，拼布被才普及开来。

至于说集体制作拼布被的活动（参与者被形象地称作"拼布工蜂"），即使不完全是神话，也是一种过度精心的诠释。制作拼布被的工作量很大，首先要将布剪裁成小块，拼接缝制起来，然后加上内衬，以及准备棉花胎——这些步骤均在家里独自进行，或是由几个家庭分工操作。只有到了最后的绗缝阶段才是集体参与、共同完成的。巨大的绗缝架撑开后占据主室的大部分空间，平常一般存放在户外的库房里，由几个家庭或社区共享。"拼布工蜂"齐上阵的目的是尽快地完成绗缝任务，从而可将框架放回原处，恢复主室的正常生活。有些当代绘画显示人们用绳子将绗缝架提升到顶棚的高度，这很可能不是一个永久的存放位置，而是为了减少对家庭生活的影响，在拼布被未完成期间采取的临时措施。集体绗缝活动常常为参与者提供餐点，有点开"派对"的意味，而且对于那些生活在人烟稀少地区的人来说，任何一种聚会都带有节日的气氛。不过，社交并不是激发集体绗缝活动的因素。有文章描述这种活动还伴有音乐和舞蹈，那往往是虚构的。住房总共只有一两个房间，绗缝架几乎占据了一间，人们在哪里跳舞呢？[32]

这些传说都属于民族起源的神话范畴。英国也有类似的神话：固定不变的乡村人口终生居住在同一个村庄，邻里关系和恩怨世代传承。现实情况并不是如此。举一个有代表性的例子，在诺丁汉郡（Nottinghamshire），一个建于17世纪的村子里超过60%的人口是在近12年内迁入的。上层阶级的流动性同样很大，大量的宅邸频繁转卖易主，诺丁汉郡的一个乡村庄园在十年之内换了三位主人。仆人的流动也十分频繁，不像人们心爱的历史小说和电视剧里描写的家臣那样忠诚不二。在同一个村子里，来自当地的26个仆人中，十年之后只剩下一人仍在那里工作，其间她也换了好几位雇主。雇用仆人的家庭中有一半每年都要换一个新仆人。[33]

然而，最有影响力和传播最广的，而且迄今仍在流行的一个神话是，在历史上的某个时期，存在着一个家庭的、家居的黄金时代。从工业革命和城市化曙光出现开始，这个神话犹如诗歌的叠句重复出现，千姿百态，不断变换形式。每当现代生活带来不安顿的因素，旧日的田园生活便成为慰藉人们的心灵鸡汤。今天的神话版本经常表达的命题是，现代家庭在走向衰落，在过去的某个时期，四世同堂的大家庭和睦地生活在一起。这种理想化的过去仿佛是一个客观事实，实际上却是人们的主观感觉。我们知道，"核心家庭"（由一对夫妇及其未婚子女组成）的生活格局在欧洲西北部已存在了五百年，甚至更长的时间。同样，谴责离婚负效应的社会评论家们担忧的是，现代家庭前所未有的破裂将导致难以预测的（但无疑是有害的）影响。对此，我们应参考一下20世纪之前的平均寿命数据。在18世纪之前，英国大约有40%的孩子丧失父母中的一个，远远超过今天受离婚影响的人口比例。（目前约有30%的婚姻以离婚告终，当然并不是所有的离婚者都有孩子。）父母的死亡导致一个家庭更为持久的破裂。在18世纪的荷兰，由大家庭的其他亲属代为抚养孩子是十分常见的现象，包括祖父母、叔叔和姨妈，或血缘关系更远的人，在很多情况下甚至都不必说明收养孩子的原因。在黑死病及后来的瘟疫爆发造成人口骤减之后，平均寿命开始有所增长，到了19世纪，工业化和城市化导致它再次下降。虽然农村社区人口的平均寿命是相当高的，但在该世纪的大部分时期，典型的家庭是"破裂的"，失去父母的孩子数量增加了。在美国南部，高达三分之二的孩子在21岁之前失去父母中的一个。[34]

1860年，伦敦《晨报纪事》(Morning Chronicle)警告读者，传统上是"大家庭温馨团聚"的圣诞节，现已受到疯狂的商业活动和流动人口的冲击。然而事实上，人口很久以来一直在流动，而将圣诞节作为家庭团聚的风俗仅有短短几十年的历史。此外，在19世纪末出现带薪假期之前，只有富人才可能享受季节性的家庭聚会。今天被认为是"传统的"其他类型的家庭聚会，包括婚姻、洗礼和葬礼，以前都属于社区活动，在住宅之外的场所举行。甚至也没有证据表明星期日上教堂是一种传统。在19世纪中叶的伦敦，所有教堂的座位加起来不够容纳一半的城市居民；即便如此，每个星期日教堂里的座位还有一半空着。1851年,有人做了一项特殊的星期日教堂人口普查,统计实际上去了教堂的人数,而不是自称去了教堂的人数。结果表明,英格兰和威尔士共有600万人去了教堂,占总人口1800万的三分之一。[35]

今天,家庭和睦的象征不是星期日去教堂,而是核心家庭的成员围坐在餐桌旁。家庭破裂现象的例证是每天有数百万人独自用餐——经常是坐在电视机的屏幕前。1992年《纽约时报》(*New York Times*)的一项调查显示,80%有孩子的受访者声称前一天全家一起吃了晚饭;尽管另有研究表明,该数字只接近30%。由此可见神话的魔力,不仅受访者期望通过全家用餐的习惯来想象或展示家庭的凝聚力,研究者也固持这种偏见,因为尽管他们承认没有前几十年的可比较数据,但仍然作出"全家一起用餐的比例在减少"的结论。假如研究人员是历史学家而不是精神科医生的话,他们便会明白,全家人围坐在餐桌旁其实是现代生活的一个画面,历史上很少有这种场景。其原因再简单不过,正如我们已经看到的,大多数家庭没有桌子或足够的椅子。[36]

为了满足每个时代的需求,家庭和家园总是在不断地演变。唯一恒久不变的是人们的信念,笃信曾经有过一个美妙的伊甸园,它也许是所有神话中最有吸引力和最令人慰藉的。

第二部分

第六章
炉灶和家

取暖和照明是家居技术的两个基本要素。在历史上的大部分时期，取暖和照明的能源都是火。火是房屋的中心，家的本质。罗曼语中没有单独表达"家"的词语，常用拉丁语"focus"（炉膛）的派生词作为"家"的同义词：focolare——家务，foyer——家庭，el hogar——家。（炉膛——"focus"在英语中的意思是"关注的中心"。）由于炉灶至关重要，没有炉灶即不能称之为家，故法律上常用"炉灶"来代表"家庭"。历史上有很多地区征收炉灶税，从拜占庭帝国、14世纪的法国到17世纪英国王政复辟时期，直到19世纪的爱尔兰。[①]这类税不是针对建筑物本身，也不是基于居民的数量，而是根据拥有多少壁炉和烟囱来征收的。教会法规中也用"炉灶"作为"家庭"的代喻，准许一些夫妇分居的裁决用语是"同桌子和炉灶分离"。在意大利的部分地区，基本的出租空间叫作camino，意为壁炉。炉灶甚至可以体现公民权，英格兰和爱尔兰都

---

① 1662年英国征收炉灶税是为了支付重新恢复君主制的开支。该税法许可向"每个人的房子征税，进入民宅任意搜查"，几乎是对人身安全的侵犯。因而激起民愤，引发了暴乱。

有所谓 potwalloper（户主选举人）选区。"potwalloper" 有"锅在火上炖"的意思，顾名思义，凡是家中有炉灶的人就有投票资格。[1]

炉灶的核心意义也生动地体现在俗话和谚语中，比喻聚在它周围的家庭生活："自家灶屋值万金"，"老婆孩子热炕头"。威廉·科贝特主张让仆人使用单独的炉灶。他认为，家庭和炉灶的关系如同合法的婚姻，因而让仆人使用主人家的炉灶是"彻头彻尾的重婚罪"。[2]

在整个中世纪及后来的一段时间里，炉灶不仅是比喻意义上的中心，而且确实如此：当堂屋是一座房子里主要的或唯一的房间时，房间的中央即是炉灶。在没有烟囱或烟道的房屋中，烟气自然上升，从没有天花板的屋顶房椽飘出，或是通过烟孔和百叶窗散出。巧妙设计的门窗位置也有助于空气流动。炊烟远不令人讨厌，而是有实用价值的东西，将肉类、奶酪、水果和谷物挂在房椽上，让上升的烟气熏燎，可防止食物腐败。如果屋顶是茅草盖的，烟气熏蒸可起到消毒和杀虫的作用。昼夜晨昏，日复一日，人们的所有活动都围着炉灶发生：工作、娱乐、烹饪、用餐和入寝。

世上第一座烟囱出现的时间尚未有考证。我们知道，最早的壁炉可能出现于 1227 年，修造在威尼斯一座建筑的侧墙里；也有人认为最早可追溯到 9 世纪，据瑞士圣高尔（Saint Gall）修道院的记录，当时在修道院的墙上建造了一个类似壁炉的设施。[3] 无论壁炉是何时出现的，这种新方法首次把火从房间的中央转移到了房间的边沿。到了 13 世纪，法国的一些大家宅邸建了完整的二层楼，明火灶的烟气不可能从屋顶散出，于是便修造了烟囱。在同一个世纪，英王亨利三世的私人卧室里建造了壁炉，但这一做法是王室的新奇享受，鲜为人知。在整个 14—15 世纪，普通房屋仍是采用堂屋和中央炉灶的结构。

15 世纪末至 16 世纪初，王朝争斗导致的玫瑰战争（Wars of the

Roses）结束，亨利七世即位及都铎王朝的建立带来了政治上的稳定，贵族们不再需要让士兵驻扎在厅堂里来保卫他们的土地了，英国宅邸里厅堂的功能开始发生变化，从而改变了建筑结构。财富和地位不再仅仅通过雇用多少人来衡量，在厅堂里展示奢侈品可以收到同样的效果。在16世纪中叶，不仅厅堂的功能改变了，其布局也发生变化，中央炉灶移到了房间的一侧。此时烟气通道尚未嵌入墙壁，而是修一条烟管，连接炉子上方吊着的巨大烟罩，收拢并引导烟气上升。① 在随后的半个世纪中，新建的大宅第，甚至许多小住宅，逐渐将取暖系统改建在墙壁内部，让烟气通过烟道散发出去，尤其是在盛行用砖作为房屋建筑材料的英格兰，砖造的烟囱成为一种标配。[4]

这反过来又鼓励了这一时期的"大重建"高潮（尽管"大重建"是直到20世纪才出现的新词）。由于房子不再受中央炉灶的物理限制，便可以建造第二层楼；门窗不需要作为烟的释放口，便增大了面积，可安装在新的位置，并更多地采用玻璃；南方富裕人家住宅的平均房间数从三间增加到六七间。这些变化十分醒目，人们清楚地意识到周围出现的新景观。接近16世纪末时，一些"老年人"感叹"最近竖立起来的烟囱比比皆是，我们年轻的时候顶多就见过两三个"[5]。值得注意的是，对于这些人来说，烟囱是房子的一个决定性特征。在房子的新中心，或是稍微偏离中心的位置建造烟囱是从实用角度出发的：堂屋和起居室设有单独的火炉，但可共享一个中央烟囱；同时，烟囱也迅速具有了象征性意义，成为富裕和舒适生活的标志。

---

① 图19显示的是一种后来样式的烟罩。直到20世纪，在苏格兰和爱尔兰仍可见到带烟罩或隔墙的，或建在分隔间的灶台。

进入 17 世纪后，一些不太富裕的人家也有能力加入重建的热潮，安装奢侈的新式照明和取暖设施，获得较多的隐私空间。在北美殖民地，即使最早期的一居室小屋也往往带有烟囱，因为建造者是在英国"大重建"的年代里长大的，将烟囱看作房屋不可分割的部分，不过他们采用的建材是黏土而不是砖石。然而，直到进入 18 世纪很久之后，拓疆者的取暖方式仍落后整整一个时代。房子里往往没有壁炉，甚至连火炉也没有，住户只是垒起一堆石头，在上面烧柴火，烟气从屋顶的空隙散发出去，如同延续几个世纪的老习惯。[6]

大多数"家园国度"根据当地的气候特点、燃料供应、技术和行业等条件，发明了各自的取暖方法。到了 16 世纪，北欧的许多国家已用先进和便利的封闭式炉灶取代了明火灶。封闭炉是用石头或砖建造的，后来进一步改用瓷砖。不同寻常的是，最常用的两种取暖方法——火炉和壁炉，在"家园国度"和"住宅国度"里不是均匀分布的：在英国、荷兰、意大利、法国、葡萄牙和挪威，人们青睐壁炉；在北欧、中欧和东欧的大部分地区，以及瑞士和德国，人们首选火炉；西班牙人则采用自己的独特方式——火盆。[7]

火炉通常贴近分隔两个房间的一堵墙面，周围放有长凳或卧具。在 17 世纪，铸铁成为火炉的新建材，铸铁炉广泛流传开来。新技术并不一定意味着烟气从房子里消失。相反，在中世纪房屋的厅堂里，烟气是有用处的。德国许多房屋的布局有一个特色，在厅堂里放一个无烟囱的明火灶，让浓烟飘升到楼上的一个食物储藏间，美其名曰"烟屋"（rauchkammer）。主室的取暖则通过一个封闭炉，它的热力来自隔壁的明火灶，因而这个"地位较高"的公共房间可保持无烟气污染。不过，虽然火炉比壁炉的热力高，但房子里仍然很冷。人们在木墙里填充抹灰篱笆或是涂黏土的稻草来保温。动物的体温也可增加房子的室温，故主室常常设置在马厩的隔壁。[8]

荷兰城市里新建的房子也并不比乡下的暖和多少。临街的堂屋正门大敞,没有壁炉,一些有财力的家庭可能会在内室里安装壁炉。这类壁炉从墙壁凸出来,上面有个由柱子支撑的大罩子,三面敞开。这种罩子作为壁炉的装饰,后成为地位的象征,在最富有的家庭里,它们可达 2 米高、2 米宽。虽然笼罩炉灶的器具有时很大,但火力不一定旺,甚至热度也不见得高。在荷兰大部分缺少森林的地带,取暖不得不依赖泥煤,它是一种低效燃料,需要很小心地保持通风才能燃烧。在 17 世纪,荷兰人在炉子中建造了金属炉膛——将一层层的泥煤裹在炉膛里的细圆铁柱上。然而,即使安装了这类专供取暖的炉子,无论是富人宅邸还是穷人居所,无论是最现代化的还是最简陋的,室内温度仍然很低,因此一些小型取暖用具便派上了用场。常见的有暖脚炉,它是一种镂空的金属盒,里面放着燃烧的煤块;还有一种木制的搁脚凳(zoldertjes),把脚放在上面,可避免接触冰冷的地面。①(zolder 的意思是"阁楼",指屋顶和房间之间的绝缘保温隔层。加上后缀"je",意为"小阁楼"——一个暖和的小窝。)[9]

在英国的一些木柴稀缺的地区,人们也用泥煤或动物干粪做燃料,若连这些也没有,便用灌木枝。在城市里,直到 17、18 世纪,木柴都是主要燃料,尽管交通运输的进步使煤炭变得日益普及。当 1793 年废除煤炭税时,许多人转为使用煤炭燃料。但是依照现代的标准,当时房子的室温仍然很低,大部分房间根本没有暖气。即使是在富裕阶层,"加热"似乎也是一种奢侈品,而不是必需品。在

---

① 暖脚炉艺术可以是一种执着多情的象征,有一只暖脚炉上镌刻着"女人之心爱"的词句。在绘画《读信的女人》(图 3)中,那只脱下来的鞋也鼓励另一种象征性的"赏析"(抚玩女人的纤足)。尽管有这种解读,但有充分的证据表明,当时男女都使用暖脚炉。

17世纪的剑桥郡（Cambridgeshire），价值200英镑的六居室新建住宅里只有一半的房间装有壁炉。到了该世纪末，在繁华的城市中心诺维奇，多达六居室的住宅里平均只有两个壁炉；在18世纪初，客厅（供展耀的、装潢最好的房间）里根本没有壁炉。最恢宏的宅邸里也不暖和。据报道，凡尔赛宫（Versailles）的室温之低，连国王餐桌上的酒都冻结了。穷人的家反而往往稍微暖和一点，因为房间小，窗户小、数量也少。一座有20个房间的房子或许平均有四个壁炉，而两居室的住房可能就有一个壁炉。[10]

到了19世纪，很多小康之家都采用了新式火炉，特别是在德国和美国，住宅的取暖系统非常高效。人们对坚持保留旧式壁炉感到困惑不解：它耗费燃料较多，产生的热量却显著地低。英国人尤其对壁炉恋恋不舍。来自图林根（Thuringia）的赫尔曼·穆特休斯（Hermann Muthesius）是一个小建筑承包商的儿子，本人是学建筑出身。1896年至1904年他在伦敦担任外交官，对英国人的家居状况感到十分惊愕。① 他提到，就应对气候的变化来说，英国房屋的质量很低：墙壁单薄，缺乏绝缘保暖的地下室，没有双层玻璃窗和入口门廊，门窗安装不严密。他将这一切归因于伦敦的气候温和。接着他谈到壁炉。他承认，壁炉的抽风系统非常强劲，鉴于当地气候潮湿，这是有好处的。尽管他也有点奇怪，为什么冷静的英国人能够忍受很干燥的空气。"英国人坚信壁炉具有许多长处，比其他加热方式都要优越（尤其是它的审美层次。不过必须承认，其中某些只是想象

---

① 穆特休斯（1861—1927）是《英国的房屋》（*Das englische Haus*，1904）一书的作者，他同参与"工艺美术运动"的许多建筑师关系密切，其作品影响深远。重要的一点是，该书的标题关于"英国人"的房子，实际内容却是关于"英国富人"的房子。譬如书中说"当今英国厨房里没有煤气灶是不可想象的"，这暴露出作者无意识的偏见，因为在他写这本书的时候，在所有使用煤气的家庭中仅33%有煤气灶，直到20世纪30年代，40%的工人阶级住房仍然没有煤气灯或煤气灶。

的）",从而忽视了新型炉灶的高效和价值。到了19世纪70年代,中央热水暖气系统被广泛用于温室大棚,以及一些不宜使用明火灶的公共建筑,如教堂大殿和市政建筑,但煤的廉价易得意味着私人家庭很少考虑改用其他加热方式。用明火取暖是英国的图腾,"一战"中流行的一首爱国歌曲呼吁民众:"让家中的炉火一直熊熊燃烧!"直到"二战"开始时,四分之三的人口仍用烧煤来加热房子。[11]

北美殖民地的严酷冬季迫使居民在取暖问题上采取比较务实的态度。由于很多移民来自北欧国家,除壁炉之外的其他技术知识对他们来说是现成的。自19世纪40年代,铸铁炉是标准的加热装置,最初流行的是一种"富兰克林炉",四周有金属沿,炉口开在前面。后来,欧洲的封闭式火炉越来越受欢迎。1815年的一幅业余水彩画描绘罗得岛一位医生家的餐厅(图25)。[12]画中有一个富兰克林炉,一位男士坐在炉旁,头戴帽子,身上穿得很厚——这究竟是说明他刚从外面进来不久(椅子边放着一双靴子),还是说明尽管有火炉,房间里仍然很冷呢?很难断定。

19世纪90年代,中央供暖系统出现在美国,但正如许多家居改进技术,直到20世纪20年代仍是富人独享的,至多扩展到那些搬进新建住宅里的中产阶级。安装中央供暖系统不是一项简单的工程。房子必须有一个地下室来安放锅炉,各种管道铺设在墙壁后面和地板下面。正像烟囱的流行重新定位了建筑物的设计,不单改变房子的布局,而且影响到居民的行为,中央供暖系统所改变的也不仅是室内的温度,还有房间的使用方式,鼓励了新的隐私观念盛行。在使用壁炉和火炉时,出于加热成本及所需劳动力的考量,家中的成员很自然地尽可能聚集在有炉子的房间里,无论他们在做什么。中央供暖系统则完全不需要增加劳动力,稍微多消耗一点燃料就可以多加热一个房间,于是便没有理由不多加热几个甚至所有的房间，不论是否有人在使用，也不论是什么时辰。因而，不再有任何经济实惠或节省劳动力的理由非要让人们聚集在一起，家庭成员的活动便开始转移、分布到不同的房间去了。[13]

美国跟许多其他国家（无论是"住宅国度"还是"家园国度"）共同分享的是对炉灶间的情感寄托、壁炉与家庭情愫的密切关系，乃至家庭生活的整体理念。19世纪60年代，一个美国人这样跟未婚妻憧憬未来的生活场景："冬天的夜晚，我们将偎依在'自家'温暖的火炉旁。生活充满欢乐，爱情日久天长。"在英国，对一个建筑要素的这种情感反射，通常只有外国人才注意得到。在19世纪末，穆特休斯写道："有关舒适的一切念想——家庭幸福、个人的内心生活和精神健康，皆围绕着壁炉这一中心。"迄今，这个中心的重要性有增无减。在19世纪中期，哥特复兴派的建筑师们汲取灵感的源泉是教堂和公共建筑，它们同家居生活没有关系，也不适宜安置壁炉。然而，这些人的家居设计经常强调炉灶的象征性功能，而不是突出其实用性。奥古斯塔斯·普金（Augustus Pugin）设计的房屋常将壁炉腔修在外墙的表面，令人想起中世纪的风格。这样做导致更多的热量散发到屋外，是很浪费燃料的，甚至比传统的壁炉更不经济。可是，它向外宣示：我的家里有一个壁炉！其象征意义的价值显然比取暖更受重视。[14]

当炉子安在墙里面成为壁炉后，炉罩和炉边围坐的区域便逐渐消失了。到了19世纪末，建筑风格复古，"工艺美术运动"①的建

---

① Arts and Crafts Movement，1880年至1920年间在装饰和美术领域的一场国际性运动，始于英国，在欧洲大陆和北美繁荣发展；20世纪20年代出现在日本（民艺运动）。它坚持简朴形式的传统技艺，并经常采用中世纪的、浪漫或装饰的民俗款式。它主张经济和社会改革，本质上是反工业化的。它对欧洲的艺术产生了深远的影响，直到20世纪30年代为现代主义所取代。之后在手工艺者、设计师和城市规划者中仍有持久的影响力。——译者注

筑师们将壁炉作为家庭情感的凝聚点。在室内,他们恢复了最早期(刚从堂屋中心移到墙内时)壁炉的一个特征——炉边两侧坐人的地方。具体做法是在壁炉的前面营造出半圈低凹地,放置椅凳,加上悬吊的大炉罩,形成温暖的围坐区。壁炉再次变成家庭生活的中心。在建筑物的外墙,设计师们[如爱德华·鲁钦斯(Edward Lutyens)]也经常将烟囱造得高大显眼,远远超出释放烟气的实际需要,确保从很远处便能看到这个象征性的标志。

其他有些人则青睐带飞檐的低矮屋顶,以期通过这种结构形式营造出一种安全和拥抱的氛围,唤起家庭情感的共鸣(图19)。然而,这些建筑师一方面采用这类醒目的建筑符号,另一方面却经常表现出忽略家庭生活的实用方面。譬如,查尔斯·沃塞(Charles Voysey)设计的房子名声不佳,它的取暖和下水系统低劣,厨房既不漂亮也不方便,基础设施往往落后数十年。这种风格的情感效应似乎以牺牲住宅的舒适为代价,追求表面上的温馨氛围优先于对房屋建筑的现实考量。[15]

同样的情感冲动把这些建筑师带回老式的窗户——用铅棱拼起来的小格玻璃窗,颠覆了三个世纪以来玻璃装配的技术进步。当然,此时安装窗户已是家常便饭,而在早先几个世纪里,门、窗和烟囱都被视为房子的薄弱点:盗贼闯进,夜寒侵袭,女巫潜入,皆有可能。人们将恐吓女巫的瓶子埋在门槛或灶台下面,把马蹄铁挂在窗口,来保护房子里的居民(伦敦有一户人家直到1790年还这么做)。从更实际的层面上说,太多的窗口也会导致中央炉灶散烟失控。在北方的气候条件下,需要在增加采光和随之而来的热量损失之间寻求一种平衡;在南方,则需要在增加采光和随之而来的温度升高之间寻求平衡。盎格鲁-撒克逊语中表达"窗户"的词语(窗孔、风门、眼门)都有尺寸微小的含义,而且它们的目的只是为了通风，或顶多类似于今天公寓门上窥视孔的用途。如"风门"，它最初是完全敞开的，没有百叶帘。即使在中世纪，窗户主要用于通风，而不是采光，"窗户"指的是除门之外房子的任何其他开口。在随后的几个世纪中，大多数的房屋建造遵循一个不言而喻的规则：每面墙壁顶多有一个开口。烟囱、门或窗，三者中只能有一个。[16]

据记载，在英国，玻璃窗最早出现于675年——诺森伯兰郡（Northumberland）贾罗（Jarrow）的教会从法国进口了玻璃，并请来法国工匠为他们安装教堂的窗户。[17]（这座修道院是不列颠群岛的第一座用石头建造的宗教建筑。）但这只是一个孤立的事件。宗教建筑较普遍地安装玻璃是12世纪的事，世俗建筑到13世纪中叶才开始效仿教堂的做法，但玻璃完全是富人住宅独有的。中下阶层房子的窗户，取决于它们所在的位置，有的采用百叶窗或木格栅；也有的用蜡纸、油纸或亚麻织物做窗罩，或是将织物浸泡在松节油里，使之变得不透明之后用来遮光。在不列颠群岛，教会继续处于玻璃窗创新的前沿：林肯大教堂在13世纪率先采用木头的窗框来镶嵌玻璃，并在百叶窗上安装了合页（之前是用钉子固定在窗框上）。在14世纪，贵族宅邸堂屋里的窗户通常在上部镶嵌玻璃，用于采光，不能打开；下部是百叶窗，用于通风。也有些窗户的功能是混合的，在固定的玻璃窗上安装几片小铅板，称为"通风口"，可以打开让空气流通、烟气散出。但在15世纪的低地国家，标准的窗户一直是将采光和通风这两种功能分开的，后来传播到欧洲西北部，做了一些修改：上部是固定的玻璃，中部是不装玻璃的百叶窗，下部是木格栅或木百叶窗，或两者兼有（见图10、图11）。

早期的玻璃是所有窗户材料中最脆弱的，遇到强风或大雨就可能破碎。因而，当有钱人要搬到另一座房子（如夏日别墅）里住上一段时，经常将这些贵重的、易碎的玻璃从窗框上卸下来，精心地包装和储存，或同其他贵重物品（如挂毯、珠宝和绘画）一起打包，装进行李。正因为如此，直到 16 世纪初，玻璃和窗户被视为分离的财产。根据法律的定义，窗框是不动产，建筑物的固有部分，而镶嵌在框架中的玻璃属于房主的动产，像其他私人财产一样，可以单独出售或遗赠他人。到了 16 世纪末，先前罕见的玻璃窗被人们迅速接受，从而产生了一条新的法律裁定："没有玻璃窗的房子是不完整的。"[18] 自此玻璃和窗框一体化，玻璃成为窗户的固定部分。之后，随着生产玻璃的成本在 19 世纪间急剧下降，伊丽莎白和詹姆斯一世时期的宫殿建筑商前所未有地大量采用玻璃材料，在某种程度上远远超出了采光的实际需要。玻璃第一次成为一种引人注目的消费品。德比郡（Derbyshire）哈德威克宫（Hardwick Hall）的建造（1590—1597）是个极端的例子，乃至于当时流传着一个顺口溜："哈德威克宫出奇阔，玻璃窗比墙还要多。"大面积使用玻璃也带来了很多问题，譬如，刺眼的光线射进室内，破坏了幽静的氛围；缺少实体墙面，给家具摆放造成困难；等等。哈德威克宫的主人什鲁斯伯里伯爵夫人（Countess of Shrewsbury）是当时显赫的贵族和最富有的女人之一，不少富裕的商人也追逐这种时尚（17 世纪时取名为"窗帘墙"）。

　　玻璃和窗框虽然一体化了，但仍是一种奢侈品，而不是必需品，即使对于殷实人家来说。许多能买得起玻璃的人并不觉得有特别的理由需要给窗户改头换面。16 世纪牛津郡（Oxfordshire）的房屋库存记录显示，贫穷的和处于平均水平的家庭中只有不到 4% 拥有玻璃窗，较富裕家庭的拥有率也不到 10%。17 世纪初期，英国中部的富裕农家通常只在堂屋里安玻璃窗，或至多每间房安一个玻璃窗。直到 17 世纪末，每个房间装三个玻璃窗才成为典型模式。[19]

长期以来，北美殖民地在这方面比欧洲落后，莫说玻璃，连窗户都是稀罕之物。在殖民地早期，窗户基本被视作房子的安全漏洞。从建筑层面上说，窗户给房子敞开了一个口，可招引原住民的潜在攻击；从情感上说，人们觉得窗户更多地将新大陆的荒蛮气息带进了家中。此外还有气候因素，大多数地方的气候条件比早期移民原籍国家的要严酷一些。无论是在北方需要保暖，还是在南方需要遮阳，百叶窗都比玻璃窗的效果好。而且，对早期移民来说，即使最基本的技术也必须进口。17世纪中叶的《移民指南》仍不忘提醒人们"带上纸张和亚麻油做窗帘"。弗吉尼亚州的弗劳尔迪·亨德勒德（Flowerdew Hundred）种植园建于1619年，它的石头房基在北美的英国移民建筑中是最早的。考古人员认为，该庄园至少有一座后建的房子是装有玻璃窗的，因为在遗址中发现了从英国进口的铅条窗栏，上面镌刻着"1693年制造"的字样（尽管没有记载它们是何时被运到殖民地的）。[20]

值得注意的是，在北美殖民地，同此前英国的情况一样，窗玻璃不是建筑的一部分，而是跟百叶窗、桌椅甚至"卧房小地毯"一起，同属于可搬移、带走的家具。旧时法律上的区分反映了人们对窗户的传统情感。在新大陆，对很多人来说，窗户既不必要也不可取。1637年，一位户主对建造商说："任何房间里的窗户都不要太大，数量也别太多。"直到1751年底，许多人仍然认为窗户是时髦和奢侈的附加物。新英格兰一位牧师的新建宅邸里安装了13扇窗户，招致了"非常尖锐的"批评。这位原本感到"骄傲的牧师"连忙表白说："那些窗户的确是过大、过多了，我深感愧疚，后悔当初修了这么多。"[21]

进入19世纪，美国的房子中有一半完全没有玻璃窗，顶多安有很小的一块玻璃片，让一点光线照进屋里。许多人家继续使用板条百叶窗，它可让清新的风吹进，可遮挡灰尘和虫子，暑天还可遮阳。1853年，来自北方发达城市的弗雷德里克·劳·奥姆斯特德看到南方一个种植园主的房子后，感到十分震惊。他描述说，这个小康之家拥有二三十个奴隶，然而，种植园主的住宅只是一座方形的小木屋，"没有窗户，连一小块（透亮光的）玻璃也没有"。[22]

奥姆斯特德是城市富裕居民的代表、窗户革新的受益者。在过去的两个世纪中，新型窗户设计改变了欧洲西北地区的大部分建筑，首先从凡尔赛宫开始。在路易十四的统治下，凡尔赛宫的建筑完成了大半，其富丽堂皇已闻名全欧。1673年，当擅长创新的瑞典建筑师尼科迪默斯·泰辛（Nicodemus Tessin）前去参观时，宫殿里的一系列大套间已经竣工了。然而，泰辛最先注意到的不是它的内部装潢，也不是设计上的宏伟壮丽，而是窗户技术的创新：成对的平开小窗扩展为落地大窗，从地板直至接近天花板。在英语中，这种落地大窗至今仍被称为"法式"窗户。泰辛无疑被深深地吸引了，他详细地记录了它的制造原理——如何打开和关闭，如何制造框架，以及尺寸和装饰细节。显然有不少人跟泰辛的品位相同，这种落地窗受到广泛推崇，到17世纪90年代，好几个贵族家庭已在巴黎的新宅邸中采用了这种奇特的设计。但是，若要将这种风格融合到旧的建筑之中，需对墙壁结构做大的改动，绝非易事。法式窗户是顶富阶层的奢侈品，而不是赐给大多数人的福音。[23]

最彻底地驯服了光线、给数以百万计的家庭真正带来光明的是英国人和荷兰人。他们在17世纪创造了一种新式推拉窗，"家园国度"迅速模拟，广泛流行。它由两个相同的窗框或称"肩带"（sashes）组成，一个套在另一个上，每个框中镶嵌双层（或多层）玻璃。它不像平开窗那样用合页向外打开，而是通过将上窗框下滑或下窗框上推,使两个窗框重叠起来,窗户便打开了一半。16世纪末在法国即有简单的滑动窗户,用木块、支杆或钉子撑开,通常用于空间有限、不适宜安装平开窗的地方,如走廊和服务区。英国式推拉窗的创新特点不是滑动元件,而是窗框内的配重和滑轮装置。当窗框升高或降低时,配重起到平衡作用,从而窗口可以固定在任何位置并保持开放。例如,可以只将上窗框打开距顶部几英寸,其水平位置高于当时的百叶窗(一般占窗框的四分之三),这样,夜里既可通风,也能保证室内安全。此外,这种新式窗户的木框比平开窗的金属框安装得更严密,从而更有效地防潮和防燥。(值得注意的是,最先安装推拉窗的地方通常是容易感到空气干燥的内室和卧房等。)[24]

可以确定诞生于1662年的第一扇推拉窗,安装在伦敦白厅(Whitehall)的一间王族私人套房里。但是,推拉窗不像凡尔赛宫里的落地窗那样长期仅作为显贵阶层的奢侈品。这种窗户具有节省空间、采光和通风良好的优点,因而极受欢迎。同时,安装推拉窗不像法式窗那样要大动干戈,可根据现有的平开窗尺寸制作,不必改变建筑结构就能替换老式窗户。17世纪70年代,英国几座大庄园主的宅邸安装了推拉窗之后,富裕家庭纷纷效仿,荷兰人也迅速地跟进。① 如同在英国,荷兰最早安装这种窗户的也是王宫[据不知疲倦的考察家尼科迪默斯·泰辛记载,1686年他在位于赫特鲁(Het Loo)的威廉三世(William Ⅲ)的宫殿里见到过],但它非常

---

① 在19世纪,荷兰人仍称推拉窗为"英式窗户",但由于两国之间的交流频繁,发明的源头逐渐变得模糊了,长期以来人们一直认为推拉窗是由荷兰人设计、在17世纪60年代查理二世王政复辟时期传到英国的。现代荷兰语简单地称之为"滑动窗户"(schuiframen)。然而,据建筑历史学家亨蒂·洛(Hentie Louw)考证,推拉窗事实上是从英国传到荷兰的。

适合荷兰独特的社会和地理环境,几乎立即就传播开来。正如我们已经看到的,荷兰是现代城市化的先驱,由于土地稀缺,普遍采用连栋式住宅,其特征是房子之间紧相毗邻,两侧没有外墙,室内空间窄而深,因而,在房子的前后安装大窗户来通风和采光变得十分重要。到了18世纪,连栋式结构连同推拉式窗户,已成为"家园国度"里许多城市的标准住宅。早在1701年初,波士顿的一个商人便在他的新家里安装了推拉窗,不过玻璃和窗框都是从英国进口的。[25] 在北美,当时没有任何工厂和工匠能够制造和安装这种窗户。

新技术增加了室内的采光量;同时,更普遍存在的照明问题亟待解决。在全欧洲,随着城市规模的扩大和建筑物增高,以及人口密度增加,街道变得越来越阴暗,陌生的行人比比皆是,因而,如何改进街道照明成为市政部门关注的一个问题。有些城市试图拓宽狭窄的中世纪街道,或是雄心勃勃地将曲折的老街古巷改造成网格模式的整齐街道,使月光能够更好地穿透夜幕、照亮社区。然而,更简单、廉价的解决方案是改善人工照明。

正如我们一次、再次地发现,低地国家在现代世界里最先体验高密度人口的城市生活,也最早开始着手解决随之而来的许多问题。荷兰的城市设立了夜间值勤或街道巡逻组织,从晚10点到凌晨4点,负责检查建筑物的门窗是否关严,也帮助迷路或喝醉酒的人安全回家。① 根据法律的要求,巡逻队有权力逮捕天黑后不打灯笼在街上行走的人。法国、不列颠群岛和普鲁士也颁布了类似的规定,夜行者必须携带照明工具,否则会被逮捕。但荷兰比其他国

---

① 伦勃朗的著名绘画《夜间巡逻》(*Night Watch*)中的人物看上去神气英武,而该作品真正的名称《弗兰斯·贝宁射击公司》(*The Shooting Company of Frans Banning Cocq*)表明,画中的男子是一个民兵连的成员,而不是街道巡逻员。

家执行得更早、更先进。自1595年，市政法规要求，每隔12座房子，门面就要安装一个挂灯笼的支架。一个世纪后，阿姆斯特丹率先使用了煤油路灯，从而真正地成为其他城市的灯塔。在17世纪末，阿姆斯特丹的夜晚远比巴黎灯火通明。巴黎获得"不夜城"的美誉尚是未来的事。阿姆斯特丹的街道上有2400盏灯，巴黎的人口是阿姆斯特丹的两倍，却只有2736盏灯。不过，阿姆斯特丹的路灯是固定在房屋上的，而巴黎的路灯是挂在缆绳上横穿街道，可把街道照得更亮一些，尽管房子的周围仍然笼罩在阴影之下。到了18世纪50年代，巴黎街道两旁的灯达到了8000多盏。普鲁士在17世纪80年代也开始尝试安装照明路灯，它采用的是另一种系统——将灯悬挂在专门竖立的木杆上，这即是灯柱的前身。在西欧和北欧所有的主要城市中，伦敦在这方面是最落后的。直到18世纪后期，市政当局仅要求将灯安装在房屋的门面，对灯的类型没有规定，也未试图像阿姆斯特丹那样实施技术改进。1736年，伦敦的教区开始控制和监督街道照明，其资金来源于税收，因而终于可以建立并保持起码的照明水准了。[26]

教区对街道照明的监控表明，照明被认为是有益于伦敦全体公民的。相比之下，巴黎由警察设置标准并实施监督，因而街道照明被纳入预防犯罪的职权范围，并占用了警察和治安开支的15%。在伦敦，损坏路灯是侵犯私有财产，属于民事犯罪，在巴黎则被视为危害国家罪。① 无论照明系统的监管者是谁，在这两种情况下，都

---

① 一位历史学家貌似合理地指出，正是因为由国家控制街道照明，所以在攻占巴士底狱之后，人民的敌人被吊死在路灯上，而不是在商店的招牌、树木，或其他容易够到的地方。他还解释说，那些人是被吊死在挂路灯的缆绳上，而不是如想象的那样吊在灯柱上，因为法国当时没有灯柱。一些大广场上有将灯连接到房屋墙上的固定装置，也被用来吊死敌人，但那是例外。

必须由私营企业提供辅助。在整个 18 世纪，大多数的主要城市及小城镇都没有建立正规的照明系统，在没有路灯或是路灯昏暗的社区，夜晚仍需依赖举火把的人提供照路服务。不出所料，管理街道照明的资金来源影响了公众对这类照路人的看法。在巴黎，管理照明是警察的职权，因而照路人被普遍看作告密者——将公民的夜间活动信息出卖给警察；在伦敦则相反，由于管理照明的是教区，人们认为照路人常常被犯罪分子买通，将缺乏警惕的行人引到僻静处去抢劫他们的财产。[27]

然而，只有在人口足够多的大都市，安装街道照明系统才是切实可行的。在整个 18 世纪和 19 世纪，小城镇和乡村仍依赖亘古不变的月光照明。满月之夜便是社交的时光。小说《理性与感性》（Sense and Sensibility，1811）中有这样一个情节：一个地主即兴举办派对，"那天上午他连跑了好几家，亲自上门邀请；可是到了晚上，皓月当空，很多人便去户外参加其他活动了"，他只好向寥寥无几的来宾深表歉意。甚至较乏味的教会活动也乐意选择在晴朗的夜晚举行。兰开夏郡（Lancashire）一个浸礼会的牧师宣称可以在任何时间主持晚间祷告，当然，他解释说，是在月明之夜。[28]

自 19 世纪发现煤气之后，街道和居家的照明都发生了变革。1807 年，伦敦首次展示了街道的煤气灯照明设备，之后迅速蔓延到西方世界的所有都市——巴尔的摩在 1816 年安装，巴黎在 1819 年安装，柏林在 1826 年安装。18 世纪欧洲的商业中心伦敦通过了立法，许可在整条街道铺设煤气管道，成为由市政部门负责建立统一照明系统的第一座城市。最初是 1807 年做了为期三个月的小规模实验——在伦敦蓓尔美尔街（Pall Mall）的两侧竖立了 13 根灯柱；16 年后，英国已有 53 个城市铺设了煤气管道，1868 年增加到 1134 个城市。相比之下，巴黎自 19 世纪 20 年代末在居民住宅安装了煤气照明,又过了 20 年才在其他城市铺设了煤气管道。19世纪 60 年代,伦敦的 300 万居民同 5000 万德国人的煤气消费量相等。美国的脚步较慢,此时大部分地区还坚守着古老的照明方式。煤气照明从诞生之日起就被理解为一场革命,而不仅是加强夜晚街道安全的一项技术。1829 年出版了论煤气照明的一本书,一位匿名者评论说:"将所有牧师们为整顿伦敦的秩序和道德而传播的宗教之光同这种新的照明之光产生的影响比较一下吧……人们不仅害怕邪恶……而且觉得羞愧。"① 到了该世纪末,居民们感觉夜间在街上行走跟待在自家客厅里一样安全了。罗伯特·路易斯·史蒂文森(Robert Louis Stevenson)写道:"人们举办晚宴不再受海上飘来的浓雾干扰,舞会不再因日落而曲终人散,每个人都可尽情地想象将白天延长。城市拥有了自己的人造星辰——招之即来、挥之即去的光明。"② [29]

在"人造星辰"送来福祉之前,照明技术的发展一直是个渐进的过程,而不是剧变。自古以来,人类社会普遍采用的照明方式不外乎油灯、蜡烛和灯草芯烛这几种。蜡烛制作是一种古老的技艺,它的成分有两种基本类型:蜂蜡和动物脂蜡。后者主要从牛脂中提炼,其熔点是蜂蜡的一半;融化时产生更多、更热的蜡油,因而要用较粗的烛芯;粗烛芯燃放的火苗较大,其中心缺乏氧气,导致生成大量未燃烧的炭烟(北欧的房子里往往有置放蜡烛或灯草芯烛的瓷砖壁龛,很容易清除烟灰)。尽管脂蜡有诸多缺点,但在"家园国度"里

---

① 这种新的照明方式几乎被视为一种隐喻,它把"光"投射到以前隐藏在黑暗中的事物上,比如卖淫。晚上在大街上勾引妇女,甚至在昏暗的角落与她们发生性关系,这在以往的照明情况下是无法看到的。
② 值得注意的是,由于关注节能和光污染问题以及出于节约成本的考量,有些城市在 21 世纪进行了夜间街道无照明试验。初步结果表明,无照明反而降低了犯罪率,这同几个世纪以来的恐惧担忧不符。

也有一定的优势，因为在北欧的牧场里牛脂随手可得，价格低廉。相比之下，北美殖民地的牲畜相对较少，牛脂蜡不易获取，拓疆地区的人们有时用熊脂或鹿脂做蜡烛。此外，北欧人也用松脂照明，户外用松脂大火把，室内用松脂小柴火。绝大多数类型的树脂在燃烧后都会产生大量的烟气，故只有那些别无选择的人们才用。北美的有些殖民者依赖蜡烛木或杨梅蜡照明。杨梅蜡是一种比较独特的天然汁液，燃烧起来气味很好闻，但杨梅树仅生长在沿海地带。[30]

直到 18 世纪末，蜡烛芯全是用棉花捻成的。蜡烛燃烧时，必须定时地掐断碳化的芯条，否则黑烟会越来越浓，半小时后蜡烛的亮度即减少 80%，不久就自行熄灭了。蜂蜡的熔点较高，可采用较密实材料捻制的细烛芯，故不需要频繁地掐剪。今天人们说"掐芯"，意思就是把蜡烛"熄灭"，这或许是因为假如不把蜡烛熄灭，要想掐断燃烧着的芯条是很困难的。① 在 19 世纪初期发明摩擦火柴之前，蜡烛灭了是一件令人恼火的事，很可能得熬过整个漆黑的夜晚。在 1762 年至 1763 年间，詹姆斯·博斯韦尔（James Boswell）在一篇日记中写道，一天晚上，无意中把蜡烛搞熄了，"灯灭了……（屋里）又黑又冷，我陷入了困境"。他摸着黑蹭到楼下的灶屋，想查看炉膛里是否尚有余火，"可是，唉，仿佛是格陵兰岛的冰山上闪着个小火星儿"。他也找不到火绒箱②。"我索性放弃了，

---

① 今天许多人所称的"剪烛刀"是一种带圆锥帽的小棒，称为"灭烛器"或许更恰当一些。剪烛刀是一种改造过的剪刀，一侧刀口有个小盒子，可夹住烧焦的芯段，将之剪断。它是 16 世纪出现的奢侈品，直到 17 世纪末普通家庭才能买得起。
② 这种盒子（tinder-box）挂在壁炉的旁边。每个盒子里分成两格。一格里放一块易燃纤维（如炭布或麻丝团）、一块打火石和一只小锤。点火时，先将火石放在易燃物上用锤子击打，火花点燃织物后，再用燃烧的织物来点燃炉火或蜡烛。第二个格子是熄火盒（damper），用来闷灭点燃的织物。据现代的一位历史学家估计，技巧熟练的人花三分钟即可将火点燃，不熟练的则可能要花上半个小时。

回到房间里默默地坐着，直到听见了巡夜人的脚步声……我拼命地敲打大门来呼唤他……他走到门口，我让他进来，点亮了蜡烛，一切又恢复了正常。"[31]

有关蜂蜡和脂蜡的第一次技术革新发生在18世纪末，人们发现从抹香鲸的脂肪里提取的鲸油燃烧起来比牛脂更干净，于是开始进行商业生产。19世纪中期，人们又从牛脂中提取出硬脂酸，它燃烧的臭味比较小。此外，棕榈或椰子油制的蜡烛也问世了。这些蜡烛都比牛脂蜡烛产生的温度高，加之捻制紧密的新型烛芯能够燃烧得很彻底，不会产生黑烟，因而不再必须剪芯了。

蜡烛一直是奢侈品，即使在采用新技术之后。进入19世纪之后很久，在大多数乡村甚至许多城市地区，人们的大部分活动仍是借助灶火的亮光来完成的，包括许多今天认为需要在明亮光线下做的工作，如缝纫或阅读。在北美，由于窗户相对稀缺，而且大多是没有玻璃的百叶窗，无论夜晚还是白天，室内经常需要利用人造光。火是烹饪的必需品，往往也成为主要的光源。蜡烛主要用于在房间之间走动时提供光亮。因而这不是巧合，正是在许多中产阶级的住宅安装了减少气流的推拉窗之后，蜡烛才开始大行其道。即使在社会等级的顶端，当推拉窗出现后，蜡烛的使用也明显增加了。1645年，汉姆庄园里只有厨房放着烛台；二十年后的库存记录表明，"数不清"的烛台遍布庄园的各个角落。[32]

在17、18世纪的不同时期，英国法律将大多数人工照明归类为奢侈品并课税。1667年开始征燃煤税；到了1793年，许多地区的家用燃煤税免去了，但在有些地区保留到1889年；从1709年到1831年，蜂蜡和牛脂蜡均被课税，必须从授权的经销商手中购买。蜂蜡的税更高，尽管在严格的法律范围之内允许少数乡村居民自制蜡烛并供应给邻居。

只有对灯草芯烛从未征税，因为它是穷人的照明来源。灯草芯烛的制作费用极低，任何人在公共土地上采集到灯草即可制作。18世纪末，可照明11小时的灯草芯烛的成本是半便士，而半便士只能买到两小时的蜡烛光。[33]因此，对于大多数人来说，灯草芯烛是人工照明的主要来源。19世纪初，威廉·科贝特回忆起他的祖母，灯草芯烛是她唯一的照明灯，"我敢说她一辈子没点过一支蜡烛"。她像很多人一样，秋天去野外采集灯草，将之浸泡后去皮、晾干，再浸在牛油里，制成烛条。她走动时"用手拿着灯草芯烛"照路，工作或阅读时则把它固定在高度不同的夹具上。

很多人像科贝特一样，把使用蜡烛看作一种浪费，甚至是挥霍。教会是最早开始例常使用人工照明的，但在世俗场合，点蜡烛不光是显摆富有，而且是低俗的标新立异。贺加斯（Hogarth）的版画《雷克的进步》（*The Rake's Progress*，1732—1735）或许无意识地反映了这种普遍存在的看法。[34]雷克的父亲是一个节俭谨慎的人，家里有个壁炉和一个单枝烛台（这种烛台在当时已是很老式的，其中心不是可放置蜡烛的一个凹座，而是一个尖头，将蜡烛戳在上面固定）。墙上有个壁烛台，但里面没有蜡烛。他去世后，雷克开始挥霍父亲苦心积累的财富：他在一个小酒馆里消磨时光，里面点着四支蜡烛，烛台后面还装着一面镜子来增强光亮；后来他又光顾赌场，场内点着三支蜡烛和一盏灯笼——简直堪称穷奢极侈（图26）。

1630年，塞勒姆的一位教士草拟了一张表，上面列出移民来北美第一年必须具备的生活物品，其中包括食物、香料、武器、盔甲、衣服和工具，但未提及任何类型的人工照明。这并不是因为北美移民能够自制蜡烛了。新英格兰地区的家庭用品记录表明，蜡烛根本不是日常用品。18世纪初在宾夕法尼亚州，拥有价值达400英镑地产的居民中只有四分之一拥有烛台，即使在最富裕的阶层，这个数字仍不超过 40%。直到 18 世纪后期，北美殖民地的大多数家庭里才经常使用蜡烛。之后，13 个殖民地里有库存记录的住宅中四分之三有烛台，尽管存在相当大的地域差异：南卡罗来纳州和弗吉尼亚州的家庭中 50% 拥有蜡烛，但在纽约和波士顿，这个比例达到 80%—90%。届时，一些最富有的家庭已成为道德家们忧恐的挥霍狂。18 世纪 70 年代，弗吉尼亚州州长洛德·博特托尔特（Lord Botetourt）的家中有 114 个"照明设备"，"952 支蜡烛，31 把剪烛刀"。[35]

如同对所有新技术的反应，即使是有经济能力的人，也不全都趋之若鹜。当时的另一个弗吉尼亚人，兰登·卡特（Landon Carter），拥有 5 万余亩种植园、500 个奴隶，可谓极其富有。然而，他全家每天消耗蜡烛很少超过两支。他的侄子比较城市化，使用人工照明较多，但也总是小心谨慎，从不过分。他的家人总是在天黑前用毕晚餐，大部分的社交活动如派对、舞会、拜访邻居等，也都安排在"日落之前"。在黄昏后和入寝前的那段时间里，则安排一些需要灯光的休闲活动：阅读、谈话和奏乐。即使在最重要的社交场合，这个体面大家庭所用的人工照明仍比我们想象的要少。在一个所谓"灯火辉煌"的晚宴上，参加者有七位成年人和很多儿童，总共只点了七支蜡烛。这种情况并不少见。1791 年，南卡罗来纳州查尔斯顿的一个富家女子参加了一个聚会，她惊叹道："天哪，烛火通明，我们能看见在场的每一个人！"从这句不经意的话可看出当时普遍的照明水平是多么低。[36]

前工业时代的人工照明来源不仅是炉火和蜡烛。自古以来，欧洲北部牧区主要使用牛脂蜡烛，南部橄榄种植地区的许多家庭则常使用油灯。朱迪丝·莱斯特（Judith Leyster）的绘画《做女红》（*The Proposition*，1631）描绘了一位荷兰妇女在油灯下做针线活，灯芯浮在一只小平盘里——跟一千年前罗马人用的相差无几。17 世纪的唯一明显改进是给灯盘加了一个支架，还安了一个夹子，用于调节光源角度，以适应手头工作的需要。一个世纪之后，油灯在技术上几乎没有变化，宾夕法尼亚州的贝蒂灯（betty lamp，可能源于德语的 besser，意为"较好的"）不过是更换了老式支架，改用吊钩或链条悬挂（图 22、图 23）。

1780 年注册专利的阿根灯（Argand lamp，圆筒芯灯）标志着油灯照明的第一项重要技术革新。这种灯亮度较高，而且比较清洁。其创新做法是将火苗封闭在一个玻璃筒（称为"烟囱"）里，这不仅可防止气流干扰火苗，而且通过造成上升气流，进一步增强了亮度；它的灯芯采用一种新的缠绕方式，更易于使用；此外，附加了重力供给式储油罐，可保持燃油的稳定供应，灯光自然就更明亮了。克斯汀（G. F. Kersting）的绘画《优雅的阅读者》（*The Elegant Reader*，1812，图 27）中展示了一盏阿根灯，我们可以清楚地看到，它的储油罐设在灯罩上方的左侧。这种新型油灯成功激励了其他厂家的技术开发，在整个 19 世纪，灯具不断改进，包括提高效率、方便使用和增强亮度。灯芯和储油罐都被重新定位，并增加了油泵。自 19 世纪 30 年代开始，亦出现了不同类型的油灯。菜籽油灯在法国很流行（在英国课以重税，故罕见），而美国人比较偏爱使用莰烯。莰烯从松脂中提取，掺入酒精后制成燃料，价廉但有时不安全。石蜡在 1846 年首次通过蒸馏手段提取，19 世纪 60 年代开始投入商业生产。[37] 石蜡比动物脂肪和植物油便宜，味道也不太难闻。而且它不太黏稠，从而可省去昂贵的泵件（石蜡的燃点低，这意味着它时而会发生骇人的"爆炸"，不过人们仍认为其优点大于潜在的麻烦）。

技术上不断的小改进表明，一方面，油灯的燃料供给系统比较好；另一方面，它在许多方面也像动物脂蜡烛那样会造成不少麻烦。譬如，储油罐必须及时填充，灯芯每次使用前需要修剪，玻璃烟囱罩极易破裂，且必须每天清洗，否则便会布满黑色烟尘，使光线无法穿透。即使在清洗和挪动时非常当心，灯罩仍可能在火苗点燃后因受热而破裂，除非小心地慢慢加热。1835年在塞勒姆，一位细心的主妇家中没有烛台，每次举办派对她都会从邻居那里借一对烛台，以防家里的油灯出现故障。不出她所料，油灯"有一天突然熄灭了，直冒黑烟，油也溢了出来"。油灯的储油罐经常会漏油，许多妇女用废布头做个小垫子，放在灯座的下面；其后发明了油布，便用它做灯垫来保护家具。[38]

回顾历史，照明技术的发展似乎遵循了一条简单的轨迹：油灯、蜡烛、煤气，最后是电。实际情况则比较复杂，没有任何家庭仅用单一的照明方式。缝纫或类似费眼力的工作要在中央桌子旁借助阿根灯的光亮，读书、绘画、弹钢琴在灶火旁，老年人读书或许需要额外借助蜡烛光。但凡负担得起，夜晚活动结束之后，卧室里将点燃蜡烛，贫困家庭则用灯草芯烛。不同的房间宜采用不同类型的照明：前厅用煤气灯，因为它不易被穿堂风吹灭；煤气灯用于儿童房间也很理想，可以挂在墙壁高处，比较安全；客厅和社交聚会场合适宜采用温馨典雅的蜡烛光；缝纫机桌旁则需要明亮的油灯。然而，尽管19世纪已有了一些新技术，人们在日常生活中仍长期保留旧的照明方式。《小熊维尼和老灰驴的家》(*The House at Pooh Corner*) 中有这样的描述：跳跳虎在半夜三更叫醒了小熊维尼，维尼"下了床，点燃蜡烛"。——这一生活细节是再自然不过的了。当米尔恩（A. A. Milne）在1928年出版《小熊维尼》时，家用煤气供应已近一个世纪，电力供应已有三十多年，而蜡烛仍是他默认的选择，也是他的读者——中产阶级的孩子们所熟悉的卧室照明用具。

将选择范围、技术和成本等方面的因素综合起来考虑，没有任何一种类型的灯在照明领域独领风骚。煤气的易用性受到欢迎，但它一直比较昂贵，许多地区没有接通煤气管道。煤气还有许多缺点：气味难闻、腐蚀金属并破坏织物，而且很脏，凡它所经之处，东西的表面都留下一层黏腻的污迹。1885年，英国家庭的煤气使用率仅占20%。[39]直到奥地利的卡尔·韦尔斯巴克（Carl Auer von Welsbach）于1884年发明白炽汽灯罩后，煤气照明才更为普及。这种汽灯罩是管状的，里面装满了金属盐，用煤气火焰加热时，发出的光比阿根灯亮十倍，却仅消耗三分之一的能源。汽灯罩里还有长燃小火，这意味着不再需要每次都用火柴点燃。装有这种罩子的灯优点很明显：安全、清洁和明亮。因而，它投入商业生产之后，煤气照明的使用率明显增加。到了"二战"时期，英国工人阶级的住房几乎有一半可获得煤气供应，尽管电力供应也正在以类似的速度传播开来。

像煤气一样，电力照明最初也用于户外。1878年，巴黎的歌剧院大道安装了近一公里的电弧灯。①伦敦泰晤士河堤上临时安装了一个，谢菲尔德（Sheffield）市的居民在电弧灯照耀下观看足球，萨里（Surrey）县的戈德尔明（Godalming）早在1881年即制订了在街道安装电灯的计划。不过，尽管电弧灯非常明亮、聚光，但它缺乏扩散性，留下大面积的黑暗区域。西莱尔·贝洛克（Hilaire Belloc）简洁地概括了它的特点："这种照明系统（技术上称为电弧）使一些通道过于明亮刺眼，而其余的地方又过于黑暗。"电弧灯的强光耀眼，完全不适宜在室内使用。只有当发明白炽灯之后，

---

① 电弧灯是1802年由汉弗里·戴维爵士（Sir Humphry Davy）发明的，它包括由气体分离的两个电极：当一个电压脉冲其间时，就产生了光（荧光灯的原理跟电弧灯相同，不同之处是它用汞电极而不是19世纪的碳电极）。

电灯泡的光亮才变得柔和起来,从而适用于家居,赢得了人们的青睐。1881 年,苏格兰的一所豪宅里全部装上了电灯。最初的灯泡价格昂贵,极大地阻碍了新技术的普及。直到 1893 年专利到期,价格下降,小康之家方可考虑安装电灯。但在英国,电气化仍是不彻底的,直到 20 世纪 60 年代末,一些农村地区尚未完全实现电气化。[40]

技术创新导致的后果常常出人意料,远远超出了发明本身的直接影响。照明技术的各种改进也同样产生了连锁反应。例如,过去用火柴点亮蜡烛照路,家具若不是靠墙而放,在房间里走动时很可能撞到,现在整个房间通明,没有这种危险了,因而家具离开了墙壁,并且永久地摆放在房间里的固定位置。没有证据表明哪种摆放方式更好。值得注意的是,欧洲大陆采用煤气灯照明和改变家具布局的步伐均比较缓慢,美国亦是如此。① 在英国人已习惯于四处摆放家具的几十年后,美国最有影响力的一部家庭手册仍然排斥这种所谓的室内陈设时尚,说家具看起来像在"跳快步舞"。(此话轻微地暗示喧闹和酗酒,那至少是不高雅的行为。没有明亮的灯光或许就不会发生?)[41]

通常情况下,每种新技术的设计都从已有的设计之中获得灵感。就电灯来说,它的开关原理取自煤气灯。[42] 最初的每一盏灯具(或吊灯的每个分支)都有各自的开关,过了一段时间,人们意识到开关可以同光源分离,于是将它移到墙上。又过了更长的一段时间,才将开关安装在房屋入口处的墙上。这一聪明设计的理由显而易见:不必摸黑走到房间的某个地方去开灯。将开关从灯具移到

---

① 另有一个不言自明的简单推理:当家具紧靠墙壁置放时,由于经常推拉很容易损坏。木匠最常做的事就是修补断裂的桌椅腿。所以,固定家具的位置是出于想减少对家具的损害。没有证据可以证明这一观点,然而,也没有证据支持电灯开关理论(light-switch theory)。日常行为模式改变的源头很少是清晰的。

墙壁是一个巨大的飞跃。正如窗玻璃曾经是家具而不是建筑物的一部分，在煤气和电力出现之前，灯盏自然也是可移动的财产。如今，卖房子的人不再卸掉玻璃窗，也不会拆除电线带走。照明系统第一次变成了房屋的组成部分，而不是独立的家具。

一方面，人们向往某种生活方式；另一方面，实现这些愿望需要金钱或技术。两者之间永远存在着距离。由技术进步刺激出来的许多变化影响了人类的日常生活习惯，可大多数人甚至从来没有住过配备创新技术的房子。"二战"结束后不久，在美国占领下的联邦德国军事政府举办了一个"家居奇迹"展览，题为"美国人之家"（Amerika zu Haus）[43]，在两周内吸引了43 000多名参观者。展览的核心部分是一个实物大小的六居室住宅模型，里面配置了美国发明和制造的各种新式电器，包括面包烘焙机、洗衣机、电烤箱、吸尘器等。这座模型的居住面积是战后联邦德国立法规定的两倍，消费品的规格也大于欧洲市场的产品，故不适用于德国（不仅由于欧美使用的电压不同）。毋庸置疑，那些热情的参观者，尤其是来自东柏林的15 000多位，绝不奢望自己会拥有这样的住宅和耐用消费品。即便如此，人们仍满怀兴趣地蜂拥而至，其原因是，在整体上，这座遥不可及的梦幻之家传递的"家的理念"是令人亲近的。

第七章
家居网络

假如说市场需求驱动供给,那么它也可以推动发明。在17世纪的荷兰,雇用仆人是一种奢侈的消费,需交纳高额税金,仅有20%的家庭可负担得起雇一个仆人,因而除了最富裕或最显贵的家族,家务活基本上由家庭成员承担。相比之下,在18世纪尤其是19世纪,欧洲西北部地区形成了一个相对劳力充足而廉价的服务型经济,即使中产阶级也雇得起人工。英国是在很大程度上依赖有偿人工的国家之一,19世纪末有四分之一的妇女从事家政服务。所以不难理解,人们为何认识不到采用家居技术的必要性。既然可以雇用工资相对微薄的送水工,何苦要花一大笔钱安装热水系统呢?工艺美术设计大师(如鲁钦斯或沃塞)的富有客户们家中都配备了全套仆役,因此设计师对住宅的服务领域缺乏关注,而用房屋的现代性和前瞻性的外观掩盖了老式的、不方便的内在布局。这类用户对此并不介意。17世纪的荷兰主妇们需要自己承担家务,结果出现了家政管理的革命;出于同样的原因,在18—19世纪的美国,人口低密度使得劳动力成本居高,妇女们便推动了另一场家政革命。

正如我们所看到的，在人类历史的大部分时期，烹饪活动占据了住宅的主要空间。早期的炉灶建在房屋的中央，上方装一根横杆，将炖锅挂在上面，锅同火的距离根据食料种类和数量以及燃料的类型来调整。当炉灶移到墙壁中之后，锅被挂在一根木制或铁制的壁炉架上，可像以前一样调节高度。同时，这种支架还可以扭转方向，将锅转离火灶，这意味着厨师搅拌食物时不必靠火很近。但是，食物种类及烹饪方法几乎没有改变。菜和汤都是放在锅里炖煮。由于炉灶上只能坐一个锅，在烹饪复杂多样的饭菜时要将不同的食料分别装在网袋里，放在一个锅里煮，之后再把网袋逐一捞出来。这一直是标准的烹饪方法，直到工业时代发明了多灶孔的炉子，同时可放好几只炖锅或平底锅，烹饪才变得比较容易了。

人口相对稠密地区的居民大多数不在家中烘焙面包，而是依赖公共烘焙房或面包店。在有黏土制造业的地区，居民家中可能装有小陶炉，有些早在17世纪便开始使用（20世纪30年代仍有人用，如在威尔士和美国）。那些离公共烘焙房太远的人家只能自己烤面包。具体做法是将烘焙石和一只锅加热，然后将面团放在烘焙石上，用锅盖住后放在做饭后尚有余温的炉灶上。烧泥炭或木柴的砖制面包烤箱是最富有的大家族才用得起的。有的烤箱是独立的，有的后来被嵌入壁炉的侧面。它也是通过间接加热：在燃料耗尽、清扫灰烬之后，将面团放进温度相对较低的砖箱里。烘烤时间的长短依据食品的不同而定：蛋糕或馅饼需两小时，面包需两个半小时。（一名非专业厨师用现代烤箱做这些只用30—45分钟。）[1]

如同烘焙，烧烤最初也是上层阶级的奢侈品。有多少人买得起大块的肉和大量燃料？又有多少人支付得起在明火上翻转串肉扦的劳力和时间呢？在17世纪时，人们利用狗或仆人（通常是童仆）

来翻动烤肉叉，采取这种方法要花约五个小时才能将一块猪大腿肉彻底烤熟。改用煤火之后，肉串可固定在箅条或独立的烤架上，放在炉灶前烘烤，再用一只盘子接住下滴的油脂（之后再涂在烤肉上）。到了18世纪，随着带罩烟囱的消失和壁炉的出现，有人发明了一种带钟表发条机制的瓶式控制器，它固定在壁炉架上，下面悬挂烤肉，不需要人工持续照管，从而更多的家庭可以自制烧烤了。

然而，尽管有这些创新，社会大众的烹饪方式几乎仍停留在中世纪，只有当煤成为主要燃料之后，才产生了真正的变化。在英国，这一变化往往与房间用途的演变同步，烹饪从主室迁移到专用的场所——厨房。第一个封闭式炉灶是在18世纪发明的，但直到进入19世纪之后很久，中产阶级家庭才开始接受这种想法。这种炉灶有一个外壳——最常见为铁制，将火源封闭在内，便可将平底锅直接放在热灶上，而不是悬在火上或灶口前。由于现在支锅架被固定在炉子上，因而除了煮、炖之外，还出现了煎、炸等新的烹饪方式。（欧洲大陆一些地区的住宅早已采用封闭炉加热取暖，这种烹饪方式自然不新奇了。）渐渐地，封闭炉变得更为复杂，内部增加了由烟道和阻尼器调节的烘烤箱。这也是有史以来第一次人们可以控制烹饪食物的温度了。这类炉灶在很长一段时间内属于富裕阶层和少数中产阶级专有。1848年，新英格兰的凯瑟琳·比彻（Catharine Beecher）不以为然地喟叹：封闭炉的用户仅限于"舒适住宅区"。比彻是一位著名的家政管理指南作者，堪称"美国的比顿夫人"，她的这一判断几乎是完全正确的，虽然英美的许多烹饪书提到了可用于封闭炉的厨具（锅和壶之类），但大部分食谱仍指明用明火烹饪。事实上，绝大多数人继续采用老式烹饪法；若有家里的小炉子和小锅无法胜任的烹饪需求，就利用社区商业性厨房和烘焙房提供的服务。①[2]

虽然比彻考虑到她的读者不大可能拥有现代的封闭炉，但是她首次提出了一种思路：厨房可以甚至理应围绕其使用者的需求来进行设计。在此之前，无论贫富与否，厨房都不受重视。富裕人家的厨房是仆人干活的场所，是否方便实用跟主人没有关系，因而豪宅的建筑师们不关心厨房内部的布局，在设计图纸上通常是留出一块空白。中下层人家的房间是多功能的，没有多少余地做单一用途（如独立厨房）的设计。然而，进入19世纪后，中产阶级的家庭主妇们逐渐具有这种经济能力了，她们希望拥有一个专门房间来准备食物。比彻从家庭主妇的角度出发，主张让厨房适合于她们的需要，方便使用，而不是相反——让她们被迫适应厨房的格局。于是，比彻依据厨师或管家的要求来安排厨房设备，而不是按外观分类。她认为，烹饪的"一半时间和劳动消耗在来回走动、取放所需物品"，理想的厨房是在工作台面附近安装几层搁架，放置常用的器具、食材和调料等，以便随手取用。她的创新布局具体包括：在水池旁放一个晾碗碟的架子，底下留出放抹布和清洗设备的空间；在橱柜上面安装一块"揉面板"或操作台，用于存放最常用的调料；以及在墙上安装多层物品架（图29）。在处理其他问题方面，比彻也非常务实，譬如，炉子安放在何处可以提供最大热量，哪些门应当关闭，以避免厨房的气味飘进生活区，等等。事实上，她已勾勒出了20世纪厨房的轮廓。[3]

---

① 英国的家庭使用煤气十分普遍，但在很长时间里几乎不用煤气烹饪，这是令人惊讶的。其原因可能是封闭炉同时也用来加热侧面的一个热水锅炉，可给房间提供暖气，这一用途显然更为重要。直到19世纪80年代，住宅里安装了煤气表之后，才开始用煤气烹饪。20世纪之前用电烹饪在英国也是罕见的。由于电比煤或煤气贵得多，所以被视为商业噱头，顶多用于一些小厨具，如烤面包机和电水壶之类。

第七章　家居网络

在今天看来，这种布局是理所当然的，但当初人们并没有很快地接受。19世纪80年代末，萝拉·英格斯·怀德搬进了一座新房子里，厨房里有存放面包的抽屉，装面粉、全麦粉和玉米粉的桶，墙上装了多层物架，还有安放搅乳器的空间。这很符合比彻夫人的主张。但是萝拉感到困惑和吃惊："你可以就站立在那儿，干完所有的事……混合啊，搅拌啊，根本不需挪动一步！"[4]她生平还是第一次见到这么奇怪的厨房呢。

20世纪初，印第安纳州的一家公司推出了"山地人"（Hoosier）品牌厨房，它是由抽屉柜、桌子和食品橱合成的一个连续的工作空间。虽然设计者在表面上模仿了半个世纪前比彻夫人阐述的某些要素，实际上却没有真正领会她的意图：将做某件事所需的用品集中放在一处。[5]相反，这种"山地人"厨房的用户不得不在一个狭长的区域里来回走动。即使厨房的其他部分未被利用，局促的空间也很难容下第二个人。不过，尽管"山地人"厨房的设计不怎么高明，但它有一项重要的贡献：这是有史以来第一次，一个商业性组织认识到可以通过销售"房间的布置方式"来赚钱，而不是仅仅销售家具和耐用品本身。正如我们所看到的，恰在此时，新的"工业效率科学"的范畴扩展了，从其发源地——工厂，进入了家庭主妇的工作空间——家居。许多家庭手册的作家、效率专家、建筑师以及社会大众，都开始全新地认识空间管理问题。科学管理和充分利用空间，不是出于单个家庭的偏好，而是能够带来创造利润的机会，即使有些人对比彻夫人的理论闻所未闻。

虽然几乎可以肯定，欧洲人不了解比彻夫人及其理论，但美国工业效率专家的论著均被译成各种文字并被热衷地研究，如弗雷德里克·泰勒，尤其是克里斯蒂娜·弗雷德里克（Christine Frederick）的著作。[6]房屋建筑在"一战"期间停止了；战争结束后，士兵们返回家园，结婚率上升；大量的难民涌入也导致人口剧增。因而，德国面临着严重的住房短缺危机。在 1919 年的宪法中，新的魏玛共和国（Weimar Republic）将建造社会住房定为主要的施政目标，由市政当局负责在各自辖区建造经济适用房。1920 年，德国的许多城市制订了标准化的公寓楼计划，旨在满足当地的住房需求，也首次将健康问题纳入住房建设的考虑范围，通过立法规定居住空间、采光和通风条件的最低限度。因此，"一战"后绝大多数厨房布局和公寓楼设计的进步均出自德国。这类设计试图大批量建造，并且做到结构"合理"，按照日常生活的不同功能来划分空间，主要特点是将传统的多用堂屋分成三个房间：客厅、餐厅和厨房。

不少建筑师和城市规划师受到左翼思想的影响；同时，在政治光谱的另一端，由于担忧德国家庭主妇的"衰退"以及随之而来生育率降低的趋势，人们的基本生活条件也成为许多保守的妇女团体关注的问题。[7]一位活动家说，在家中自制物品（食物和手工用品等），是"公民资质的一种体现"。称职的家庭主妇能够培育出下一代合格公民，但她们首先需要有一个住房。因此，这些妇女团体同战后时期的公共住房官员、城市规划师和建筑师一起，为此付出了很多努力。在美国效率专家（如泰勒）的启示下，德国国家生产力理事会（German National Productivity Board）进行了一系列有关日常工作时间和行动的研究，譬如，如何高效地扫除灰尘和清洗地板，厨房因而也成为许多设计师的主要关注点。1923 年，一则广告介绍了一种小型厨房，叫作"埃格瑞-库车"（Egri-Küche）；同时，包豪斯建筑学院（Bauhaus Art School）设计了一种 L 形厨房，它安装了同一高度的连续台面，上面是与视线平行的壁柜，单一工作空间融合了厨房的三大功能：清洗、烹饪和储藏。这标志着对厨房设计做出了一个重要贡献。

最有影响力的是法兰克福厨房，1926年由舒特－利豪斯基设计。她是首位进入维也纳工艺美术学校学习建筑的女性［古斯塔夫·克里姆特（Gustav Klimt）写的一封推荐信促成她被录取］。她研读了克里斯汀·弗雷德里克的论著之后，开始将科学管理运用于日常生活和设计中。在社会住房建设繁荣发展的年代里，她是将理论付诸实践的一批建筑师之一，在法兰克福的城市规划师厄恩斯特·梅（Ernst May）的领导下，建造了大批规范化的、促进健康的公共住房。[①] 舒特－利豪斯基从剖析传统厨房的弊端入手，包括浪费时间和精力的布局、不利于健康的工作环境等，设计出了法兰克福厨房（图30）。它的空间长而窄（长3米多一点，宽不到2米），根据功能分配工作区：工作台面的一边是储存容器，另一边是炉灶，炉灶连着一个柜台，接下来是水池。几步之遥便是餐桌。从准备食材、烹饪、就餐、洗刷，到最后全部收拾干净，她的设计使得工作者的动作完美衔接，避免了弗雷德里克所称的"浪费的步骤"（它迅速成为设计文学的一个标语）。据舒特－利豪斯基估算，在传统的厨房里，主妇准备一顿饭要行走19米，一年累计超过20公里。法兰克福厨房将之减少到每顿饭8米和一年8公里。同一水平连接的工作空间使打扫厨房卫生更为容易；配置的某些功能，包括一个折叠熨板和一个折叠碗架，使空间利用获得最大化。干燥食料储存在轻型抽屉里，拉出抽屉后，通过后部的管口

---

① 舒特－利豪斯基不仅是一名厨房设计师，她的个人生活或许可拍成一部动作片。她是一名共产主义信奉者，自1930年开始生活在苏联，1937年逃离了斯大林的大清洗。在"二战"中，她为抵抗组织工作而被盖世太保逮捕。战后，她的共产主义信仰和支持妇女解放的活动迫使她离开奥地利，后半生的大部分时间住在国外。1980年，在舒特－利豪斯基设计的开拓性厨房首次投入生产半个世纪之后，维也纳终于举行了一个仪式，正式赋予她应有的荣誉。

可将食料直接倒进一个碗里，故免去了一勺一勺去舀。总而言之，这是由一位亲自承担家务并深谙其道的女性为同类姐妹们设计的厨房。

然而，并非所有的人都赞赏法兰克福厨房，其空间设计的确符合人体工程学原理，但没有考虑到生活的其他方面。很多女性不喜欢，首先是因为它的空间局促，家庭成员不能参与烹饪，甚至连新式餐厅也有弊端——增加了她们的孤独感。其次，厨房长而窄，很少有户外光线进入，因而妇女们发现自己每天长时间待在昏暗的封闭空间里。此外，这种厨房是用电的，对许多人来说过于昂贵。[8]

在美国，尽管首先有比彻，后来又有弗雷德里克的开创性工作，厨房的改造更主要的还是围绕着技术，而不是人类工程学或工时与动作设计（time-and-motion planning）。直到19世纪末，家庭仍不具备许多今天视为起码必备的日用品。1881年的家庭手册中没有提及晾碗碟的架子；洗涤剂和钢毛刷尚未发明，必须把肥皂块磨碎来清洗碗碟。然而，仅仅四十年后，美国家庭主妇在家务劳动中所花费的时间即减少了五分之一。在进入20世纪后的二十多年中，蒸汽电熨斗上市。① 美国家庭主妇拥有了现代家政管理的一系列工具：真空吸尘器、恒温控制的燃气灶、电动缝纫机、洗衣机、冰箱，甚至洗碗机。同时，商业化生产的干燥和即食罐装食品的普及，缩短了人们花在烹饪上的时间；洗涤剂、煤气和电力的新技术也同样减轻了清洁劳动的强度。到了1926年，俄亥俄州某镇的工人阶级住宅中四分之三有电力供应，60%的家庭有室内厕所和浴缸，十分之九以上的家庭有自来水和天然气。较贫穷的家庭至少也有冷/

---

① 虽然电熨斗加热后必须拔掉电源线，每次热量消耗掉后需要重新插入电源，但比起在火炉上加热的烙铁，它是清洁的和高效能的。

热自来水供应。[9]

正如我们所了解到的，即使是微小的技术进步也能给人们的生活方式带来很大的变化。在这一时期，清洁技术的改进促使人们对"什么是污垢"的认识有了显著的转变。许多世纪以来，很多"家园国度"的室内地面都是用普通的木条、石或砖铺成的。在17世纪，荷兰人通常用散沙清扫砖石地面，英国的乡村地区直到进入18世纪仍采用这种方法清扫木地板。到了19世纪，美国人家的公用房间也是采用这种清扫方法。沙子可吸掉由明火烹饪、点蜡烛和油灯带来的油腻污迹，并且很容易更换。（旧时的屠宰店在地板上铺散木屑以吸收动物脂肪和血污，今天仍可偶尔见到这种做法，不过只是一种怀旧的装点了。）最常见的做法是用树枝绑扎的笤帚清理脏沙，然后用筛子或手铺撒新沙；在家中最好的房间里，或是节假日前夕，人们可能会用一种特殊的毛笤在地板上铺出一个装饰性的沙图案。由于树枝笤帚很粗，无法扫掉细小的灰尘和土渣，人们便任其留在地板上，不认为那是污垢。然后，在18世纪末，工业化生产的玉米秸笤帚迅速取代了手工绑扎的树枝笤帚。1833年，玉米秸笤帚在美国每年的销售额达50万把，到该世纪末更为普及，甚至连草原牧民的家里也有一把"买来的"笤帚。这种细密的玉米秸笤帚可以有效地扫除灰尘和土渣，于是灰尘和土渣就成为污垢，不可无视了。出于同样的道理，在美国，房子里曾经充满了各种昆虫，飞翔的和爬行的，停留在食物、器皿和马桶上，比比皆是，人们见惯不惊。在南方，饭菜刚一摆上桌子，苍蝇就纷纷叮上来了，主人便吩咐一个奴隶的孩子"把苍蝇轰走"，仅此而已。人们丝毫不了解四处横飞的苍蝇有什么危害。然而，当相对廉价的遮蝇罩在19世纪70年代上市以后，人们很快地认识到，昆虫入户不仅造成麻烦，而且是极不卫生的。[10]

"脏乱"有个醒目的定义——"物不得其所"。[1][11] 简单地说就是"东西待错了地方"。这往往是一个文化问题，取决于众人认同什么是"错误的"地方。因而毫不奇怪，对垃圾和脏乱的最生动描述不是来自该地居民，而是来自远方的游客。游客们怀着特定的期望值来到一个陌生的地方，很容易发现那里的"脏乱"现象，因为某些东西出现在他们没有料到的场所，或比寻常的量多，或是属于他们不熟悉的类型。当人们待在自己家和社区里时，看见相同数量的东西，由于是熟悉的类型、堆在熟悉的地方，便往往见惯不惊，更不予置评。我们这样堆放东西是生活的常态，别人那样堆放东西才是脏乱差。只有在极端的情况下，人们才会注意到并评说自身的脏乱问题。其结果很容易导致认识偏差，误以为任何给定时期的规范同样适用于以往的某个时期。

1666 年，全国各地瘟疫肆虐，查理二世及宫廷成员到牛津镇暂避。在他们离开临时住宅后，每个房间和每层楼梯的平台上都留下了成堆的粪便。此丑闻一传出，人们感到万分惊惧。为避免恶行重演，宫廷采纳了一系列建议。大多数建议注重于建筑方面的方案，尤其是改变楼梯的造型。其无可辩驳的逻辑是，假如楼梯没有平台，自然就不方便蹲在上面出恭。在那个时代，有些人或许没有明显感觉到在公共场所大小便是不妥的，甚至可能所有的人都未意识到这一点。那次是因为一个庞大的宫廷、乌泱乌泱的人马，在牛津待了好几个月，所以将小镇的卫生搞得格外糟糕，但这也不是异常现象，其他地方仅是程度不同而已。从荷兰黄金时期的绘画中可发现一点证据：女仆在冲刷已是闪闪发亮的地板。冲刷什么？不言自

---

[1] 这一定义有好几个出处：约翰·拉斯金（John Ruskin）、威廉·詹姆斯（William James）、人类学家玛丽·道格拉斯（Mary Douglas）和西格蒙德·弗洛伊德（Sigmund Freud，自然少不了他啦）。现在普遍为人接受的是出自洛德·帕默斯顿（Lord Palmerston）之口。

明。此外，当地的法律规定，假如居民向窗外倾倒粪便，弄脏了过路人的衣服，就要进行赔偿。显然，向窗外倾倒污秽之物在当时是常见现象，故才有此种法律条文颁布。[12]

确有一些街道，英国人赞为"整洁漂亮的奇观"，其实不过是因为他们对自身的脏乱差见惯不惊、视而不见罢了。直到18世纪，英国人仍认为苏格兰人将便器放在每个房间里的习惯是不卫生的。还是英国南部的做法比较好，便器只放在卧室里，以及隐藏在餐厅的柜子后面（供饮酒时方便之需）。同样的道理，城市游客到了乡下，看到人的住处紧挨着牲畜圈，觉得很不卫生，但对于农民来说那是正常的生活状况。18世纪70年代瑞典有个谚语这样奚落城里人："君嫌猪屎臭，却馋豚肴香。"① 在瑞典南部的斯堪尼（Skane），农场建在院子的周围，到了晚上，家畜被圈进院子，无论谁走进来都难免会踩上一脚鸡屎或鸭粪。而在更北边的达拉纳（Dalarna），由于牲畜的身体可产生热量，妇女们常在比较暖和的马厩或牲口棚里做纺纱等手工活计，对脏臭习以为常。不仅是牲畜的粪便，人的排泄物也随处可见。瑞典有位石匠的女儿回忆童年时代的乡村生活，她说，直到1910年底，家中虽备有便器，孩子们还是在门外的垃圾堆上大小便，成年男子也常在那里自行方便。②[13]

进入20世纪之前，清洁卫生的主要内容在很大程度上是修饰个人仪表和展示自我，而不是清除垃圾。展现个人及房子的形象和装饰比我们今天所谓的清洁更重要。在17世纪以前，除了社会的最高层，人们穿的衣服大多是深色的，用羊毛或皮革制成，持续穿

---

① 原文为："He who scorns the pig-dung smell, can live without the pork as well."。——译者注
② 这无疑被认为是有益的做法。男性尿液中的氮（女性尿液的酸性较高）可加快厨房垃圾的分解，今天仍被推荐为制造堆肥的一个方法。

几十年,并代代相传。17世纪建立亚麻产业后,白色的衬衫、领子、袖口、衬裙、帽子、手帕和围巾等纺织品成为兴旺家庭的日常衣物。随着白色纺织品日益普及,拥有衣服的数量退居其次,要紧的是能否保持衣物洁白,亦即外观整洁。外观的清洁卫生不仅成为等级或金钱的一个标志,而且是区分公共领域和私人领域的一种方式。18世纪末,拉·罗什富科(La Rochefoucauld)在访问英国时观察到,房子的公共区域都打扫并保持得很干净,而"闲人莫入"的非公共区域,如厨房,就脏得"无法形容"。[14]工业化的蔓延使得清洁卫生问题变得更为紧迫,因为城市日益拥挤导致了用水困难。以前泉水、河流或水井是日用的水源,现在许多人的住处不再靠近这些水源,只能被迫收集雨水。直到20世纪,管道自来水供应及水的质量才变得比较可靠。

在这方面,荷兰面临的问题尤其严重。首先是地理上的原因,它的大部分领土低于海平面;此外,它是世界上最早进入城市化的国家,大多数人口生活在城市,对于如何应对城市化带来的问题,罕有先例可循。荷兰的城市,以及农业用地,在很大程度上依赖于雨水和公用水井,这两种水源均不能满足需要。在接下来的世纪里,法国的贵族和顶富阶层住的一些新建筑里安装了自来水,巴黎较新的宅邸偶尔还配有雨水储蓄池。1732年法国的一幅版画显示了新的沐浴设备:一个浴缸连接两只小水箱,分别为热水和冷水,热水是用壁炉加热的。建筑论著或许可以展示大手笔的设计:一个专门安放热水器的房间,一间晾房,一间浴缸室,外加一间副室——仆人待在里面听候召唤,等等。[15]但究竟有多少人拥有这样奢华的房子呢?这种构思是存在的,但现实情况非常不同。

在英国,第一个城市供水系统是1692年在德比(Derby)建立的,但其覆盖的范围很有限。1720年,旅居英国的一位荷兰画家描绘了一个家庭用餐的场景,显示烟囱的顶部有一个水管,看起来像是这座简朴房子的供水管道(图21)。由于缺乏佐证,我们很难判断该绘画反映的是现实还是对生活的美化。当时采用的水管是木质的,既低效又昂贵。管道最粗部位直径仅20厘米左右,因而供应一个水泵或自来水龙头需要安装数十根水管;而且木材很容易腐烂,每两三年便需更换。因此,在其他地方重复这种试验是没有意义的。到了18世纪末,随着铸铁管的出现,安装自来水才成为切实可行的命题。铸铁管可以做得比较粗,故可铺设较少的管道,加之其使用寿命比木管要长,因而安装的费用较低。[16] 然而,将冷水加热并保持恒温的热水供应是很奢侈的,并非必需。典型的做法是采取不定时的日常供应,直到20世纪才变为持续供应热水。兴旺人家的房子有储水箱,每当自来水公司打开主管道就将水箱灌满,但即使这样也很少够用。大多数能负担得起的家庭常从沿街叫卖的运水工那里买水;或是在苏格兰,雇用水童到街上的公共水泵去排队打水。

在20世纪之前,尽管定期供应自来水尚未成为一种标配,但改革活动家们在19世纪中期即试图说服英国政府:卫生改革不是一种奢侈品。他们敦促说,合格的公民应具备讲卫生的意识,清洁的城市将减少疾病流行,从而有利于整个经济的发展。因此,应当制定有关建造自来水和下水道系统的法规,用税收来支付开支。首先开始关注这一问题的是人口增长迅速的工业中心地区。在19世纪中叶,曼彻斯特(Manchester)的一半家庭使用的是被废物污染的水。当地政府制定了专门的征税率,用于修建水库和水管道的开支。在25年内,该城市80%的家庭用上了自来水。新型的过滤装置确保了水质清洁。然而,获得干净的水远未被当作一种普世权利。相反,它是一种商品,如同其他任何商品,由私人公司买卖。

因而常常仍是市场规律在发挥作用,那些可以通过管道大量购买生活用水的富裕人家,用水反倒比其他人便宜。在该世纪中期,36加仑的自来水仅需四分之一便士;通过运水车购买等量的河水,价格是四便士;井水更贵,要花八便士。[17]

19世纪美国的大部分地区还是乡村,不像城市化的欧洲那样受到传染病的严重威胁,因此,市政自来水系统发展缓慢。一般情况是,在有疫情发生的地区,供水系统便得到迅速的改善。18世纪90年代,一场黄热病肆虐整个费城,之后这里便成为北美大陆首个建立供水系统的城市。一百年后,美国许多城市都有了市政供水,尽管并不一定通过自来水管道。比较典型的做法是,城市建有大储水罐,由马车运送到居民的住宅。在全国范围内,有自来水设施的几乎全是城市地区,超过四分之三的家庭仍然没有自来水。直到"二战"之后,大多数乡村的房子才连通了供水管道。[18]

许多城市的政府也没有统一建立污水处理系统。垃圾处理业是民营的,住户支付钱给承包商来清理污水。在农村,垃圾多是草率处理,或根本没人在乎,很多人只是把废物扔出门窗了事。在美国南方,小农舍和奴隶的住所都没有厕所。不清楚当时有多少户居民的厕所连接了主下水管道。使用自来水要缴纳高昂的税,因而很可能有不少家庭漏报。直到19世纪末,在印第安纳州一个拥有11000人的城市曼西(Muncie),仅二十来座住房有卫生间(包括浴室和厕所)。"盥洗"通常仅指洗脸和洗手,还不一定用得起肥皂。用清水沐浴是奢侈的,人们认为用粗毛巾擦身就足以去除污垢了。鉴于自来水的珍贵,这是毫不奇怪的。[19]

在农村地区,住在河流或水井附近的家庭是幸运的,其他家庭则需长途跋涉去汲水。水的重量不轻,即使是维护起码的健康所需，每天也免不了要运好多趟。1886 年，北卡罗来纳州（North Carolina）的一座房子离泉水只有 55 米远，但每天要运十次水才能满足全家的需要。计算下来，每个星期要提着沉重的水桶走将近四公里。[20] 19 世纪的许多贫困家庭几乎没有家具，也没有以当今标准来看的任何家用技术，却往往拥有各式各样的提水容器。罐和桶是无处不在的，还有小壶、锅及其他不大专用的容器。据此可以作出判断，取水是日常生活的中心。许多地区形成了自己独特的运水方式。18 世纪在威尔士的阿伯里斯特威斯（Aberystwyth），妇女把大水罐顶在头上，走起路来相当平稳。19 世纪萨里（Surrey）的妇女身套环形架，上挂好几只水桶（称为"stoups"），重量分布均匀，更容易保持平衡。在英格兰北部，有一种叫作"斯基尔"（skiels）的桶形容器，底部比顶部宽，有一根长条手柄。奥克尼郡（Orkney）的习俗是两个女人用肩膀担水，水桶挂在一根木棍的中央。

运水的任务几乎总是由妇女或儿童承担的。因而，一个家庭消费的水量同可用水量的关系不大，而主要取决于家里的女人有多少能力和时间去取水。19 世纪英国的许多城市里，居民常常得在公用水泵前排几个小时的队才能打到水，这对于那些每天工作 12—14 小时的妇女来说大概是很难甚至无法做到的。在可能的情况下，大多数的房子都配备雨水对接罐，不过，一座小房子收集的雨水量，如果是个五口之家，平均每人一天只有 10 升多一点①。在 18 世纪末的巴黎，各种用水的平均消费量为每人每天 5 升，其重量不到 5 公斤；在 19 世纪 50 年代的格拉斯哥（Glasgow），每人每天竟只有

---

① 这个数字是这么得来的：一年中一座小房子接收到的平均总雨水量（大约 20000 升）除以 365 天，再除以当时一户人家的平均人口（五口）。

3.73 升。（今天，根据英国健康标准的最低要求，每人每天平均需要 54.6 升；在英格兰和威尔士，每人每天平均用 133—154 升。）此外，工人住房很少有排水系统，除了饮用水之外，其他用过的水必须运出房子，随手泼掉或做其他处理。[21]

这种状况直到 20 世纪早期都未见改观。在美国的许多城市和郊区，除了最贫穷的社区之外，所有新住宅都配备了自来水系统，甚至专用浴室。但是，老房子没有普遍升级，再以曼西为例：1925 年，四分之一的房子没有自来水，三分之一未连接下水道。英国的情况十分类似。在 20 世纪初，苏格兰一半的房子没有自来水，而且其中许多房子距离常规供水点超过一公里。1934 年，伦敦的工人住房一半没有自来水，居民依靠外立水管。甚至在"二战"结束时，农村三分之一的人口仍未用上自来水。爱尔兰更落伍一些，阿尔斯特（Ulster）90% 的农户在 20 世纪 50 年代初仍没有用上自来水。[22]

供水技术类似照明技术，其改进过程不是单线性的。每一发展阶段均有各种供水系统并存。富人可以选用最先进的系统，其他人可能连基本的连接都没有，或是只有部分连接，但也有运气好的，譬如由雇主提供自来水的住房。今天人们或许认为这是起码的需求，但当时未必是人们的优先考虑，即使有能力来选择。20 世纪 20 年代，在曼西的 26 户拥有一辆汽车的家庭中，有 21 家没有浴室。[23]

自来水供应本身给生活带来了很大的便利，它改变的不仅是卫生状况。早在出现组合炉灶之前，烹饪已从多功能的房间转移到了专用的空间——厨房，组合灶只不过是加速了演变过程。相比之下，在房间使用方面，新的浴室技术导致了一场全新的变革。没有自来水的时候，人们可以在房子的任何地方洗东西。在英国，通常是利用家庭的唯一水槽，往往位于洗碗间或厨房；或是用一个易于搬动的镀锡浴盆。在美国的新英格兰地区，更常见的洗衣处是在住房的背后：南方是在独立的厨房里，西部是在户外或水泵和水井旁边。19世纪时，中产阶级已将洗浴事宜从公共场所转移到了私人领域，几乎完全限制在卧室里操作。此外，如果经济条件允许，每个家庭成员都有一只专用水罐和一个盥洗盆。如今，住宅的先进技术更上层楼，迄今为止家庭具有的一系列洗涤清洁活动集中到了一个新的场所——浴室，类似法兰克福厨房功能的一体化盥洗空间。厂家向住户推销一种"套房"，包括水池、浴缸和便器，所有的设备集中在一个房间里，并且沿着同一堵墙置放，连接共同的上下水道。它们通常是白色的，采用标准化配件，由美国标准公司（American Standard）制造。[24]

  自来水、下水道、煤气、电力，这些技术将房子同周围的现代生活网络连接起来，同时推行了标准化。建筑者们现在必须采用固定尺寸的管道，最终还需符合新的安全法规，遵照立法规定安装特定类型的电线。安装净水和废水管道最初令人不安，因为它打破了19世纪与世隔绝的理想"城堡"，人们并不欢迎将污垢运出房子，反而开始担心公共污垢侵入私人住宅。1877年英国有一本关于改进卫生条件之后的生活指南，它对居民发出警告说："有一千扇通向死亡之门！"[25]允许那些"有害气体"或"从排水口冒出的臭味"进入房屋，没有什么比这个更危险的了。这不仅是对下水管道的恐惧，任何在物理上将房子连接到外面的功能都被视为危险。许多屋主每天夜里都要关上煤气管道的阀门，相当于顶上门闩、关上百叶窗和拉起吊桥，将房子同外界隔绝开来。经过了相当长的时间，这类恐惧才逐渐消除，人们才习惯了一系列方便的生活方式，包括垃圾处理，从水龙头接收净水，通过排水管处置废水，轻弹开关就可以照明，等等。细菌理论知识的传播使人们受到启蒙。新的立法规定了管道、布线、气体照明和加热系统的基本安全标准。无视威廉·皮特在一个世纪之前的信条，今天，政府有权力和责任"侵入连国王也无权进入的贫民小屋"安装"危险的"电线。

到了20世纪，人们认识到，这些技术及有关立法不仅不侵犯隐私，反而是增强隐私的手段。这种新的逃遁社会的隐私意识，反过来又刺激了新一波的购买潮，使家庭更像一个庇护所。这类新商品同床上用品、窗帘或厨房设备一样，都是从市场上购买的，包括卫生、营养、健康、交通，乃至整洁和空间。一方面，它们也可赋予拥有者一定的身份地位；另一方面，它们不能通过有形物质展示出来，故可称为无形商品。到了19世纪和20世纪之交，这些无形商品加入了早期的有形商品，共同用来判定一个家庭的社会地位。

财产的展示总是受社会态度的调节。使用者选择什么物品，以及如何陈列它们，同物品本身一样重要。指南手册和公众观点长期以来一致同意，良好家政管理的目的之一是合理消费、量入为出。一个家庭的家具和装饰同其主人的阶层和收入相匹配吗？太华丽、太昂贵，还是过于节俭和朴素？不管是哪种偏激，都是十分错误的。展示的程度若超过家庭的经济水平，便是妻子挥霍、丈夫无知并缺乏掌控的明显迹象；展示若低于一个人的收入，则表明他在应属的社会圈子里不够游刃有余。节俭的定义并非不论收入多少而一味节省，而是正确地判断可供消费的准确金额，显示家庭的财务状况良好。丈夫通过扩大业务、赢得更多的客户，或获得较高的信用额度等方式，来提供更多的资金供家庭消费，妻子和孩子的社会地位便能相应地提升。但无论收入多少，都应量入为出。在北美殖民地，拥有房产体现了移民的生存能力和最终的成功。然而，当詹姆斯镇殖民地的总督约翰·拉特克利夫（John Ratcliffe）"在树林里建了一座宫殿式的房子"，人们便批评他"糊涂"，因为"那是毫无必要的"。[26] 在 17 世纪,"糊涂"一词仍保留着某些旧的含义:天真、缺乏判断力,在此还含有"愚蠢"的意思。受到谴责的"无用的、不必要的"开支,不是简单地指购买或使用某种东西,而是指购买或使用与拥有者身份不符的东西。三百年后德国的一个孩子准确地把握了这个概念。早餐时,他看见祖父往面包上抹黄油,简直惊呆了:"(大人)一直这样告诫我们:谁敢这么干就会被关进监狱!"

有时,绘画艺术将节俭和家庭幸福直接联系起来。荷兰的"小宴"(banket jestukken)[27] 题材流行于 17 世纪 20—30 年代,以静物形式赞美"知足常乐"的生活:陶盘里放一条青鱼、一片水果、面包和奶酪,旁边有一两件标志富裕的器物,如洁净的餐巾和锃亮的锡器。在 18 世纪的英国,画家们对节俭风俗怀有别样的敬意。然而,随着商品市场大爆炸,风俗画家将新住宅的主人美化得流芳百世:他们坐在装潢豪华的厅堂里,身穿雍容华贵的丝绸和天鹅绒衣服,面前陈放着时尚的陶瓷茶具。我们现在知道,这些作品的画面往往是虚构的。在现实生活中,房间里往往堆满了各种杂物,甚至拥挤不堪;而画家们笔下展现的是近乎清教徒式的空旷房间,仅突出一两件精致的奢侈品——堪称一种简约式超级消费(图31)。

在 19 世纪的进程中,尽管商品大量涌现且价格实惠,但推崇节俭仍是很有意义的,它给予"选择"商品一种道德维度。[28] 杂志评定许多商品对消费者的吸引力时,不是将购买作为一种可提升地位和享受的行为,而是赋予它某种道德层面的内涵。商品或许被诠释为"人生教育的一个重要原动力",暗示只要拥有了它,家庭生活便会改进。

摆设和用品既不过于昂贵,也不过于低廉;既不超时髦,也不太过时,这才是完美的家居。同样来说,不明智的选择可使普通家庭失去他人的尊敬，表明这个丈夫不宜被雇用；在这种环境里长大的孩子将来也不是合适的婚姻人选。[29] 直到 20 世纪下半叶，所谓体面和不体面工薪家庭之间的区别"仅在于家庭经济状况的差异，主要是妻子的责任"，具体包括饭桌上是否铺了桌布，餐具是陶瓷的还是锡制的，是否能够"吃上可口的饭菜，穿上整洁的衣服"，是否拖欠当地商店的货款，等等。由此可见，衡量家政管理水平的标准几乎不知不觉地改变了，从购买有形商品过渡到了无形商品——营养、卫生和勤俭节约。

在 19 世纪的大部分时间里，人们普遍采信瘴气传播疾病的理论：腐烂物质滋生疾病，然后通过空气中的雾霾或瘴气以飞沫的形式传播开来。19 世纪中叶在萨里的乡村，男性预期寿命为 45 岁；伦敦为 37 岁；在人口过于拥挤的工业城市利物浦，预期寿命只有 26 岁。（假如除掉很高的儿童死亡率，21 岁以上成年人的预期寿命要长一些，但仍然存在城乡差别。）在该世纪下半叶，细菌导致疾病的理论逐渐普及，霍乱和斑疹伤寒通过水传播也为人们所接受。1854 年，约翰·斯诺（John Snow）博士发现，局部暴发霍乱的起因是污染的水，源于苏荷（SoHo）区一条街上的一个水泵。他努力说服了教区的管事，禁止居民们使用那个水泵。不过，在大范围内，瘴气理论仍占支配地位。幸运的是，市政当局在发起"驱除瘴气"运动的同时，也采取了相应措施来改进供水质量，这是更符合细菌理论的。在 1846—1848 年的美墨战争中，士兵因疾病导致死亡的数目是战场上阵亡数目的六倍。到了 1860 年的内战时期，军队建立了卫生委员会，病死和阵亡的比例下降到三比二。驱除瘴气和改进水质改变了清洁问题的性质——从社会地位的指示器变成一个健康的指标。[30]

在大众看来，这个新的健康运动中的核心角色是房子的女主人。理家不再只是保持清洁、提供足够的饮用水那么简单。家庭主妇一直负责食品分配，确保将稀缺食物供给最需要的家庭成员，但这是不够的，现在的饭菜必须营养均衡。冷藏、运输和食品保鲜加工的新方法增加了获得多种食品的渠道，新鲜水果和蔬菜可以运送到数百公里之外的消费者手中，价格也下降了；或是制成罐头，一年到头随时都可买到；肉类可以冷冻并运输到千里之外。（在过去的几个世纪里，无论是出于季节性或地理的原因，几乎所有的人都不可能享受这种奢侈待遇。）因而，预防营养缺乏性疾病，如佝偻病、糙皮病、坏血病，以及其他常见疾病，成为中产阶级家庭主妇的另一项任务。现在是她，而不是上帝，担负起了英国医学协会（British Medical Association）主席在19世纪80年代声称的"家庭生产健康"的责任。[31]

然而，对于劳动阶级，以及那些赤贫者，良好的营养是不可企望的奢侈品，大多数人沿用传统的饮食方式，冬季和夏季的食品迥然不同。冬季主要是一些根茎蔬果，如白菜、苹果、玉米，或大米布丁、面包。还有一些腌制蔬菜，在美国最常见的是煨制番茄，欧洲北部流行泡菜或腌黄瓜，在英国基本上是洋葱。那些擅长狩猎的人，或可负担得起的人，也能吃到一些肉类。每到"青黄不接"的饥馑时期，冬季的根茎作物已消耗殆尽，春季蔬菜尚未长成，有限的食物进一步减少，许多人便会罹患所谓的"春疾"。奎宁水号称能够医治"春疾"以及脓肿、坏血病、瘰疬和湿疹等，甚至可以"净化"血液或肝脏，更玄一点，还可改善"精神乏匮"或"全身虚弱"的症状。在世纪中期，广受欢迎的莫里森药丸（Morison's Pills）更是神乎其神："包治一切可治愈的疾病。"然而实际上，所有的滋补品只是试图减轻由于不合理饮食，尤其是普遍缺乏新鲜水果和蔬菜而导致的病痛。[32]

另一个神话是，在进入20世纪之前，家庭主妇都有一项季节性任务：腌菜和制作果酱，并且密封保存（在美国叫作"做罐头"）。其实，对于低现金经济中的许多低薪劳动者来说，做罐头是不大可能的，因为不仅需要买糖和瓶罐，还要耗费不少燃料和时间。大多数人所能做的不过是将蔬菜和水果晾干，或是简单地储存在阴凉的地方。（自19世纪开始确实有一些关于食品保存方法的指南出现，但正如今天的食谱书，只有少数人一丝不苟地照章去做。）"一战"的爆发及"凯旋花园"①的出现，将家庭制作保存食品提升为一种"爱国主义义务"。（有个著名的口号："我们既能做罐装蔬菜，也能打败德国皇帝！"②）高压锅的发明，以及糖和玻璃的价格不断下降，使得越来越多的人家可以采取这类方式保存食品了。同时，随着日益增多的妇女退出劳动力市场，她们也有了一些富余时间。不过，即使在那时，制作和储存罐装食品只有对于小康以上的家庭或乡村居民来说才是现实可行的，原因是城市的工人阶级无法获得大量的蔬菜和水果，也没有足够的闲暇和空间。[33]

不管怎么说，自19世纪后期，新的交通网络不断扩展，商业化加工和罐装食品开始普及，改良了人们的营养构成，因而，家庭自制保存食品的必要性日益降低。市政部门建立了污水处理系统，并用清扫车及时清扫城市垃圾，公共卫生也有所改善。这些发展远远超出了个人的掌控范围，但随着健康水平的普遍提高，清洁卫生成为一种商品，反过来出售给家庭主妇，把维护家庭福祉的责任牢牢地放回她的肩头。[34] 由于电力和煤气取代了明火灶，城市

---

① victory garden，又称"战争花园"（war garden），指两次世界大战期间在美国、英国、加拿大、澳大利亚和德国的私宅和公园开辟的蔬菜瓜果园。——译者注
② 原文为"We Can: Can Vegetables and the Kaiser Too."。（此处"can"是双关语，有"能够"和"做罐头"双重意思。）——译者注

变得比以往干净了,人们不会感到家里很脏,清洁皂的制造商便面临产品滞销的危机。于是,在20世纪开始的几十年间,美国的几个厂家联手推销"清洁业务",它表面上是一项教育计划,实际上主要是促进产品需求的一种商业策略。他们发行手册宣传用肥皂洗手的益处,免费给学校提供清洁教育材料,并出版《清洁杂志》(*Cleanliness Journal*),赠送给教师和市政官员。同时,他们在广告中承诺:经济上的成功只属于那些达到新的清洁水平的人士。他们警告说,口臭、牙齿发黄或"身体有异味"(一个新术语)会阻碍晋升或提薪,甚至丧失就业机会。不过,值得注意的是,这些广告针对的消费者不是男人,而是待在家里的妻子,因为每天将符合卫生标准的男人送出门上班是女人的任务。这些公司倡导的新标准迅速被消费者同化为一种社会规范。到了20世纪20年代,肥皂公司和清洁用品制造商赞助白天的广播节目,"肥皂剧"的称呼由此得来,它们的粉丝正是那些购买肥皂和在家里使用肥皂的主妇们。清洁、肥皂和家庭主妇之间建立起了千丝万缕的联系。到了20世纪40年代,中产阶级的卫生状况已经彻底改变,焕然一新。在个人卫生层面上,沐浴不再仅采用毛巾快速擦身法,除臭剂、肥皂和牙膏是起码的必备品。在家庭住宅中,所有的房间至少每星期打扫一次,卫生间和厨房每天清洗,每星期至少用两天来浣洗衣物。

那些地位低于中产阶级的人,可借助清洁卫生来攀登社会阶梯。在美国,清洁卫生也可起到同化作用,有助于不同阶级、种族或国籍群体的融合。非洲裔美国教育家、民权领袖布克·华盛顿(Booker T. Washington,1856—1915)曾传播"牙刷的福音",呼吁人们注重仪表和卫生,包括口腔保健。非洲裔可通过改善个人卫生来体现美国化,尽管布克并未这样明确表述,或许他自己也没有意识到。克里斯汀·弗雷德里克提出了类似的观点。在《新家政》

（*The New Housekeeping*）中，她称赞"家政科学课、典范厨房和公寓……夜校和布道"，所有这一切都将指引"穷人从愚昧的旧世界进入智识的新大陆"。她假定穷人都是来自"旧世界"的，亦即新移民，从而意味着出生在美国的人是现代的、富足的、符合卫生标准的，不需要这方面的启蒙教育。从肮脏变清洁的过程即是"美国化"的过程。[35]

长期以来，德国人也一直认为德国家庭的住宅比其他国家的更清洁。1871年统一之后，德国家政管理的优势成为其新民族意识的一部分，通过灌输对其他国家或文化的轻蔑来建立民族归属感。有一些常见的口头蔑语，如"波兰人式的管理""看起来像是霍屯督人①（Hottentots）住在这里"。家政学一直是德国女孩正规教育的组成部分，除了课程之外，许多人还要去亲戚或朋友家实习，完善操作技能。自1913年，女生必须完成额外的一个学年，培养"每个主妇应当具备的美德，即清洁和整齐、节俭和勤劳、简朴和大方。其他都不必要"。"一战"期间实行配给制，采取食品分配，集中掌控价格和成分，促使政府的影响力进入每家的厨房。配给的面包叫作"K-bread"（K面包），"K"是"Krieg"（战争）和"Kartoffel"（土豆——面包的主要成分）两个词的缩写。家务于是变成"为国家和国防服务，并体现公民的义务"。[36]

随着时代的发展，好管家和好公民之间的内在联系不断强化。[37]人们认为，糟糕的家庭主妇是道德低下的、有罪的，甚至政治上是可疑的。在纳粹统治时期，"母亲十字奖章"可被授予下列女性：生养孩子的数量达标（类似苏联表彰的"英雄母亲"）；家政管理出色，致力于"重塑家庭消费方式"的运动。第三帝国还在

---

① 非洲西南部的一个种族，属于克霍克族的成员。主要分布在纳米比亚、博茨瓦纳和南非。

不来梅（Bremen）建立了哈述德教育定居点（Hashude Educational Settlement），这种恐怖的"再教育营"强行关押"反社会"的家庭成员，在铁丝网里向他们反复灌输"家政管理尤其是清洁家居"的正确思维。这些家庭每天都要接受检查，直至建立起"体面"家庭的两根支柱：丈夫能够胜任工作，妻子理家达到监护者认为满意的程度，方能恢复自由。

教育营是历史上的一个非正常事件，同时也是一个自然发展的结果（即使采用的方式是非自然的），半个世纪以来，卫生、营养和良好家政管理之类无形商品的重要性不断增强。人们日益认识到，通过努力工作或应用科学知识，居民的幸福指数是可以掌控和提高的。到了19世纪中叶，房子的坐落地点也成为一个考虑因素。工业革命的煤烟导致很多城市空气严重污染，因此人们认为，去海滨或山区，或更常见的——去乡村度假，是对健康有益的，有助于减轻因污浊的空气、水质及其他城市生活弊病而导致的许多慢性病症状。那么，假使去乡下旅行对健康有益，长期生活在那里显然更好。随着时间的推移，火车和公共汽车等新的交通方式日益普及，平坦的道路四通八达，新中产阶级便有可能居住在远离工作场所的郊区或乡下了。伴随男人和女人领域分开、公共和私人领域隔离的观念流行，出现了远离建筑物集中地区的住宅，它似乎是一种实现社会隔离的方式。不出半个世纪，郊区的田园生活成为许多人心目中的理想家居模式。

最早的所谓郊区住宅群不是城市的延伸，并非有计划地建在城市的外围，而是独立发展起来的，类似后来出现的花园城市。早在19世纪50年代，美国上层中产阶级居住的飞地就存在了。"家园国度"也有类似的定居点，但大多坐落在郊外。然而，这些定居点的居民只限于那些负担得起私人交通工具的人，占人口中很小一部分。在随后的几十年里，美国内战后人口急剧增加，推动了住房建设的发展，第一次出现了大批的郊区住宅。越来越多的人不限于在农村和城市之间做出抉择，郊区生活被看作理想的中庸道路，它具有享受新鲜空气、租金较低、人口密度小等好处，加之利用不断延伸的公共交通，可以相对方便快捷地到达上班地点和去商店购物。新建的公路开辟了从前无法企及的地带，那些买不起汽车的人则可以利用铁路通勤。

郊区的吸引力不仅有关健康或开支，而且是一种情感上的共鸣，其意义远远大于拥有一座小乡墅。这部分缘于人们对土地的态度转变。在美国的大部分历史时期，荒野首先是令人畏惧的，其次是需要被驯服的。在19世纪，甚至当美国仍在扩张领土之时，一些艺术家和作家已在重新塑造对于土地的想象，诸如画家弗雷德里克·丘奇（Frederick Church）和作家詹姆斯·费尼莫·库柏（James Fenimore Cooper）等人，他们的作品盛赞原始大自然的奇迹，如同几十年前英国的浪漫主义，吸引了广泛的注意力。1864年，约塞米蒂（Yosemite Valley）国家公园建立，由政府负责保护，提供给"公众使用、度假和休闲"[38]。或许可以相信，在将来的某一天，地球上所有的旷野都会被纳入规章法律的限制和管理范围，不再是漫无边际、神秘可怖的。跟美国相比，英国的国土面积较小，原野没有那么荒蛮，人们的认识也发生了类似的转变。乡村田园曾经是社会精英的领地，最早为贵族乡绅所拥有，后来成为智识阶层的选择（即便不在物质上拥有，也是心向往之）。喜爱湖畔诗人（Lake Poets）的中产阶级读者将未开发的处女地奉为心中的世外桃源（Arcadia）。随着世纪的推移，铁路和旅游业开辟了大众市场，将一些荒蛮之地变成了广大民众游览和度假的去处，譬如苏格兰高地和英格兰湖区。开发这些地区是政府和私营企业的合资项目。在美国，铁路公司和军队频繁地合作开发和管理这些土地，1916年成立了美国国家公园服务局（National Park Service）。在英国，公地保护协会（Commons Preservation Society）于1865年成立，旨在保存自然空地，防止城市建筑无限侵蚀，其中包括汉普斯特德·希思公园（Hampstead Heath）、温布尔登公地（Wimbledon Common）、约3000英亩的埃平森林（Epping Forest）和阿什当森林（Ashdown Forest）的一部分，以及新森林（New Forest）。1895年成立的国家历史名胜和自然景观信托基金会（The National Trust for Places of Historic Interest and Natural Beauty）是一家私营组织，最初也将保护自然空地列入关注事项。进入20世纪之后，所有的普通人都有可能去乡野旅游和度假了。社会鼓励城市儿童参加户外活动，促进他们成长为身体健壮且具责任感的公民。美国的野营联盟（Woodcraft League）、男童子军（Boy Scouts）和女童子军（Girl Guides）分别于1902年、1908年和1910年相继成立，正是这类应运而生的社会团体。

虽然英国和美国的领土面积和人口密度不同，自然景观的野生和人工化程度也不同，但崇尚郊区生活的理念并行发展、相互影响。花园城市运动（garden-city movement）的奠基人埃比尼泽·霍华德（Ebenezer Howard，1850—1928）年轻时在伦敦市政府当速记员，21岁时辞去工作，航行到美国。19世纪70年代，他试图在内布拉斯加州（Nebraska）获得一个宅基地的所有权，败诉后搬到了芝加哥，当时正值兴建公园，市政府的愿景是打造一个"花园城市"，霍华德从中获得了启示。1889年底他回到伦敦，开始规划一个新型社区，起初叫作"友联村"（Unionville），后改为"如瑞村"（Rurisville），最后定名为"花园城"（Garden City）。那是1903年。接下来，他为创建"第一花园城公司"（First Garden City company）

筹集资金，在赫特福德郡购买了地皮，然后在莱奇沃思建造了英国的第一座花园城。霍华德著有《明天：通往真正改革的和平之路》（Tomorrow: A Peaceful Path to Real Reform）一书，后改名为脍炙人口的《未来的花园城》（Garden Cities of To-Morrow），广泛传播了他的建筑理念。[39]霍华德在书中描绘了花园城的轮廓，他写道，理想的社区是一个融合工业、商业和住宅的空间；一个有意识地限制规模的社区；它的周围必定环绕着大片的绿地和未受破坏的自然景观。

在霍华德将他的梦想付诸实施之前，有少数慈善人士和工业家认识到，让工人们住在空气新鲜的地方，不仅对他们的身心健康有好处，而且可以提高工厂的生产效益。于是，他们主动为工人建造了环境优美的宿舍区。1851年，羊毛实业家泰特斯·索尔特（Titus Salt）在约克郡（Yorkshire）建立了样板村索尔泰尔（Saltaire）；到了该世纪末，利华兄弟公司和吉百利糖果公司的所有者分别在利物浦附近建立了阳光港，在伯明翰郊外建立了伯恩村。这并不完全是新现象。早在18世纪，马修·博尔顿（Matthew Boulton）在伯明翰附近的苏荷制造厂（Soho Manufactory）已为员工提供住房；约书亚·威治伍德（Josiah Wedgwood）在斯塔福德郡（Staffordshire）的伊特鲁里亚陶瓷厂（Etruria Works）也是如此。这些住宅区同花园城的差异只是规模小一些，中产阶级也开始效仿建立自己的聚居区。

但是，工人阶级的飞地跟后来绝大多数人所说的郊区生活是不同的。前者依赖于就业情况和特定的雇主，后者是居民自主选择的。英国的早期郊外住宅区是有计划地建造的，而不是如霍华德所希望的那样自然地形成，由收入水平从低到高的阶层混合居住。这是19世纪70年代在西伦敦建立贝德福德庄园（Bedford Park）

的初衷，由建筑师诺尔曼·肖（Norman Shaw）和戈德温（E. W. Godwin）设计。然而，许多这类项目证明，私人投资的金钱比理想主义更有推动力，最终形成的均为清一色的中产阶级专业人士社区，而不是混合住宅区。即使是霍华德主持建造的莱奇沃思花园城，也反映出经济因素制约了最初的理想愿景，由于基础设施建设的成本导致房价偏高，最后的购买者皆为中产阶级。美国的房地产项目也是类似的情况，在波士顿、匹兹堡、华盛顿、克利夫兰，乃至横穿美国直到西部的洛杉矶，迅速出现了居民背景和收入非常一致的社区。根据工作种类、平均工资、工作地点、通勤路线，以及阶级和种族的划分，形成了低级办事员社区、专业人士社区和富豪社区。总之，新建的住宅区完全是"物以类聚，人以群分"。

除了构想建立不同社会阶层混合的社区，霍华德及其两个有影响的设计师——雷蒙德·欧文（Raymond Unwin）和巴里·帕克（Barry Parker）——还试图将住宅同商业和轻工业区结合起来，但基本未能如愿。19世纪的标准郊区住宅多是有计划地修建的，在英国经常为单一的房地产主所有，将所有的工商业活动——事实上是任何类型的工作场所，包括各种商店，一律严格地排除在外。许多郊区住宅的租赁合同中包括"不允许住户在家从事任何专业活动"的条款。这可以说是将领域隔离的概念变成了现实：防止任何公共事物侵入私人空间。威廉·莫里斯绝望地喟叹，整个小区死气沉沉，"除了一家药店和（不卖酒品的）饮料店之外，就是一排又一排的别墅"[40]。

然而在现实中，正如私人住宅通常也是工作场所，这些郊外社区表面上是孤立而内向的独立生活模型，实际上却连接并依赖外部世界的网络。尽管它们是保护居民隐私并选择与外界隔离的独立社区，但政府的参与也至关重要。从最早的社区开始，即由政府投资并建造基础设施，包括运河、水利系统、道路、污水处理、公共交通、煤气和电力供应等。倘若缺少这些基础设施，郊区住宅既不能建造，亦无法生存。进入20世纪后，政府进一步扩大了对郊区社区发展的投入。到"一战"结束时，由英国政府建造的房屋占该国房屋总数近60%；二十年后，400万座新房子矗立起来，其中政府直接修建的有150万座，并且给千百万自行建房的公民提供了资助。在德国，正如我们所看到的，建造新的社会住房是魏玛共和国的经济驱动力之一。在美国，郊区住宅群之所以能够存在，根本原因是政府在这方面集中投入了财力和物力。英国政府也跟美国一样投资建立了基础设施，20世纪时又增加了对郊区居民的财政支持。譬如在30年代的经济大萧条期间，为被压垮的家庭提供低息贷款，帮助他们再次按揭，挽救了成千上万的社区，还给战后归来的士兵们提供贷款来支付第一所住房。政府还将战争期间组织起来的有关产业和技术研究——铝业的发展、预制构件的施工技术等，移交给私人企业，并向私人住宅的建筑行业投资了500亿美元。在接下来的几十年里，政府向建筑设计行业提供资助，并为小型开发商制订商业计划，免费供给建筑公司。[41]

政府的参与影响了新郊区的整体外观。在19世纪，郊区住宅的首选风格是高度改良的哥特式，受到浪漫主义运动的影响，与大自然紧密相连。然而，新哥特式住宅既不很实用，也不可能大批复制。因此，一旦郊区居民扩大到上层中产阶级之外的普通家庭，这种风格就不是所有人都能够负担的了，也不再符合此时的审美理念。20世纪早期，在美国，大多数郊区建设的投资基于预制构件的房屋经济学。所有构件尽可能在工厂里制作，包括木材切割和组装，在承包商到达建筑工地之前，80%的建造工作已经完成了。用混凝土板建造的房屋一般没有地下室，或仅有一个小地下室，只需两个星期便可完成建筑现场的工作。建筑者大部分是小承包商，每年建造的房子不超过 100 座，不过，号称"郊区建筑狮王"的威廉·莱维特（William Levitt）是个例外。在 20 世纪 40 年代后期，他的公司在长岛建造了 17000 座房屋，其中大多提供给返乡的老兵安家；接下来的十年里，他又在宾夕法尼亚州和新泽西州建造了 22000 座房屋；在伊利诺伊州和马里兰州建造的数量更多。[42] 之后许多人追随莱维特的创意，其设计成为一种建筑标准；莱维特房屋的视觉风格几乎成为美国"郊区"的简称。长岛莱维特镇（Levittown）的房屋仅有两种风格：高度简化的鳕鱼角式房和牧场式平房（ranch，英国人称为"bungalow"）。后者是单层的，外墙通常采用木头、灰泥、木瓦板或护墙板，厅廊上面多盖有宽沿的低矮坡屋顶。此时，人们普遍认为两三层高的维多利亚式房屋过于正式甚至古板了，这种牧场式风格是一种与之对立的选择。有趣的是，尽管莱维特及其建筑同行们依赖于预制构件和大规模生产，牧场式房子却被看作"自然的"或"非正式的"，即使是房屋排列成行的住宅区也被当作"乡村生活"的缩影。尽管这种单层建筑比传统的两层楼房要占用更多的土地，因而最终的价格更高，但在某种程度上，它反倒被视为既反商业主义也反消费主义。

在英国，与美国郊区风格一样的最初是独立房屋，或至少是两座房共用一道中央墙的半独立房屋。贝德福德庄园和早期上层中产阶级居住的郊外社区已采用安妮女王时期的风格，但大多数郊区采用的是比较"简朴的"，因而也是更舒适的都铎式。如今，都铎式显然被视为一种永恒的风格，不属于任何特定历史时期和任何特定地区。譬如，都铎式的流行可能同印度风情的游廊或是"工艺美术运动"推崇的房屋主门风格并存。它甚至不属于 16 世纪。相反，它反映了一套"古老的"基本价值观，如社区精神、历史传承，以及消逝了的（无疑是美善的）世界。郊区住宅建筑试图将城镇和乡村生活交织为一体，都铎风格则将现代郊区居民与半神话的祖先们联系了起来。

在建筑上，都铎式、哥特式和牧场式的房屋都反映了一种排斥态度：通过砖石和灰浆来拒绝不想体验的生活方式。它们的主人不喜欢变成现代人，也不希望成为都市人，不愿住在人口稠密的市中心，也不愿住在混合社区，这些都似乎偏离了此时成熟的"家"的概念。相反，他们寻求一个神话般的过去，一个凡事更为简易的时代。生活在郊区都铎式房屋里的人通过建筑风格来表达自身的欲望，想象自己的家居方式是排外的、不同寻常的。然而，这些欲望的普遍性改变了郊区生活体验的性质。从20世纪20年代开始，"成群地迁徙到郊区"[43]成为一种公认的生活模式。住在郊区的美国人口越来越多，70年代时超过了农村或城市人口；到2000年，超过了住在城市和农村地区人口的总和。于是，"郊区有些与众不同""郊区是自我选择的社区"等看法便不再成立了。现在，平均有2.4个孩子的传统夫妇们选择在郊区生活，单身的、鳏寡的和离异的人也选择住在郊区。郊区时尚无所不至，人人崇尚郊区生活。

郊区开始转化，尽管由于它依赖家居的神话，这些变化刚出现时没有引起明显的注意。自19世纪以来，随着越来越多的妇女重返工作领域，住宅附近缺乏服务和商业设施不再是可接受的甚至可取的了，反而成为不便利的甚至是无法忍受的因素。因而，郊区开始了稳步的、持续的自我改造，从就业中心附近的卫星住宅区变为本身即是就业中心，实现了商业、服务业、写字楼和娱乐场所的一体化。

随着经济的转移，郊区的形象和概念也改变了。倘若它不再

第七章　家居网络

是孤立的、受保护的住宅社区，那是什么呢？大部分英语国家的开发商对此回答：一个新的无形商品。"郊区"已成为"遗产"，一种通过包装看上去古旧的社区。它已成为代表昔日美好家园神话的建筑方式。私人住宅的时尚走向有时是自发的，随着充满怀旧心态的客户大量出现，同流行神话相匹配的建筑风格便受到推崇。在新墨西哥州（New Mexico）圣菲（Santa Fe）的郊区，许多房屋都是木结构建筑，外墙用水泥覆盖，被装饰成类似风干的砖坯，实际并不是用当地黏土制成的泥砖。[44]不过，其他有些郊区从一开始就设计为单一的传统式单元，其结构和设计可与埃比尼泽·霍华德建造的所有花园城市媲美。佛罗里达州（Florida）郊区的庆典镇（Celebration）是由迪士尼公司（Walt Disney Company）在20世纪90年代投资兴建的；滨海度假村（Seaside）坐落在同一个州，是80年代由一位私人业主设计的，它结合小城镇的主题，融合了维多利亚式、古典式、现代和后现代的不同风格。① 英国的庞德伯里镇（Poundbury）坐落在多塞特（Dorset）的郊区，它由威尔士王子赞助，模仿古老村庄的风格（谨慎地模糊了特定的历史时期）。为了与现代经济和社会现实同步，庞德伯里的许多古色古香的房子实际上是银行、购房互助协会、办公楼等所在，而所有现代生活的信号标志——给排水、燃气、电力、电话、电视等设施，都被掩盖了起来，仿佛它们是一些肮脏的秘密。相反，集中供暖的建筑物上装有不冒烟的假烟囱，仅为追求古朴的视觉效果。

　　随着现代工业化的普及，毫不奇怪，传统产业和住宅博物馆日益受到欢迎，体现家园神话和爱国精神的风格开始流行。在20世

---

① 电影《楚门的世界》（*The Truman Show*, 1998）是在滨海度假村拍摄的，这部真人秀风格的电影内容跟这个人为配置的城市气味相投。

纪，如上面提及的，许多通过现代技术致富的人士大力推动修建商业化的古迹景点：亨利·福特建立了绿野村，约翰·D.洛克菲勒在保存"威廉斯堡殖民地"文化遗产中功不可没。保护遗产是通过回归简单的过去，来表达对未来的恐惧心理；通过拒绝参与各种进化和变革，来逃避不确定性。[45] 18 世纪和 19 世纪里一系列革命导致的动荡，使得简朴的"老德国"和"殖民地"风格成为有吸引力的、平和安定的象征。进入 20 世纪，激进的现代主义建筑极力追求惊人外观和背弃旧时代的品位，使得许多人比以往任何时候更加向往郊区生活。

尾声　透明之家

1925 年，国际现代工业艺术装饰博览会（Exposition Internationale des Arts Décoratifs et Industriels Modernes）在巴黎举行。这类博览会有着悠久的历史，均从维多利亚盛世在 1851 年举办的伦敦世界博览会汲取灵感。装饰艺术是当下的风格，但是，假如 1925 年的巴黎博览会值得载入史册，那便因为它是现代建筑艺术的诞生之地，瑞士-法国现代主义者勒·柯布西耶（Le Corbusier）的思想在"新精神殿堂"（Pavillon de l'Esprit Nouveau）里具体化了。这位卓有远见的建筑现代主义之父，通过砖石和灰浆的三维结构阐释了两年前他在《走向新建筑》（Towards a New Architecture）一书中提出的理论。这些漂亮时髦的房间充分体现了他所主张的现代建筑行为五要素：结构应抬离地面；应有一连串可望见户外风景的窗户；应有一个将大自然气息引入户内的露台；应有非支撑墙，让建筑师运用视觉而不是根据结构的必要性来取舍设计；最后，应在一个开放式空间中进行布局。①

---

① 中国建筑学界通常将这五个要素概括为：底层架空、屋顶花园、自由平面、水平长窗和自由立面。——译者注

这五个要素影响极其深远。然而，尽管现代主义历史的文献表明，这一运动建立在雄厚的理论、经济和哲学的基础之上，但耐人寻味的是，推动现代建筑的不是勒·柯布西耶或20世纪的其他伟人，而是19世纪的一位家庭主妇。

当然，凯瑟琳·比彻不单是一位家庭主妇。她是一位著名牧师的女儿，她的姐姐是闻名于世的哈丽叶特·比彻·斯托（Harriet Beecher Stowe）[①]。凯瑟琳·比彻办过学校，于1852年创立了美国妇女教育协会（American Women's Educational Association），为拓疆地区的学校培训教师。然而，在关于家政管理的论著（乍看似乎是其作品中最保守的一类）中，她提出了一个前所未有的思想，堪称家庭空间合理化的开创性建议。[1] 她的座右铭是，营造一个可"收纳百物，物归其位"的空间。并且，为了让住房面积狭小的人家也能实现这一点，她提出了"嵌入式壁橱"的概念，它在今天众所周知，但当时是一个尚未命名的崭新创意。她结合了许多后来的"时间动作研究"专家们采纳的想法，开启了20世纪开放式住宅的新潮流。譬如，将清洁用具柜移至厨房，床上用品橱移到卧室或至少靠近卧室，医药柜安放在浴室，等等。现在看来这类安排的实用性显而易见，居然过去还需要有人发明这种想法，似乎不可思议。但是，仅据荷兰人把床上用品橱摆在会客厅里的例子，即可说明历史上家居空间的使用方式跟今天是很不一样的。1912年，克里斯汀·弗雷德里克采纳比彻的"物归其位"和壁橱的创意，发明了嵌入式物架、储存间和座椅。随之便自然地出现了依据人体工程学布置的房间和家具。

与舒特-利豪斯基不同的是，在今天，上述两位女性都不被认

[①] 哈丽叶特·比彻·斯托（1811—1896），《汤姆叔叔的小屋》的作者。——译者注

为是现代主义的先驱。高级现代主义①往往把重点放在外观而不是实用性上，包括建筑和产品设计。即使是那些将职业生涯建立在民间风格房屋的装饰和设计上的佼佼者，也脱离不了这种倾向，无论是建造全新城市的公寓楼还是富人的私宅，后者依循早先的一些建筑理念和实践，如唯美主义、维也纳工作室（Wiener Werkstatte）和"工艺美术运动"。至于办公楼或公共场所，受到现代主义的影响较小。

　　历史上的建筑师们，正如我们所看到的，很少关注日常生活中的问题。道理很简单，这不属于他们的工作范围。将这种分割现象的长期存在归咎于现代主义者或许不够公平，他们有一句著名格言："形式追随功能。"这给人一种幻觉，似乎功能最终纳入了建筑学的视野。然而，尽管这句格言为人所知，却很少有从业者对功能有足够的兴趣，从而考虑让形式去追随它。在《走向新建筑》中，勒·柯布西耶连篇累牍地讨论房子应该采取的形式，它看上去应该是怎样的，但很少谈到它的功能及如何使用它，比如没有提到房子的保暖，或制作一日三餐的流程，包括采买、烹饪、清洁和用餐。在家庭的本质问题上，现代主义建筑家和房屋所有者继续各行其道。看上去或许是无意的，比勒·柯布西耶年龄稍长的阿道夫·路斯（Adolf Loos）以摈弃"舒适自在"作为家庭的整体氛围，称之为建筑师"试图秀给观众"的一种"效果"。他不但把家庭生活仅视为一种效果，而且认为这是建筑师强加的，甚至跟居民无关，是供"观众"（旁观者）看的。其他人则更轻视这种氛围，把"家"本身视为现代主义的敌人。[2]正如哲学家狄奥多·阿多诺

---

① high modernism，又称 high modernity，是现代性的一种表现形式，其特征是以对科学技术的坚定信心作为重新安排社会和自然世界的手段。高级现代主义运动在"冷战"时期尤为盛行，尤其是20世纪50年代末和60年代末。——译者注

（Theodor Adorno）所宣称的："房子过时了。"

这正是现代主义运动在19世纪时萌芽的情形。1863年，在《现代生活的画家》（*The Painter of Modern Life*）中，诗人兼评论家夏尔·波德莱尔（Charles Baudelaire）描述了一类完美的漫游者，或曰城市里的闲游之人。他们生活在"潮起潮落、喧闹、短暂和无限的时空……既处在世界的最中心，又隐遁于世"，这是他的理想。对于波德莱尔及其读者来说，漫游者是匿名的、隐居的、同家庭和社会隔绝的。现代主义最易植根于"住宅国度"，这或许不是一种巧合，在那里，街头生活始终是最重要的。在欧洲的"住宅国度"里，去咖啡店、小酒吧和餐馆之类的公共场所消磨时光是最惬意的事。相反，在"家园国度"里，住房无论多么狭小或不便，或是否划分成多个入住空间，都是人们的核心愿望，想象中的美好生活所在。当然，没有任何事情是绝对的。在20世纪上半叶，德国哲学家瓦尔特·本雅明（Walter Benjamin）断然摒弃19世纪的家庭生活方式，视之为身体上和精神上的"倒胃"。他厌恶室内软垫家具，形容它像诱捕猎物的蛛网一样，束缚和吞噬人的身体和精神。他建议，一个人可有两种生活选择。一种是坐在沙发上，在垫子上留下一个屁股的印记；另一种是住在城市里，漫步街头，在大脑中留下对历史的印象。魏玛共和国最前卫的建筑师和评论家阿道夫·贝内（Adolf Behne）认为，本雅明所说的19世纪的"恋家癖"不是一个心理方面的难题，完全可以采用物质的办法来解决。他主张用玻璃作为房屋的建材，因为玻璃具有"巨人和超人的性质"。至于说家庭主妇们感觉玻璃屋很不舒适，他认为那恰是它完美的要素："这根本不是一个缺陷。人们有太多的理由将形容词 gemütlich（舒适）强化为 saugemütlich（贪婪的舒适）。欧洲首先必须铲除'舒适'（gemütlichkeit）的观念。远离安逸！只有告别舒适，人性才会苏醒。"[3]

19世纪，人们通过舒适的物质体现（包括身体和情感两个方面）来保护家庭免受急剧变幻的工业世界的冲击。现代主义则试图推倒那些舒适的屏障，因为它自信是站在资产阶级舒适主义的对立面，代表了社会平等，并确信人类正在不断进步，走向光明开悟的未来。

勒·柯布西耶宣称：房子是一架"居住的机器"。他最初的意图是建议家庭住宅采用19世纪涌现的新技术、接纳大规模生产的新商品。公用服务事业的普及使房屋的深层结构（管道、电线等）趋于一致，因而现代主义建筑师和设计师接受了标准化，以及用大规模生产的商品来填补房子的空间。威廉·莫里斯是一名终身的社会主义者，他主张为所有的人设计更好的住房。不过他所采用的手工制作方式只有富人才能欣赏和享受。在20世纪，那些赞同莫里斯政治观点的人认为，可以通过利用技术和大规模生产来实现为大众做设计的目标。包豪斯的建筑师瓦尔特·格罗皮乌斯（Walter Gropius）断定："大多数人的切身需求基本上是相同的。一个家及其日用品对每个人来说都是重要的，它们的形状可以通过理性而不是通过艺术想象来决定。"[4]与莫里斯不同的是，格罗皮乌斯及其同道认为，大规模生产的物品可以比"手工的更好"。正如舒特-利豪斯基，通过法兰克福厨房的布局向有时不太情愿的居民推行她的政治和经济观点、宣扬正确的生活方式；对家用品孰优孰劣的判断往往取决于建筑师、城市规划师和产品设计师，而不是未来的用户。与此同时，工业技术的一系列创新使得房屋维护更加容易：钢化和耐热玻璃出现了——以1893年德国杜兰（Duran）公司和1915年美国派莱克斯（Pyrex）公司的产品为代表，新型油毡地板只需擦拭清理而不必强力抛光，"二战"后发明的不粘锅是莫里斯厨房的福音。不过，现代主义的先驱们对这类产品不感兴趣。他们设计的餐具、纺织品和家具仅追求样式新颖，既不方便使用，也不易于维护保养。

或许可以将这些设计师视为复古派，他们与巴洛克时代的宏伟建筑理论家有许多共同点。勒·柯布西耶建造房子的主要目标是引人注目的视觉表达，如同当初勒沃（Le Vau）设计凡尔赛宫时追求的效果。这两位建筑师设计的房子，用吉本（Gibbon）的话来说，是为了炫耀而不是使用。勒·柯布西耶的现代主义是一种视觉现代主义。他对在建筑的外观之下人们每天生活所依赖的技术不感兴趣。假如一座房子呈流线型，看起来时髦，它就是现代的；假如墙上没有插座，它就是现代的，哪怕居民无处插接灯具；假如房间没有踢脚板，它就是现代的，即使拖把和吸尘器会在墙壁上留下污迹。如同巴洛克时代，现代家具再次成为房屋整体设计方案的一部分，而不是有助于居民的社交或舒适。一把椅子在设计上亮眼，它就是妙品，即使太低或太窄；一张桌子看上去符合整体的感觉，它就是正确的选择，即使它很重、不易移动。舒适、实用和功能——这些问题从来都不是建筑师的关注所在，但很少有人像现代主义者那样，如此频繁地谈论创立全新的生活方式。[5]

勒·柯布西耶也许是一个极端的例子，但他很有影响。他在新精神殿堂展示的开放式布局受到广泛的推崇，亦被普遍采纳，尽管人们接受它的原因在很大程度上同艺术、政治或哲学信仰毫不相干。设计公共住房的建筑师们都是现代主义学派的追随者，这给他们的设计带来一些现代主义色彩，但从整体上说，解决两次世界大战导致的住房严重短缺问题远比维护设计理念更为重要。在人口稠密的城市，政府和地方当局急需建造大量的工人阶级住房，并在有限的空间内使之尽可能达到健康卫生和社会福利标准。与此同时，土地价格和建筑成本飙升（欧洲在"一战"之后，美国在"二战"之后），因而住宅越来越小。采用一个混合功能区来替代三个房间

（客厅、餐厅和厨房）的布局可以节省居住面积。某些新技术也可弥补空间的不足，例如用墙内管道供暖取代散热暖气片，巧妙地结合凯瑟琳·比彻和克里斯汀·弗雷德里克的务实安排，通过将器件和存储单元嵌入墙内来释放空间。随着世纪的推移，更先进的加热系统和玻璃技术使得安装宽大的露台门和窗户成为可能。让户外景色渗入室内，可令人产生更大空间的错觉。20世纪50—70年代，当开放式住房将家庭带回中世纪没有隐私的生活模式之中，这些商业必需品和技术机遇披上了现代主义理论的外衣。

但是，在长达半个世纪的家居营造过程中出现了一种现象：任何家庭拥有的财产都是以往的千百倍。"我们已经成为城市里的游牧者！"作家阿利克斯·罗德-利伯瑙（Alix Rohde-Liebenau）在苏联占领的柏林宣布："正如我们自己在不停地迁徙，我们也必须拥有可移动的财产。"[6]在这一点上，开放式住宅同凯瑟琳·比彻曾经提出的理念相反，不再是"收纳百物，物归其所"的固定空间。现在，任何物品都没有固定的所在了。甚至某些现代主义的支持者也在两种态度之间摇摆：或是恪守现代主义理论，或是不被认可地坚持期望满足家庭生活需求的旧模式。德国建筑师亚历山大·克莱因（Alexander Klein）是开放式住宅的早期倡导者，他设计的公寓特色是将起居室、厨房和餐厅安排在一个开放的空间，同卧室、浴室和更衣间分开。他在《无摩擦生活的实用住宅》（*Functional House for Frictionless Living*，1928）一书中提出，采用这种方式可以避免传统住宅中重复出现的问题：家庭成员日常走动时总是互相撞面。开放式布局创造了一种生活环境，使得家庭成员的日常活动可以保持独立，互不干扰。然而，克莱因的这一关注点表面上很现代，却奇怪地令人联想到19世纪的做法，首要目的是将家庭成员的活动分离开来。

亨利·詹姆斯（Henry James）几乎不是一位现代主义倡导者，他没有注意到克莱因试图通过新的开放式布局来分离家庭成员。相反，他对取消室内和户外、公共和私人领域之区别的企图感到惊恐。"这种做法模糊了空间分隔——公寓之间的，厅堂和房间之间的，各个房间之间的，住人的和不住人的房间之间的，公共通道和隐私场所之间的，等等。这是一种令人绝望的挑衅。"他哀叹道，一切都成为"可看见的、可造访的、可穿透的"了。[7]

克莱因的混合动机，以及他究竟是寻求开放还是隐秘的不确定性，均清楚地表明，现代主义所带来的改变多么具有颠覆性。现代主义试图在短短二十年的时间内，铲除长达五百年来人们努力建造家园的成果。因而不足为奇，今天的购房者倾向于选择20世纪的某些设计和技术成分，并继续小心地保存和收藏在过去几个世纪里象征着"家"的东西：靠垫、椅套、女贞树篱和尖桩栅栏。瓦尔特·本雅明推崇玻璃建材的理由是玻璃是"隐秘和占有的敌人"。[8]然而，这两点都是构成家庭的要素。家庭成员至少需要隐私保护；家庭成员需要拥有自己的房间，感受到舒适、怀旧和归属，并合理地占据自己的财产。

家同现代主义之间的较量永远不会是公平的。本雅明所说的"secret"（秘密）在德语中为"Geheimnis"，其含义不仅是"秘密"，而且是"谜"，意为"隐藏的""不可知的"。这个词显然源于"Heim"，正如它的反义词"unheimlich"意为"神秘怪异的"，从字面上理解即为"不像家的地方"。"怪异的""非自然的"植根于德语的"不在家中"。仿佛是桃乐茜被龙卷风吹到了奥兹国。即使她的家乡堪萨斯气候干燥，天空灰暗，不如奥兹国那么美丽，但是，在经过了半个世纪的适应和进化之后，人们仍然坚信这句老话："金窝银窝，不如自家的狗窝。"

鸣 谢

首先,我要感谢下述人士从欧洲的各种语言中搜索出关于"家"的成语:安娜·玛丽亚·阿斯蒂耶尔(Ana Maria Astier)、伊洛娜·查维斯(Ilona Chavasse)、马丁·戴维(Martijn David)、贝拉·德坎尼(Bela Dekany)、玛塔·弗兰科斯卡·施特尔马赫(Marta Frankowska Stelmach)、托拜尔斯·霍伊塞尔(Tobias Hoheisel)、艾丽斯·詹姆斯(Alice James)、唐娜·莱昂(Donna Leon)、佐尔坦·马提亚斯(Zoltan Matyas)、拉维·默辰-丹尼(Ravi Mirchan-dani)、简·莫里斯(Jan Morris)、艾金·欧克拉珀(Ekin Oklap)、索菲·奥克萨宁(Sofi Oksanen)、贾斯珀·里斯(Jasper Rees)、莉萨·桑德(Lise Sand)、艾娃·斯皮塔(Ewa Sipta)、乔治·塞尔泰斯(George Szirtes)、费戈尔·托宾(Fergal Tobin)、阿克塞尔·托勒里(Aksel Tollali)、贾伦·维特伯格(Jorunn Veiteberg)、汉娜·维拜(Hanna Weibye)、迈克尔·威尔斯(Michael Wells)、肖恩·怀特塞德(Shaun Whiteside)、弗兰克·韦恩(Frank Wynne)。由于社交媒体的奇妙特性,其中有些人并不知道自己提供的信息被收入了本书。我要再次感谢他们的善良和无私。

感谢杰拉德·范·维纶（Gerard van Vuuren）一丝不苟的工作，将几篇论文从荷兰文翻译成英文并提供给我。

我也要感谢罗德尼·伯特（Rodney Bolt）、凯西·列农（Cathy Lennon）、劳拉·梅森（Laura Mason）、尼内特·佩拉希亚（Ninette Perahia）、比·威尔逊（Bee Wilson）、加布里埃·艾伦（Gabrielle Allen），以及盖伊和圣托马斯慈善基金会（Guy's and St. Thomas' Charitable Foundation）、索尔特公司（Salters'Company）的凯蒂·乔治（Katie George）、雷丁大学（University of Reading）的夏洛特·路易丝（Charlotte Louise Murray）、诺尔庄园（Knole House）的管家艾米丽·沃茨（Emily Watts）、杰佛瑞博物馆（Geffrye Museum）的曼迪·威廉姆斯（Mandy Williams）和汉娜·弗莱明（Hannah Fleming）。罗森博格城堡/丹麦皇家收藏馆（Rosenborg Slot/De Danske Kongers Kronologiske Samling）的管理人彼得·克里斯蒂安森（Peter Kristiansen）不仅及时、礼貌地回应我这样一个陌生人发去的邮件，而且慷慨地提供了有关绘画的深刻见解。为此我感激莫名。

对于我似乎是随性提出的查询，网上维多利亚邮箱（Victoria mailbase）的工作人员总是非常耐心地给予解答，提供了很有价值的专业信息。我尤其要感谢海伦·布里格曼（Helena Brigman）、丽萨·萨普鲁克（Lisa Cepluch）、艾米·德安东尼（Amy D'Antonio）、戴维·拉塔尼（David Latane）、玛丽·米勒（Mary Millar）、彼得·奥福（Peter Orford）、马尔科姆·希夫林（Malcolm Shifrin）、南茜·斯特里克兰（Nancy Strickland）、伊丽莎白·威廉姆森（Elizabeth Williamson）和盖伊·伍尔诺（Guy Woolnough）。还有总清单软件大师帕特里特·利里（Patrick Leary）。通过推特（Twitter），我获得了另外一大批专业人士的帮助，在此一并致谢。

大西洋出版公司的拉维·米尔查达尼（Ravi Mirchandani）满怀热情，他认真、严谨的编辑工作提高了本书的质量。此外还应感谢该公司的卡伦·达菲（Karen Duffy）、理查德·伊万斯（Richard Evans）、劳伦·芬格（Lauren Finger）、露西·霍金斯（Lucy Howkins）、托比·芒迪（Toby Mundy）、杰姆斯·南丁格尔（James Nightingale）、杰姆斯·劳斯伯格（James Roxburgh）、克里斯·沙姆瓦那（Chris Shamwana）、塔姆辛·谢尔顿（Tamsin Shelton）和玛格丽特·斯特德（Margaret Stead）。我的经纪人比尔·汉密尔顿（Bill Hamilton）忠实可靠，我对他的感激之情难以言表。最后，衷心感谢乔治·卢卡斯（George Lucas）提供了美国方面的支持。

尽管获得了上述人士的无私帮助，但本书仍难免存在错误和遗漏之处，请方家指正。

图版出处

第一部分

1 塞缪尔·范·霍赫斯特拉滕（Samuel van Hoogstraten）：《走廊透视图》（*View Down a Corridor*，1663）（Dyrham Park，Avon，UK/National Trust Photographic Library/Johan Hammond/The Bridgeman Art Library）
2 伊曼纽尔·德·维特（Emanuel de Witte）：《弹琴的女人》（*Interior with a Woman at a Clavichord*，1665）（Museum Boijmans Van Beuningen，Rotterdam，Netherlands/De Agostini Picture Library/The Bridgeman Art Library）
3 加布里埃尔·梅特苏（Gabriël Metsu）：《读信的女人》（*Woman Reading a Letter*，1665）（National Gallery of Ireland）
4 彼得罗妮娅·杜诺（Petronella Dunois）的玩偶屋（1665—1700）（Rijksmuseum，Amsterdam）
5 彼得·德·霍赫（Pieter de Hooch）：《衣柜旁》（*At the Linen Closet*，1663）（Rijksmuseum，Amsterdam）
6 安东尼·范·戴克（Anthony van Dyck）：《国王查理一世的孩子们》（*Children of King Charles I*，1637）（Getty Images）
7 亚瑟·戴维斯（Arthur Devis）：《阿瑟顿先生和夫人》（*Mr. and Mrs. Atherton*，1743）（Walker Art Gallery，Liverpool）
8 扬·凡·艾克（Jan van Eyck）：《阿诺菲尼婚礼画像》（*Arnolfini Wedding Portrait*，1434）（Getty Images）
9 戴维·阿兰（David Allan）：《克劳德和佩吉》（*Claud and Peggy*，1780）（Yale Center for British Art，Paul Mellon Collection）
10 罗伯特·坎宾（Robert Campin）：《韦尔祭坛画》右边图版的圣·芭芭拉像（Saint

Barbara from the right wing of the *Werl Altarpiece*，1438）（Prado，Madrid，Spain/Giraudon/The Bridgeman Art Library）

11 罗伯特・坎宾（Robert Campin）:《莫洛德祭坛画》的中央图版（Centre panel of the *Merode Altarpiece*，1427—1432）（© Francis G. Mayer/Corbis）

12 沃尔夫冈・海姆巴赫（Wolfgang Heimbach）:《罗森堡宫的管家》（*Steward at Rosenborg Castle*，1653）（Royal Danish Collections）

13 理查德・莫尔顿・佩耶（Richard Morton Paye）:《工作室里的艺术家》（*The Artist in His Studio*，1783）（National Trust Images/John Hammond）

14 威廉・本茨（William Bendz）:《吸烟派对》（*A Smoking Party*，1828）（NY Carlsberg Glypotek，Copenhagen/Ole Haupt）

15 玛丽・艾伦・贝斯特（Mary Ellen Best）:《约克郡达芬夫人的餐厅》（*Mrs. Duffin's Dining-room at York*，19世纪）（Private Collection/The Bridgeman Art Library）

第二部分

16 位于伦敦高霍尔伯恩街（High Holborn）的大旅店（Staple Inn），摄于1886年修葺翻新之前（约1860—1886）（English Heritage）

17 位于伦敦高霍尔伯恩街（High Holborn）的大旅店（Staple Inn），摄于1937年（Getty Images）

18 坐落在肯塔基州霍金斯维尔市（Hodgensville）的一座圆木屋，据说亚伯拉罕・林肯诞生于此。照片摄于1910年（Getty Images）

19 查尔斯・弗兰西斯・安妮斯利・沃伊齐（Charles Francis Annesley Voysey）为特纳先生（C. Turner Esq.）设计的房子，位于英国滨海弗林顿（Frinton-on-Sea），1908年（© Stapleton Collection/Corbis）

20 扬・斯汀（Jan Steen）:《农家就餐》（*A Peasant Family at Meal-time*，1665）（Print Collector/Getty Images）

21 约瑟夫・范・艾肯（Joseph van Aken）:《祷告》（*Saying Grace*，1720）（© Ashmolean Museum，University of Oxford）

22 朱迪丝・莱斯特（Judith Leyster）:《做女红》（*The Proposition*，1631）（The Hague，Mauritshuis）

23 毛里斯・范・菲利克斯（Maurice van Felix）为《美国设计索引》（*Index of American Design*）画的贝蒂灯（betty lamp，1943）（National Gallery of Art，Washington，DC）

24 《约翰・米德尔顿与家人在起居室里》（*John Middleton with His Family in His Drawing-room*，1796），作者不详（Heritage Images/Getty Images）

25 约瑟夫・S. 罗素（Joseph S. Russell）:《1814—1815年冬天，惠特里奇医生家的餐厅》（*Dining-room of Dr. Whitridges as it was in the Winter of 1814—1815*）（Courtesy of the New Bedford Whaling Museum）

26 威廉・贺加斯（William Hogarth）的绘画《放荡男人的进步》（*A Rake's Progress*，

1733）中的赌场场景（© Historical Picture Archive/Corbis）
27 格奥尔·弗里德里希·克斯汀（Georg Friedrich Kersting）:《优雅的阅读者》（*The Elegant Reader*，1812）（Klassik Stiftung Weimar）
28 《公寓楼里的洗衣女人》（*A Woman Doing Laundry in a Tenement Building*），1910 年摄于伊利诺伊州芝加哥市（Getty Images）
29 《美国妇女的家》（*The American Woman's Home*，1869）一书中的插图：《比彻厨房》。这本书是凯瑟琳·比彻（Catharine Beecher）和哈丽叶特·比彻·斯托（Harriet Beecher Stowe）合著的
30 重建的法兰克福厨房模型（MAK Vienna）（Christos Vittoratos）
31 亚瑟·戴维斯（Arthur Devis）:《希尔先生和夫人》（*Mr. and Mrs. Hill*，1750—1751）（Yale Center for British Art，Paul Mellon Collection）
32 《家庭晚间娱乐》（*A Family Gather Round the Television for an Evening's Entertainment*，1957）（Getty Images）

注 释

引 言

[1] L. Frank Baum, *The Wizard of Oz* [(1900, as *The Wonderful Wizard of Oz*), London, Hutchinson & Co., (1926)], p. 34.
[2] 鲁滨逊的成功部分是因为他对日常生活的探索，这种观念来自 Ian Watt, *The Rise of the Novel: Studies in Defoe, Richardson and Fielding* (Harmondsworth, Penguin, 1972), p. 74；对此和随之而来的舒适理念的探讨参见 John Crowley, *The Invention of Comfort: Sensibilities and Design in Early Modern Britain and Early America* (Baltimore, Johns Hopkins University Press, 2001), pp. 154-155。引文见 Daniel Defoe, *Robinson Crusoe: An Authoritative Text, Contexts, Criticism*, Michael Shinagel, ed. (New York, W. W. Norton, 1994), pp. 50, 51, 139。
[3] Carl Darling Buck, *A Dictionary of Selected Synonyms in the Principal Indo-European Languages: A Contribution to the History of Ideas* (Chicago, University of Chicago Press, facsimile of 1949 edition, 1988), pp. 458-459; 1275 年的诗《末日》(*The Latemest Day*)《牛津英语词典》在"家"的条目里引用 B. Cotton MS Caligula A, ix, 收入 Carleton Brown, ed., *English Lyrics of the XIIIth Century* (Oxford, Clarendon, 1932), line 22, p. 50。
[4] 法文定义见 Martine Segalen, 'The House Between Public and Private: A Socio-Historical Overview', in Anton Schuurman and Pieter Spierenburg, eds., *Private Domain, Public Inquiry: Families and Lifestyles in the Netherlands and Europe, 1550 to the Present* (Hilversum, Uitgeverij Verloren, 1996), p. 240, and Sharon Marcus, *Apartment Stories: City and Home in Nineteenth-Century Paris and London* (Berkeley, University of California Press, 1999), pp. 64, 151; 俄文定义见 Martine Segalen, 'Material Conditions of Family Life', David I. Kertzer and Marzio Barbagli, eds., *The History of the European Family*, vol. 2: *Family Life in the Long Nineteenth Century, 1789-1913* (London, Yale University Press,

2002), p. 10。

[5] "独立房舍是社区的焦点"见 Amos Rapoport, *House, Form and Culture* (Englewood Cliffs, Prentice-Hall, 1969), p. 70。

[6] Sir Richard Carnac Temple, ed., *The Travels of Peter Mundy in Europe and Asia, 1608-1667* (Cambridge, Hakluyt Society, 1925), vol. 4, p. 70.

[7] John Loughman, 'Between Reality and Artful Fiction: The Representation of the Domestic Interior in Seventeenth-Century Dutch Art', in Jeremy Aynsley and Charlotte Grant, eds, *Imagined Interiors: Representing the Domestic Interior since the Renaissance* (London, V&A Publications, 2006), p. 95.

[8] 这些段落中有关荷兰房屋陈设的细节引自 C. Willemijn Fock, 'Semblance or Reality? The Domestic Interior in Seventeenth-Century Dutch Genre Painting', Mariët Westermann, *Art and Home: Dutch Interiors in the Age of Rembrandt* (Zwolle, Waanders, 2001), pp. 83-95。特别注明处除外。

[9] 瓷器和带图案的织物见 John Loughman and John Michael Montias, *Public and Private Spaces: Works of Art in Seventeenth-Century Dutch Houses* (Zwolle, Waanders, 2000), p. 15; 旅行者的描述见 Temple, *The Travels of Peter Mundy*, vol. 4, p. 70; "1580—1800 年间"见 Klaske Muizelaar and Derek Phillips, *Picturing Men and Women in the Dutch Golden Age: Paintings and People in Historical Perspective* (New Haven, Yale University Press, 2003), p. 184; 玩偶屋见 Muizelaar and Phillips, *Men and Women*, p. 196。这三个幸存的玩偶屋，两个收藏在荷兰国家博物馆，一个在乌特勒支中央博物馆。

[10] 《老鸨》见 Svetlana Alpers, 'Picturing Dutch Culture', Wayne E. Franits, ed., *Looking at Seventeenth-Century Dutch Art: Realism Reconsidered* (Cambridge, Cambridge University Press, 1997), pp. 57-67; 孩子的形象有时代表新生的共和国见 Simon Schama, *The Embarrassment of Riches: An Interpretation of Dutch Culture in the Golden Age* (London, Collins, 1987), p. 499; 荷兰艺术的象征符号及其意义，除上述外，参见 Eddy de Jongh, 'Realism and Seeming Realism in Seventeenth-Century Dutch Painting', Franits, *Looking at Seventeenth-Century Dutch Art*, pp. 48-52, Mary Frances Durantini, *The Child in Seventeenth-Century Dutch Painting* (Ann Arbor, UMI Research Press, 1983), pp. 27-31, 87-89, 114, 183, 190, 215-217。

[11] 荷兰女仆、年鉴和瘟疫统计见 Muizelaar and Phillips, *Men and Women*, pp. 14, 26; 'wonderful Nett and cleane': Temple, *The Travels of Peter Mundy*, vol. 4, p. 71。

[12] Samuel Pepys, *The Diary of Samuel Pepys*, Robert Latham and William Matthews, eds (London, Bell & Hyman, 1983), vol. 3, p. 262; 此版本是最完整的，但在共 15 页的词汇表中没有提到"遮痰布"这个词，也没有进一步的注释。可参见 http://www.gutenberg.org/files/4200/4200-h/4200-h.htm (accessed 11 March 2013), is edited by David Widger，作者不详，基于 Henry B. Wheatley 1893 年可靠版本。

[13] "一个女人"见 Pepys, *Diary*, Monday, 28 January 1661, vol. 2, p. 25; "胆敢在"见 Jean-Nicolas Parival, 1669; 引自 Paul Zumthor, *Daily Life in Rembrandt's Holland*, trs. Simon Watson Taylor (London, Weidenfeld and Nicolson, 1962), pp. 137-138。

[14] 德国的痰盂见 Daniel L. Purdy, *The Tyranny of Elegance: Consumer Cosmopolitanism in*

the Era of Goethe (Baltimore, Johns Hopkins University Press, 1998), pp. 57, 59; 1851 年一位美国母亲的记录引自 Elisabeth Donaghy Garrett, *At Home: The American Family, 1750-1870* (New York, Abrams, 1990), p. 68, 也提到在专业和业余艺术中没有痰盂的影子。

[15] 卡通画《潘趣》见 Jane Hamlett, *Material Relations: Domestic Interiors and Middle-Class Families in England, 1850-1910* (Manchester, Manchester University Press, 2010), p. 44; 男人们饭后饮酒的情节可见下述绘画：Richard Doyle's *Manners and Customs of ye Englishe*, Maginn's illustration to 'Story without a Tail' and Maclise's 'The Fraserians'。感谢 GuyWoolnough, D. E. Latané and Patrick Leary 提供资料。

[16] Tim Meldrum, 'Domestic Service, Privacy and the Eighteenth-Century Metropolitan Household', *Urban History*, 26, 1999, pp. 33-34.

[17] 1596 年诗人的描述见 Edmund Spenser, *A View of the Present State of Ireland*, W. L. Renwick, ed. (Oxford, Clarendon, 1970), pp. 1-3; 关于 1865 年饿死的男子见 John Ruskin, *Sesame and Lilies: Two Lectures* ([1867], Orpington, George Allen, 1882), pp. 78-79。演讲发表于 1867 年，源于 *Daily Telegraph*。我找到了原始文章，具体发生在 1865 年 2 月 10 日，该事被广泛报道，又见 *Caledonian Mercury*, 13 February 1865, p. 3。

第一章　家的诞生

[1] Max Weber, *The Protestant Ethic and the Spirit of Capitalism*, trs. Talcott Parsons, foreword by R. H. Tawney (London, G. Allen & Unwin, 1930); 英格兰每年采煤量见 E. A. Wrigley, *Continuity, Chance and Change: The Character of the Industrial Revolution in England* (Cambridge, Cambridge University Press, 1988), p. 54。

[2] Samuel Johnson, *The Works of Samuel Johnson*, D. J. Greene, ed. (New Haven, Yale University Press, 1977), vol. 10, pp. 365-366, cited by Geoffrey Parker, *Global Crisis: War, Climate Change and Catastrophe in the Seventeenth Century* (London, Yale University Press), p. xxvi.

[3] Christopher Hill, 'Robinson Crusoe', *History Workshop*, autumn 1980, pp. 6-24.

[4] Daniel Defoe, *A Weekly Review of the Affairs of France*, vol. 9, 11 June 1713, p. 214.

[5] Neil McKendrick, John Brewer and J. H. Plumb, *The Birth of a Consumer Society: The Commercialization of Eighteenth-Century England* (London, Hutchinson, 1982), pp. 9-33, and Colin Campbell, *The Romantic Ethic and the Spirit of Modern Consumerism* (Oxford, Blackwell, 1987), pp. 17-57, passim.

[6] 革命见 Jan de Vries, *The Industrious Revolution: Consumer Behaviour and the Household Economy, 1650 to the Present* (Cambridge, Cambridge University Press, 2008), p. ix, 概括了 1650—1850 年的事件，以及美国、法国和英国的革命，他没有明确指出荷兰的起义，因为这是他争议的起点；"资本主义经济的精髓"见 Jan de Vries and Ad van der Woude, *The First Modern Economy: Success, Failure, and Perseverance of the Dutch Economy, 1500-1815* (Cambridge, Cambridge University Press, 1997), pp. 167, 129; 土地所有权同上，p. 169。

[7] Mary S. Hartman, *The Household and the Making of History: A Subversive View of the*

Western Past (Cambridge, Cambridge University Press, 2004), passim.

[8] 阿尔伯蒂的逸事引自 David Gaunt, 'Kinship: Thin Red Lines or Thick Blue Blood', David I. Kertzer and Marizio Barbagli, eds, *The History of the European Family*, vol. 1, *Family Life in Early Modern Times, 1500-1789* (London, Yale University Press, 2001), p. 259; Shakespeare, *Romeo and Juliet*, T. J. B. Spencer, ed. (Harmondsworth, Penguin, 1967), III. iv. 150-152。

[9] Pepys, *Diary*, 31 December 1662, vol. 3, p. 301; 18世纪的日记见 Gaunt, 'Kinship: Thin Red Lines or Thick Blue Blood', Kertzer and Barbagli, *The History of the European Family*, vol. 1, p. 259; *Census of Great Britain, 1851* (London, Longman Brown, 1854), p. xxxiv。

[10] Hartman: *The Household and the Making of History*, pp. 118ff. 我在很大程度上根据这本书来描述西北欧的晚婚模式，并以此为出发点表述我自己关于家庭起源的观点。阅读本章后，读者们将认识到哈特曼教授革命性的著作带给我的巨大助益。她提出的"正是西北欧的婚姻模式促成了消费革命"的论点，属于那种一旦被指出便显而易见的激进见解之一。我只是扩展了她的理论并提出，假如婚姻模式促成了消费世界，那么"家"就在有钱的年轻夫妇和消费世界之间起到了推波助澜的作用。我对哈特曼的开创性著作无比钦佩，同时对于它在学术界没有引起反响感到困惑。

[11] 关于罗得岛和英国见 Peter Laslett, *Family Life and Illicit Love in Earlier Generations: Essays in Historical Sociology* (Cambridge, Cambridge University Press, 1977), pp. 30-31; 关于荷兰见 de Vries and van der Woude, *First Modern Economy*, p. 163。

[12] Jane Austen, *Pride and Prejudice*, Vivien Jones, ed. ([1813], Harmondsworth, Penguin, 1996), p. 103.

[13] James Wood, 'God Talk: The Book of Common Prayer at Three Hundred and Fifty', *New Yorker*, 22 October 2012, pp. 73-76, 发现了《傲慢与偏见》中《公祷书》里的滑稽词句，这也来自我自己的婚姻角色变化。

[14] I Corinthians 7: 9, and Genesis 2: 18.

[15] "产权安排"见 John Boswell, *Same-Sex Unions in Premodern Europe* (New York, Vintage, 1995), pp. xxi-xxii, cited in John R. Gillis, *A World of Their Own Making: Myth, Ritual and the Quest for Family Values* (New York, Basic, 1996), p. 134; 家政服务见 Hartman, *The Household and the Making of History*, p. 251; "40%" 见 Kertzer and Barbagli, *History of the European Family*, vol. 1, p. x; 青少年见 Hartman, *The Household and the Making of History*, pp. 55ff。

[16] 关于新教和晚婚见 Hartman, *The Household and the Making of History*, pp. 210-212, 215; 黑死病致死数字见 *Dictionary of the Middle Ages*, Joseph R. Strayer, ed. (New York, Scribner, 1983), vol. 2, pp. 257-267。

[17] 此段和前两段见 Raffaella Sarti, *Europe at Home: Family and Material Culture, 1500-1800*, trs. Allan Cameron (London, Yale University Press, 2002), pp. 14-19, and Kertzer and Barbagli, *History of the European Family*, vol. 1, pp. xii-xiii。

[18] 寿命见 Hartman, *The Household and the Making of History*, p. 96; 关于解释见 Emanuel le Roy Ladurie, 妇女只是从记录中被删除了; 杀婴见 Hartman, *The Household and the Making of History*, pp. 118, 158; 人口数据见 John R. Gillis, *For Better, for Worse: British*

Marriages, 1600 to the Present (New York, Oxford University Press, 1985), p. 11。

[19] 私生子见 Schama, *Embarrassment of Riches*, p. 522; 萨福克郡见 Ivy Pinchbeck and Margaret Hewitt, *Children in English Society* (London, Routledge & Kegan Paul, 1969-1973), vol. 2, p. 584; 奥地利见 Hugh Cunningham, *Children and Childhood in Western Society since 1500* (London, Longman, 1995), pp. 82-83; 高弃婴率同上 pp. 91, 93, 94; 引用的数据见 David Kertzer, *Sacrificed for Honor: Italian Infant Abandonment and the Politics of Reproductive Control* (Boston, Beacon, 1993), pp. 72-73。

[20] Hartman, *The Household and the Making of History*, p. 62。

[21] "浪漫的爱情"见 Lawrence Stone, *The Family, Sex and Marriage in England, 1500-1800* (London, Harper, 1977), p. 284; 新体裁见 John Hajnal, 'European Marriage Pattern in Perspective', D. V. Glass and D. E. C. Eversley, eds, *Population in History: Essays in Historical Demography* (London, Edward Arnold, 1969), pp. 101-143。我还参考了 John Hajnal, 'Two Kinds of Pre-Industrial Household Systems', *Population and Development Review*, 8, 3, 1982, pp. 449-494。该文收录了 Richard Wall 重新发表时没有的内容: Jean Robin and Peter Laslett, eds., *Family Forms in Historic Europe* (Cambridge, Cambridge University Press, 1983); 赫特福德郡的妇女引自 Hartman, *The Household and the Making of History*, p. 27。

[22] 东印度公司见 M. W. van Boven, 'Towards a New Age of Partnership: An Ambitious World Heritage Project (UNESCO Memory of theWorld-reg. form, 2002)', in *VOC Archives*, accessed online, 20 January 2014 http://portal.unesco.org; 脚注见 de Vries and van der Woude, *First Modern Economy*, p. 400。

[23] 荷兰东印度公司的贸易见 de Vries and van der Woude, *First Modern Economy*, pp. 359, 368, 384; "贸易革命带来了"见 Daniel Defoe, *A Plan of the English Commerce: Being a compleat prospect of the Trade of this Nation as well the home Trade as the Foreign* ([1728], Oxford, Blackwell, 1927), pp. 36-38; 荷兰城市化见 Sarti, *Europe at Home*, p. 86。

[24] 这些改变的触发因素，有着不同的形式和侧重点，见 André Burguière and François Lebrun, 'The One Hundred and One Families of Europe', André Burguière, Christiane Klapisch-Zuber, Martine Segalen, Françise Zonabend, eds., *A History of the Family*, vol. 2: *The Impact of Modernity*, trs. Sarah Hanbury Tenison (Cambridge, MA, Belknap Press, 1996), pp. 21-2; 礼仪手册见 Wayne E. Franits, *Paragons of Virtue: Women and Domesticity in Seventeenth-Century Dutch Art* (Cambridge, Cambridge University Press, 1993), p. 66; 脚注见 John Demos, *A Little Commonwealth: Family Life in Plymouth Colony* (New York, Oxford University Press, 1970), pp. 25-33, 3-4, and John Navin, '"Decrepit in Their Early Youth": English Children in Holland and Plymouth Plantation', James Marten, ed., *Children in Colonial America* (New York, New York University Press, 2007), p. 138。

[25] 《荷兰联合王国写照》见 Schama, *Embarrassment of Riches*, p. 53; 普鲁塔克见 Franits, *Paragons of Virtue*, p. 88; Sarah B. Pomeroy, ed., *Plutarch's Advice to the Bride and Groom and A Consolation to His Wife*, trs. Donald Russell (New York, Oxford University Press, 1999), p. 5。

[26] Laura Lunger Knoppers, *Politicizing Domesticity: From Henrietta Maria to Milton's Eve* (Cambridge, Cambridge University Press, 2011), p. 4, 书中强调了查理一世孩子的肖像(p. 26), 关于家庭氛围的解释是我自己的。

[27] 戴维斯作品的诠释见 [Anon.], *Polite Society by Arthur Devis, 1712-1787: Portraits of the English Country Gentleman and His Family* (Preston, Harris Museum and Art Gallery, 1983)。

[28] Anthony Trollope, *Can You Forgive Her?*, Stephen Wall, ed. (Harmondsworth, Penguin, 1986), pp. 168, 128, cited by Deborah Cohen, *Household Gods: The British and Their Possessions* (New Haven, Yale University Press, 2006), p. 92.

[29] 斯宾塞的观点引自 Crowley, *Invention of Comfort*, p. 77; 家庭经济见 Marion W. Gray, *Productive Men, Reproductive Women: The Agrarian Household and the Emergence of Separate Spheres during the German Enlightenment* (New York, Berghahn Books, 2000), pp. 51, 78-79, except for *das ganze Haus* and definition, Gaunt, 'Kinship: Thin Red Lines or Thick Blue Blood', Kertzer and Barbagli, *History of the European Family*, vol. 1, p. 280。

[30] 美国的情况见 Jack Larkin, *The Reshaping of Everyday Life, 1790-1840* (New York, Harper & Row, 1988), pp. 36-37; 妻子的角色见 Hartman, *The Household and the Making of History*, pp. 160-181; 寡妇再婚同上, pp. 65-66。

[31] Diana diZerega Wall, 'Separating the Spheres in Early Nineteenth-Century New York City: Redefining Gender among the Middle Classes', James Symonds, ed., *Table Settings: The Material Culture and Social Context of Dining, ad 1700-1900* (Oxford, Oxbow Books, 2010), p. 82.

[32] 儿童与工业革命见 de Vries and van der Woude, *First Modern Economy*, pp. 603-604, 1801 年, 荷兰两个区的 500 多家公司中, 15% 的公司雇用妇女, 47% 雇童工, 外来语 "*Familie*" 见 Gaunt, 'Kinship: Thin Red Lines or Thick Blue Blood', in Kertzer and Barbagli, *History of the European Family*, vol. 1, p. 280。

[33] 引自 Paul Langford, *Englishness Identified: Manners and Character, 1650-1850* (Oxford, Oxford University Press, 2000)。

[34] 关于出生公告见 Schama, *Embarrassment of Riches*, p. 521, "生儿大喜" 木牌见 Zumthor, *Rembrandt's Holland*, p. 96。

[35] 晚婚模式和工业革命见 Hartman, *The Household and the Making of History*, pp. 11-12; 詹姆斯一世见 Michael McKeon, *The Secret History of Domesticity: Public, Private, and the Division of Knowledge* (Baltimore, Johns Hopkins University Press, 2005), p. 114; 关于民主见 Hartman, *The Household and the Making of History*, p. 227。

[36] This is a point made by Hartman, *The Household and the Making of History*, pp. 78ff., and also Natalie Zemon Davis, 'Ghosts, King, and Progeny: Some Features of Family Life in Early Modern France', *Daedalus*, 106, 1977, pp. 87-114. 很容易发现, 这两位强调家庭生活作用的历史学家都是女性。

[37] 反抗和起义见 Parker, *Global Crisis*, p. xix; "自身存在" 见 Hill, 'Robinson Crusoe', *History Workshop*, pp. 6-24。

第二章　独享房间

[1] 西伯利亚的故事来自 Vasily Peskov, *Lost in the Taiga: One Russian Family's Fifty-Year Struggle for Survival and Religious Freedom in the Siberian Wilderness*, trs. Marian Schwartz (New York, Doubleday, 1994), from *The End of the Taiga: Siberian Mysteries*, part 2, a Russian-language television documentary, http://rutube.ru/video/509db87f36887fd03a7ff61a0ef1db2e/, accessed 20 March 2013, and translated for me by Ilona Chavasse, and from Mike Dash, 'For 40 Years, This Russian Family Was Cut Off From All Human Contact, Unaware of WWII', in Smithsonian. com, 29 January 2013, http://www.smithsonianmag.com/history-archaeology/For-40-Years-This-Russian-Family-Was-Cut-Off-From-Human-Contact-Unaware-of-World-War-II-188843001.html, accessed 20 March 2013。

[2] Crowley, *Invention of Comfort*, p. 8.

[3] 英语中"牛圈"（byre）这个词有些混乱。历史上，byre 指养牛的地方，但在19世纪，出于对古语的热爱，以及古英语"牛圈"和古挪威语"农舍"的词源混淆，导致 byre 有了"农舍"的含义。

[4] 5%与1%见 Rapoport, *House, Form and Culture*, p. 2, suggests 5 percent, while Paul Oliver, *Dwellings: The Vernacular House Worldwide* (London, Phaidon, 2003), p. 15, thinks it is under 1 per cent; 英国贵族的数字见 Amanda Vickery, *Behind Closed Doors: At Home in Georgian England* (New Haven, Yale University Press, 2009); 开发商见 Stefan Muthesius, *The English Terraced House* (New Haven, Yale University Press, 1982), pp. 4-5.

[5] 劳动阶级的乡舍见 Peter Ennals and Deryck W. Holdsworth, *Homeplace: The Making of the Canadian Dwelling over Three Centuries* (Toronto, University of Toronto Press, 1998), p. 52。虽然这是关于加拿大住房的说法，但其他地方也一样；弗里斯兰省见 de Vries and van der Woude, *First Modern Economy*, pp. 202-203; 殖民地房屋见 James Deetz and Patricia Scott Deetz, *The Times of Their Lives: Life, Love, and Death in Plymouth Colony* (New York, W. H. Freeman and Co., 2000), p. 184。

[6] 劳动者的住房见 N. W. Alcock, *People at Home: Living in a Warwickshire Village, 1500-1800* (Chichester, Phillimore, 1993), pp. 121-122; 本段与上段关于16世纪房屋的内容同前，pp. 49-50。

[7] 茅草屋顶见 Deetz and Deetz, *Times of Their Lives*, pp. 176-177, 183。许多历史学家认为茅草是被禁止用于盖房的，但上著令我信服历史学家们是错误的；房屋式样见 Demos, *A Little Commonwealth*, and Edward A. Chappell, 'Housing a Nation: The Transformation of Living Standards in Early America', Cary Carson, Ronald Hoffman, Peter J. Albert, eds., *Of Consuming Interests: The Style of Life in the Eighteenth Century* (Charlottesville, University Press of Virginia, 1994), p. 171。

[8] 尼希米和廷卡姆见 J. B. Jackson, *Landscapes: Selected Writings of J. B. Jackson*, Ervin H. Zube, ed. ([no place of publication], University of Massachusetts Press, 1970), pp. 11-15; 地窖见 Deetz and Deetz, *Times of Their Lives*, p. 179。

[9] Thomas J. Schlereth, *Victorian America: Transformations in Everyday Life, 1876-1915*

(New York, HarperCollins, 1991), pp. 88-90, and Daniel E. Sutherland, *The Expansion of Everyday Life, 1860-1876* (New York, Harper and Row, 1989), p. 44.

[10] C. A. Weslager, *The Log Cabin in America: From Pioneer Days to the Present* (New Brunswick, NJ, Rutgers University Press, 1969), pp. 135ff.

[11] 脚注见 John Michael Vlach, *Back of the Big House: The Architecture of Plantation Slavery* (Chapel Hill, University of North Carolina Press, 1993), p. 2; 弗吉尼亚州种植园的考古历史材料见 James Deetz, *Flowerdew Hundred: The Archaeology of a Virginia Plantation, 1619-1864* (Charlottesville, University Press of Virginia, 1993), passim; 17 世纪末见 Vlach, *Back of the Big House*, pp. 2-3; 奴隶和雇工的住所见 Barbara Heath, 'Space and Place within Plantation Quarters in Virginia, 1700-1825', Clifton Ellis and Rebecca Ginsburg, eds., *Cabin, Quarter, Plantation: Architecture and Landscapes of North American Slavery* (New Haven, Yale University Press, 2010), p. 162。

[12] Dell Upton, *Another City: Urban Life and Urban Spaces in the New American Republic* (New Haven, Yale University Press, 2008), p. 26.

[13] Vlach, *Back of the Big House*, p. 43.

[14] "圆木屋"这个词成为奴隶制度和贫困的标志的说法来自 Jan Cohn, *The Palace or the Poorhouse: The American House as a Cultural Symbol* (East Lansing, Michigan State University Press, 1979), pp. 182-183; 奴隶住房分隔见 Dell Upton, 'White and Black Landscapes in Eighteenth-Century Virginia', Ellis and Ginsburg, *Cabin, Quarter, Plantation*, pp. 123-126; 多人共用见 occupancy: Vlach, *Back of the Big House*, pp. 21-22, 数据见 John W. Blassingame, *The Slave Community: Plantation Life in the Antebellum South* (rev. edn, New York, Oxford University Press, 1979), pp. 254-255。

[15] Garrett Fesler, 'Excavating the Spaces and Interpreting the Places of Enslaved Africans and Their Descendants', Ellis and Ginsburg, *Cabin, Quarter, Plantation*, pp. 33-43.

[16] "平均每间房住六七个人"是马萨诸塞州和罗得岛的情况，见 Edward Shorter, *The Making of the Modern Family* (London, Collins, 1976), p. 30; 亨利四世的建筑师见 Witold Rybczynski, *Home: A Short History of an Idea* (London, Heinemann, 1988), p. 39; 英国房间占用数据见 Lorna Weatherill, *Consumer Behaviour and Material Culture in Britain, 1660-1760* (2nd edn, London, Routledge, 1996), p. 94, 并不包括大量贫穷的劳动者，修改建议是我自己提出的；小屋和棚子都拆除了，见 John Burnett, *A Social History of Housing, 1815-1985* (London, Methuen, 1978), pp. 36-37, 46。

[17] 1801 年见 Larkin, *Reshaping of Everyday Life*, p. 11; 2012: 'Families and Households, 2012', Office for National Statistics, Statistical Bulletin, released 1 November 2012, http://www.ons.gov.uk/ons/rel/family-demography/families-and-households/2012/index.html, accessed 2 October 2013; "外出旅行时"见 Larkin, *Reshaping of Everyday Life*, p. 125。

[18] 感谢 Dr. Hanna Weibye 给予的德语方面的帮助，以及她的想法。

[19] Marjorie Morgan, *Manners, Morals and Class in England, 1774-1858* (Basingstoke, Macmillan, 1994), p. 10; updated editions: Norbert Elias, *The Civilizing Process: The History of Manners and State Formation and Civilization*, trs., Edmund Jephcott (Oxford, Blackwell, 1994), pp. 61ff., 134-135.

[20] "无稽之谈"见 Joan DeJean, *The Age of Comfort: When Paris Discovered Casual and the Modern Home Began* (New York, Bloomsbury, 2009), p. 81; 室内如厕见 Muizelaar and Phillips, *Men and Women*, p. 26; 便携式马桶见 a sketch by Gesina Terborch, in the Rijksprentenkabinett, reproduced in Peter Thornton, *Authentic Decor: The Domestic Interior, 1620-1929* (London, Seven Dials, 2000), p. 61。

[21] Pepys, *Diary*, 12 April 1665, vol. 6, p. 78; 向公众展示卧室见 Thera Wijsenbeek-Olthuis, 'The Social History of the Curtain', Huub de Jonge, ed., *Ons Sort Mensen: Levensstijlen in Nederland* (Nijmegen, SUN, 1997), pp. 76-91; all translations from this book are by Gerard van Vuuren.

[22] 吕内公爵见 Duc de Luynes: DeJean, *The Age of Comfort*, p. 167; 汉姆庄园见 Crowley, *Invention of Comfort*, pp. 74-75; 小街见 Sarti, 'The Material Conditions of Family Life', Kertzer and Barbagli, *History of the European Family*, vol. 1, p. 122。

[23] 文艺复兴的意大利见 Sarti, *Europe at Home*, pp. 129, 132; 杰斐逊见 DeJean, *The Age of Comfort*, p. 172。

[24] 水彩画见 Mario Praz, *An Illustrated History of Interior Decoration from Pompeii to Art Nouveau* (London, Thames and Hudson, 1964), p. 192, 尽管未论及这次访问的性质; 奥地利绘画见 Charlotte Gere, *Nineteenth Century Interiors: An Album of Watercolours*, Joseph Focarino, ed. (London, Thames and Hudson, 1992), pp. 82-83。

[25] 这位法国人叫 Henri Meister, 见 Langford, *Englishness Identified*, p. 166; 沃波尔的回忆见 28 October 1752, the electronic version of *The Yale Edition of Horace Walpole's Correspondence* (New Haven, Yale University Press, 1937-83), vol. 20, pp. 339-340, http://images.library.yale.edu/hwcorrespondence/page.asp?vol=20&seq=364&type=b, accessed 11 March 2013。

[26] 亚当兄弟见 Meredith Martin, 'The Ascendancy of the Interior in Eighteenth-Century French Architectural Theory', Denise Amy Baxter and Meredith Martin, eds., *Architectural Space in Eighteenth-Century Europe: Constructing Identities and Interiors* (Farnham, Ashgate, 2010), p. 26; 石匠的手册见 John Archer, *Architecture and Suburbia: From English Villa to American Dream House, 1690-2000* (Minneapolis, University of Minnesota Press, 2005), pp. 22-23。

[27] 香波城堡见 Sherban Cantacuzino, *European Domestic Architecture: Its Development from Early Times* (London, Studio Vista, 1969), pp. 73-74。

[28] Sarti, *Europe at Home*, p. 141。

[29] 荷兰房屋的隐私见 Schama, *Embarrassment of Riches*, p. 389; 桑伯里城堡见 Maurice Howard, *The Early Tudor Country House* (London, George Philip, 1987), pp. 55, 57, 85-87。

[30] "一个纵长的入口"引自 Sarti, 'The Material Conditions of Family Life', Kertzer and Barbagli: *History of the European Family*, vol. 1, p. 12; "一个令人无法容忍的仆人"见 *The Elements of Architecture, Collected by Henry Wotton, Knight* (London, John Bull, 1624), pp. 72-73, cited in Lawrence Wright, *Warm and Snug: The History of the Bed* (London, Routledge & Kegan Paul, 1962), pp. 79-80; 罗杰·普拉特爵士见 Sarti, *Europe at Home*, p. 141。

[31] 威廉·莫里斯见 Robin Evans, 'Figures, Doors and Passages', *Architectural Design*, 4, 1978, p. 275。
[32] DeJean, *The Age of Comfort*, pp. 173-174.
[33] 维也纳一家报纸见 Donald J. Olsen, *The City as a Work of Art, London, Paris, Vienna* (New Haven, Yale University Press, 1986), pp. 115-119, 125-131; 爱德蒙见 Elizabeth Emery, *Photojournalism and the Origins of the French Writer House Museum (1881-1914): Privacy, Publicity, and Personality* (Farnham, Ashgate, 2012), p. 11; 德国房子见 Hermann Muthesius, *The English House*, trs. Janet Seligman and Stewart Spencer (1st complete English edn, London, Frances Lincoln, 2007), vol. 2, pp. 27-28。
[34] 猎枪房源自西非见 John Vlach's, cited in James Deetz, *In Small Things Forgotten: The Archaeology of Early American Life* (Garden City, New York, Anchor Books, 1977), pp. 214-216。更确切地说，弗拉赫（Vlach）认为这种风格在新奥尔良生根，那里有大量的黑人自由民社区，并在19世纪初随着海地移民的到来而加强，在那里，这种房屋设计很常见。新奥尔良风格采用了约鲁巴式的楼层平面、法国建筑技术以及阿拉瓦克（Arawak）门廊和前门风格，创造出了一种完全的克里奥尔（Creole）式房屋；前廊同上，pp. 216, 228-229, 231; 游廊的蔓延同上，pp. 228-229。
[35] 莱顿见 Loughman and Montias, *Public and Private Spaces*, p. 26; 命名同上，p. 26。
[36] 富裕自耕农的房屋见 Crowley, *Invention of Comfort*, p. 82; "but" 和 "ben": Weatherill, *Consumer Behaviour*, pp. 10-11。
[37] 莱顿见 Loughman and Montias, *Public and Private Spaces*, p. 26; 英国见 Alcock, *People at Home*, p. 94。
[38] 德国见 Robert Lee, 'Family and "Modernisation": The Peasant Family and Social Change in Nineteenth-Century Bavaria', Richard J. Evans and W. R. Lee, eds., *The German Family: Essays on the Social History of the Family in Nineteenth-and Twentieth-Century Germany* (London, Croom Helm, 1981), pp. 85ff.; 瑞典见 Jonas Frykman and Orvar Löfgren, *Culture Builders: A Historical Anthropology of Middle-Class Life*, trs. Alan Crozier (New Brunswick, NJ, Rutgers University Press, 1987), p. 130。
[39] [Catherine Hutton], in *La Belle Assemblée*, 1825; Margaret Ponsonby, *Stories from Home: English Domestic Interiors, 1750-1850* (Aldershot, Ashgate, 2007), pp. 46-47, 作者怀疑这是真事。
[40] 这些绘画现存约翰·索恩爵士博物馆（Sir John Soane's Museum), as Soane's house now is; 18世纪90年代绘画的作者不详，现存伦敦博物馆。
[41] 伯明翰的寡妇见 David Hussey and Margaret Ponsonby, *The Single Homemaker and Material Culture in the Long Eighteenth Century* (Aldershot, Ashgate, 2012), p. 85; "90%" 见 Crowley, *Invention of Comfort*, p. 102; 巴利四角见 David Jaffee, *A New Nation of Goods: The Material Culture of Early America* (Philadelphia, University of Pennsylvania Press, 2010), pp. 314-316。
[42] Frykman and Löfgren, *Culture Builders*, p. 135.
[43] 1650年前的数据见 C. Willemijn Fock, 'Semblance or Reality? The Domestic Interior in Seventeenth-Century Dutch Genre Painting', Westermann, *Art and Home*, pp. 97ff.; 1650

年后的情况见 Wijsenbeek-Olthuis, 'The Social History of the Curtain', de Jonge, *Ons sort mensen*; 房子的门面同上；脚注中提到的那位历史学家是 Wijsenbeek-Olthuis; "好教徒没有什么可隐瞒之事" 受到 Ravi Mirchandani 的启发，他补充说，虽然不信任窗帘的文化可能来自或不来自加尔文教派，但今天许多荷兰人相信它确实存在；单帧窗帘见 Westermann, *Art and Home*, pp. 98, 100。

［44］ 英国的数字见 Weatherill, *Consumer Behaviour*, pp. 6-8; 伊顿见 Edgar de N. Mayhew, and Minor Myers, Jr., *A Documentary History of American Interiors: From the Colonial Era to 1915* (New York, Charles Scribner's Sons, 1980), pp. 7, 3-4; 特拉华州的地主见 Richard L. Bushman, *The Refinement of America: Persons, Houses, Cities* (New York, Alfred A. Knopf, 1992), p. 17。

［45］ 遮窗板见 David Dewing, ed., *Home and Garden, Paintings and Drawings of English, Middle-Class, Urban Domestic Spaces, 1675 to 1914* (London, Geffrye Museum, 2003), p. 40; 约克郡的寡妇见 Caroline Davidson, *The World of Mary Ellen Best* (London, Chatto & Windus, 1985), p. 27。

［46］ 约翰逊博士见 Hentie Louw, '"The Advantage of a Clearer Light": The Sash-window as a Harbinger of an Age of Progress and Enlightenment', Hentie Louw and Ben Farmer, eds., *Companion to Contemporary Architectural Thought* (London, Routledge, 1993), p. 304; "充足明媚的阳光" 和 "强烈刺眼的阳光" 见 Stefan Muthesius, *The Poetic Home: Designing the 19th-Century Domestic Interior* (London, Thames and Hudson, 2009), p. 194。

［47］ "那些喜好阴影……" 见 A. J. Downing, *The Architecture of Country Houses...* (New York, D. Appleton, 1852), p. 368; "无人能……" 见 Mrs. [Lucy] Orrinsmith, *The Drawing-room, its Decoration and Furniture* (London, Art at Home Series, 1876), pp. 64-65。

［48］ " 对外……" 见 S. Muthesius, *Poetic Home*, p. 175; 德 国 殖 民 者 见 Nancy R. Reagin, *Sweeping the Nation: Domesticity and National Identity in Germany, 1870-1945* (Cambridge, Cambridge University Press, 2007), p. 65。

［49］ 法尔克见 S. Muthesius, *Poetic Home*, p. 184; 广告同上，p. 195。

［50］ 园艺和农学家见 Louw, 'The Advantage of a Clearer Light', Louw and Farmer, *Companion to Contemporary Architectural Thought*, p. 306; 法尔克、王尔德和莫里斯的话引自 S. Muthesius, *Poetic Home*, pp. 175-176; 古利特的话引自 Wolfgang Schivelbusch, *Disenchanted Night: The Industrialization of Light in the Nineteenth Century*, trs. Angela Davies (Berkeley, University of California Press, 1995), p. 183。

［51］ 脚注中关于伦敦人见 S. Muthesius, *English Terraced House*, pp. 1-3; 巴黎长凳见 Marcus, *Apartment Stories*, pp. 24-28。

［52］ Shirley Teresa Wajda, '"A Pretty Custom" Updated: From "Going to Housekeeping" to Bridal Showers in the United States, 1850s-1930s', David Hussey and Margaret Ponsonby, eds., *Buying for the Home: Shopping for the Domestic from the Seventeenth Century to the Present* (Aldershot, Ashgate, 2008), pp. 140-414.

［53］ Leeds: Burnett, *Social History of Housing*, pp. 62-63.

［54］ Earl of Ilchester, ed., *Lord Hervey and His Friends, 1726-38: Based on Letters from*

Holland House, Melbury, and Ickworth (London, John Murray, 1950), p. 71, cited by Stephen Taylor, 'Walpole, Robert, first earl of Orford (1676-1745)', *Oxford Dictionary of National Biography*, Oxford University Press, 2004; online edn, January 2008 [http://www.oxforddnb.com.ezproxy.londonlibrary.co.uk/view/article/28601, accessed 14March 2013] .

第三章 家与世界

［1］ John Demos, *Past, Present, and Personal: The Family and the Life Course in American History* (New York, Oxford University Press, 1986), p. 29.

［2］ *Anecdotes of the Life of the Rt Hon William Pitt...* (1792), vol. 1, pp. 250-251, cited in George K. Behlmer, *Friends of the Family: The English Home and its Guardians, 1850-1940* (Stanford, Stanford University Press, 1998), pp. 8-9, where he also traces the evolution of the phrase.

［3］ 法布尔引自 Lynn Hunt, 'The Unstable Boundaries of the French Revolution', Philippe Ariès and Georges Duby, eds., *A History of Private Life*, trs. Arthur Goldhammer (Cambridge, MA, Belknap Press, 1987-1991), vol. 4: *From the Fires of Revolution to the Great War*, Michelle Perrot, ed., p. 18; 感谢 Hilary Mantel 对这篇关于女性和革命俱乐部的简短文章进行的补充，详见 Hilary Mantel, 'Rescued by Marat', in the *London Review of Books*, 28 May 1992, pp. 15-16。

［4］ John Calvin, *The Institutes of Christian Religion*, II. 1. 8; John Locke, *Some Thoughts Concerning Education* (London, A. & J. Churchill, 1693), p. 2.

［5］ Jean-Jacques Rousseau, *émile, or Treatise on Education*, trs. William H. Payne (Amherst, NY, Prometheus, 2003), pp. 161-162, 263; Gisborne, *Enquiry into the Duties of the Female Sex*, cited in Robert Shoemaker, *Gender in English Society, 1650-1850: The Emergence of Separate Spheres?* (London, Longman, 1998), p. 32.

［6］ Katherine C. Grier, *Culture and Comfort: Parlor Making and Middle-Class Identity, 1850-1930* (Washington, DC, Smithsonian, 1988), pp. 22-23.

［7］ 美国的庭院见 Larkin, *Reshaping of Everyday Life*, pp. 129-130；Ⅰ型房见 Henry Glassie, 'Artifact and Culture, Architecture and Society', S. J. Bronner, ed., *American Material Culture and Folklife: A Prologue and Dialogue* (Ann Arbor, University of Michigan Research Press, 1985), pp. 53-55。

［8］ Sarti, 'Material Conditions of Everyday Life', Kertzer and Barbagli, *History of the European Family*, vol. 1, 我忽略了她酿造和烘焙的时间分配，因为到了18世纪，这在英国大部分地区都是外包的。我还增加了她洗衣的时间。在我看来，一周四小时是被大大低估了。

［9］ Ruth Schwartz Cowan, *A Social History of American Technology* (New York, Oxford University Press, 1997), pp. 29-30.

［10］ 脚注见 Cowan, *Social History of American Technology*, pp. 20, 39; 分工见 Ruth Schwartz Cowan, *More Work for Mother: The Ironies of Household Technology from the Open Hearth to the Microwave* (New York, Basic, 1983), pp. 23-25; 洗衣工作见 Jane C. Nylander,

Our Own Snug Fireside: Images of the New England Home, 1760-1860 (New Haven, Yale University Press, 1994), pp. 131-137。

[11] 潘塔尔见 Jeanne Boydston, *Home and Work: Housework, Wages, and the Ideology of Labor in the Early Republic* (New York, Oxford University Press, 1990), p. 43; 埃丝特·伯尔见 Boydston, *Home and Work*, pp. 15-16; 账目见 Geoffrey Crossick and Heinz-Gerhard Haupt, *The Petite Bourgeoisie in Europe, 1780-1914* (London, Routledge, 1995), p. 92.

[12] 英语角色词汇见 Boydston, *Home and Work*, pp. 8-9; 德文见 Gray, *Productive Men, Reproductive Women*, p. 105; 女人"补贴家用"见 Joel Mokyr, 'Why "More Work for Mother"? Knowledge and Household Behavior, 1870-1945', *Journal of Economic History*, March 2000, 6/1, p. 3;《母亲的心》见 Kathleen Anne McHugh, *American Domesticity: From How-to Manual to Hollywood Melodrama* (New York, Oxford University Press, 1999), pp. 93-96。这部电影可上网观看，http://www.youtube.com/watch?v=7B-SpMqlfrg, accessed 18 December 2013。

[13] Boydston, *Home and Work*, pp. 18-19, 51.

[14] "娴静的消遣"见 [Edward Bulwer-Lytton], *A Strange Story* (London, Sampson Low, Son, & Co., 1862), vol. II, p. 73;《纽约信使报》引自 Boydston, *Home and Work*, p. 10; 1881 年人口普查见 McKeon, *Secret History of Domesticity*, p. 179。

[15] 亨丽埃特的烹饪书见 Reagin, *Sweeping the Nation*, p. 23;《家政管理》见 Susan Zlotnick, 'On the Publication of Isabella Beeton's *Book of Household Management*, 1861', *Branch: Britain, Representation, and Nineteenth-Century History*, ed. Dino Franco Felluga, extension of *Romanticism and Victorianism on the Net*, http://www.branchcollective.org/?ps_articles=susan-zlotnick-on-the-publication-ofisabella-beetons-book-of-household-management-1861, accessed 25 August 2013。

[16] "远非便宜"见 McHugh, *American Domesticity*, p. 29; 对油布的批评见 Reagin, *Sweeping the Nation*, pp. 36-42。

[17] 补袜子见 Reagin, *Sweeping the Nation*, pp. 58, 60, 17; 美国手册建议见 McHugh, *American Domesticity*, p. 29。

[18] 感谢 Laura Mason 通过电子邮件并提供文章告知酵母的种类和存活率，见 'Barms and Leavens-Medieval to Modern', in Ivan Day, ed., *Over a Red Hot Stove: Essays in Early Cooking Technology* (London, Prospect, 2009), pp. 125-148。

[19] 铸铁炉见 Leonore Davidoff and Ruth Hawthorn, *A Day in the Life of the Victorian Servant* (London, Allen & Unwin, 1976), p. 78.; 六个半小时见 Susan Strasser, *Never Done: A History of American Housework* (New York, Pantheon, 1982), p. 41。

[20] 哈丽叶特的话引自 Nylander, *Our Own Snug Fireside*, p. 109; 本段与前两段的想法和信息见 Cowan, *More Work for Mother*, pp. 45, 48, 50-51, 61-66, apart from the citation from Laura Ingalls Wilder, *The Little House Books*, ed. Caroline Fraser, vol. 1: *Little House in the Big Woods, Farmer Boy, Little House on the Prairie, On the Banks of Plum Creek* (New York, Library of America, 2012), p. 280。引言见 *Little House on the Prairie*。

[21] Wilder, *The Little House Books*, vol. 1, pp. 471, 473, *On the Banks of Plum Creek*.

[22] Christine Frederick, *The Ignoramus Book of Housekeeping*, cited in Phyllis Palmer,

Domesticity and Dirt: Housewives and Domestic Servants in the United States, 1920-45 (Philadelphia, Temple University Press, 1989), p. 26.
[23] 菠萝罐头见 Christina Hardyment, *From Mangle to Microwave: The Mechanization of Household Work* (Cambridge, Polity, 1988), pp. 145-146; 冰箱同上，pp. 139-140.
[24] 洗衣机经销商见 Hardyment, *From Mangle to Microwave*, p. 59; 销售同上，p. 62。
[25] "买一个更大的铃"见 Pepys, *Diary*, 6 October 1663, vol. 4, p. 325; 脚注广告引自 David E. Nye, *Electrifying America: Social Meanings of a New Technology, 1880-1940* (Cambridge, MA, MIT Press, 1990), pp. 258-259。
[26] Candace M. Volz, 'The Modern Look of the Early-Twentieth-Century House: A Mirror of Changing Lifestyles', Jessica H. Foy and Thomas J. Schlereth, eds., *American Home Life, 1880-1930: A Social History of Spaces and Services* (Knoxville, University of Tennessee Press, 1992), pp. 36-37.
[27] Thomas Berker, Maren Hartmann, Yves Punie and Katie Ward, *Domestication of Media and Technology* (Maidenhead, Open University, 2006), p. 29, and Denise Lawrence-Zúñiga, 'Material Conditions of Family Life', Kertzer and Barbagli, *History of the European Family*, vol. 3, p. 38.
[28] 曼西镇见 Robert S. Lynd and Helen Merrell Lynd, *Middletown: A Study in Modern American Culture* (London, Constable, 1929), pp. 95-96; 前廊见 Clifford Edward Clark, Jr., *The American Family Home, 1800-1960* (Chapel Hill, University of North Carolina Press, 1986), p. 228.
[29] 关于房前花园和树篱见 Andrew Ballantyne and Andrew Law, *Tudoresque: In Pursuit of the Ideal Home* (London, Reaktion, 2011), p. 117; "假如有人……"，我使用假设句是因为，我在英国生活了34年，从未见过有人这样。
[30] 比顿夫人见 Mrs. Beeton, *Mrs. Beeton's Book of Household Management*, abridged edn, Nicola Humble, ed. ([1861], Harmondsworth, Penguin, 2000), p. 7; 玛丽见 McHugh, *American Domesticity*, p. 72。
[31] Henk Driessen, 'About the Borders of "Gezelligheid"', de Jonge, *Ons sort mensen*; the 1938 etiquette book is E. Knuvelder-Ariëns and I. Cammaert, *Gezelligheid in huis en hoe onthaal ik mijn gasten goed* (4th edn, 's-Hertogenbosch, 1938), pp. 6-8.
[32] Gillis, *A World of Their Own Making*, p. 324.

第四章　家具演变

[1] 这首诗见 William Cowper, *The Task, and Other Poems* (Philadelphia, Carey and Hart, 1849), Book IV, 'The Winter Evening', p. 94; 脚注见 Siris, *Notes and Queries*, 2nd ser., no. 25, 21 June 1856, p. 490。
[2] 感谢 Lewis Mumford, *The Culture of Cities* (London, Secker and Warburg, 1997), p. 115。
[3] Alcock, *People at Home*, pp. 121-122.
[4] 北美殖民地缺床见 Sarti, *Europe at Home*, p. 103; 奴隶睡觉的地方见 Crowley, *Invention of Comfort*, p. 89; 荷兰床价见 Sarti, 'The Material Conditions of Family Life', Kertzer and Barbagli, *History of the European Family*, vol. 1, p. 119; 意大利床价见 Sarti, *Europe at*

Home, p. 101。

[5] Muizelaar and Phillips, *Picturing Men and Women*, p. 30.

[6] Wijsenbeek-Olthuis, 'The Social History of the Curtain', de Jonge, *Ons sort mensen*.

[7] 感谢罗森博格城堡的管理人彼得·克里斯蒂安森耐心回答我的问题，并看了原稿，注意到窗帘杆的细节；汉姆庄园见 Peter Thornton: *Seventeenth-Century Interior Decoration in England, France, and Holland* (New Haven, Yale University Press, 1978), pp. 137-138。桑顿是装饰方面的专家之一，但我对他的作品持保留意见；他把汉姆庄园对称的窗帘追溯到16世纪40年代和16世纪70年代，更令人担忧的是，在书中（*Authentic Decor: The Domestic Interior, 1620-1929*, p. 8）他强调主张荷兰黄金时代艺术的真实性：艺术家"永远不会脱离现实"，他写道，反驳了研究绘画藏品的荷兰学者（第6页），并质疑如果房子里没有地毯，艺术家们如何能够"在地板上找到地毯来如此精确地描绘"，他显然理所当然地认为，艺术家只画他们惯常看到的东西，他们不拥有道具，也不创造舞台布景来作画，甚至不通过想象作画。他的书知识精深博大，但我不得不质疑其中的某些观点。

[8] 意大利塔夫绸窗帘见 DeJean, *The Age of Comfort*, p. 158; 卢肯见 the images appear in Tove Clemmensen, *Skaebner og Interiører: Danske Tegninger fra Barok til Klunketid* (Skive, Nationalmuseet, 1984), pp. 24, 37。

[9] *Romeo and Juliet*, I. v. 6-7.

[10] 普利茅斯的情况见 Deetz and Deetz, *Times of Their Lives*, p. 198；《农家就餐》见 Bushman, *Refinement of America*, pp. 74-75, 77。

[11] Sarti, *Europe at Home*, pp. 128-129.

[12] 橱柜成本见 Schama, *Embarrassment of Riches*, pp. 316, 318; 橱柜顶层陈列见 Hester C. Dibbits, 'Between Society and Family Values: The Linen Cupboard in Early-Modern Households', Schuurman and Spierenburg, *Private Domain*, pp. 126-127, 133; Daniel Defoe, *A Tour Through the Island of Great Britain*, G. D. H. Cole and D. C. Browning, eds. ([1792], London, Dent, Everyman, 1962), vol. 1, p. 166。

[13] "五斗柜"的意思见 DeJean, *The Age of Comfort*, pp. 131-132; 德国的带腿橱柜见 H. Muthesius, *The English House*, vol. 3, p. 21; 布伦斯威克见 Michael North, '*Material Delight and the Joy of Living*': *Cultural Consumption in the Age of Enlightenment in Germany*, trs. Pamela Selwyn (Aldershot, Ashgate, 2008), p. 65; 巴黎的劳动家庭见 Sarti, *Europe at Home*, pp. 128-129; 荷兰这首诗非常著名，但作者不详，引自 Dibbits in Schuurman and Spierenburg, *Private Domain*, pp. 125-126。

[14] 套房里的扶手椅和床是国家信托基金会的藏品 No. 129448. 1 和 1294481. 2。感谢 Knole 的管家 Emily Watts 帮我确认这些家具；脚注见 Adam Bowett, 'The English "Horsebone" Chair, 1685-1710', *The Burlington Magazine*, May 1999, vol. 141, p. 263; Tessa Murdoch, 'Worthy of the Monarch: Immigrant Craftsmen and the Production of State Beds, 1660-1714', *From Strangers to Citizens: The Integration of Immigrant Communities in Britain, Ireland, and Colonial America, 1550-1750*, Randolph Vigne and Charles Littleton, eds. (London, Huguenot Society of Great Britain and Ireland, Sussex Academic Press, 2001), pp. 153-154; 椅子成了时髦，见 DeJean, *The Age of Comfort*, pp. 121-122。

[15] Rybczynski, *Home*, pp. 81ff.
[16] Horace Walpole, 3 October 1743, the electronic version of *The Yale Edition of Horace Walpole's Correspondence*, vol. 18, p. 315, http://images.library.yale.edu/hwcorrespondence/page.asp?vol=18&page=315&s rch=mortel, accessed 18 December 2013; 理发师外科医生见 Frank E. Brown, 'Continuity and Change in the Urban House: Developments in Domestic Space Organization in Seventeenth-Century London', *Comparative Studies in Society and History*, 28, 1986, p. 583; 汉堡商人见 North, *Material Delight*, pp. 66-67; 漫画家见 Shirley Nicholson, *A Victorian Household* (rev. edn, Stroud, Sutton, 1994), pp. 21-22; 配套的椅子见 Alcock, *People at Home*, pp. 54, 63。
[17] 外国游客的话见 Louis Simond, *Journal of a Tour and Residence in Great Britain During the Years 1810 and 1811*, 'by a French traveller' (Edinburgh, Constable, 1815), vol. 2, p. 219; 日记见 Langford, *Englishness Identified*, pp. 188, 190-191。
[18] 1861 年引自 Hamlett, *Material Relations*, p. 85; 脚注内容是我自己的看法，有很多人强烈反对。
[19] "小里小气"见 John Byng, 5th Viscount Torrington, *The Torrington Diaries: A Selection from the Tours of the Hon. John Byng...*, C. Buryn Andrews, ed. (London, Eyre and Spottiswood, 1934-1938), vol. 3, pp. 156-157; William Cobbett, *Rural Rides in the Southern, Western and Eastern Counties of England...*, G. D. H. and Margaret Cole, eds. (London, Peter Davies, 1930), vol. 1, pp. 276-278。
[20] 质量上的差别见 Crowley, *Invention of Comfort*, p. 6; 17 世纪贵族女子见 Marcia Pointon, *Strategies for Showing: Women, Possession and Representation in English Visual Culture, 1665-1800* (Oxford, Oxford University Press, 1997), p. 28。
[21] Denis Diderot, 'Regrets sur ma vieille robe de chambre, ou, Avis à ceux qui ont plus de gout que de fortune' (1772). 感谢 Frank Wynne 提供翻译上的帮助。
[22] 17 世纪荷兰家庭见 Schama, *Embarrassment of Riches*, p. 319; 婚时床上用品的花费见 Sarti, *Europe at Home*, p. 101; 床垫见 Praz, *An Illustrated History of Interior Decoration*, p. 105; 牌画见 Jan van der Straet's *Women Embroidering*, p. 105。
[23] Zumthor, *Rembrandt's Holland*, pp. 38-39.
[24] 琳琅满目的家居用品见 Muizelaar and Phillips, *Men and Women*, pp. 37, 44, 46-50; 仿制进口货见 Westermann, *Art and Home*, p. 36; 低收入家庭见 Muizelaar and Phillips, *Men and Women*, p. 30; 1640 年观光客的话见 *The Travels of Peter Mundy*, vol. 4, pp. 70-71; 机械钟摆见 de Vries, *Industrious Revolution*, p. 1; 衡量富裕的标准是那些拥有超过十头牛的人。
[25] 桌布见 John Wood, *A Description of Bath*, cited in James Ayres, *Domestic Interiors: The British Tradition, 1500-1850* (New Haven, Yale University Press, 2003), p. 9; 屋内财产的增加指全英国平均水平，见 Weatherill, *Consumer Behaviour*, p. 26 and Mark Overton, et al., *Production and Consumption in English Households, 1600-1750* (London, Routledge, 2004), pp. 91, 99。
[26] 弗吉尼亚农场主见 Kevin M. Sweeney, 'High Style Vernacular: Lifestyles of the Colonial Elite', Carson, et al., *Of Consuming Interests*, pp. 3-4; 脚注中大西洋中部各州见 Joan M.

Jensen, *Loosening the Bonds: Mid-Atlantic Farm Women, 1750-1850* (New Haven, Yale University Press, 1986), pp. 217-220; 民兵组织成员见 T. H. Breen, *The Marketplace of Revolution: How Consumer Politics Shaped American Independence* (New York, Oxford University Press, 2004), pp. 49-50; 弗吉尼亚见 Breen, *Marketplace of Revolution*, pp. 34-35; 北方劳动阶级见 Cary Carson, 'The Consumer Revolution in Colonial British America: Why Demand?', Carson, et al., *Of Consuming Interests*, p. 505; 英国供应商的回复见 T. H. Breen, 'The Meaning of Things: Interpreting the Consumer Economy in the Eighteenth Century', John Brewer and Roy Porter, eds., *Consumption and the World of Goods* (London, Routledge, 1993), p. 253。

[27] [Joseph Addison] ,*The Lover*, 18 March 1714, cited in Beverly Lemire, *The Business of Everyday Life: Gender, Practice and Social Politics in England, c. 1600-1900* (Manchester, Manchester University Press, 2005), p. 93.

[28] Breen, *Marketplace of Revolution*, p. 236.

[29] 美国橱柜同上，p. 46。

[30] 历史上用糖数据见 Carole Shammas, 'Changes in English and Anglo-American Consumption from 1550-1800', Brewer and Porter, *Consumption and the World of Goods*, pp. 181-182; 当今糖消耗量见 Food and Agriculture Organization of the United Nations, website, http://faostat3.fao.org/faostat-gateway/go/to/download/FB/*/E, accessed 5 September 2013。感谢 Alex Tomlinson 指引我找到数据；关于茶叶见 John E. Wills, Jr., 'European Consumption and Asian Production in the Seventeenth and Eighteenth Centuries', in Brewer and Porter, *Consumption and the World of Goods*, pp. 141-143。

[31] "你应该有个家"见 Marlene Elizabeth Heck, '"Appearance and Effect is Everything": The James River Houses of Samuel, Joseph, and George Cabell', Eleanor Thompson, ed., *The American Home: Material Culture, Domestic Space, and Family Life* (Hanover, NH, University Press of New England, 1998), p. 11; "社会风气……"见 Prince Pückler-Muskau, in the mid-1820s, cited in Dana Arnold, *The Georgian Country House: Architecture, Landscape and Society* (Stroud, Sutton, 1998), pp. 24-25; 康德的话引自 North, *Material Delight*, p. 2。

[32] 标明财产所有权的方式见 Carson, 'The Consumer Revolution in Colonial British America', Carson, et al., *Of Consuming Interests*, pp. 553-554; 财产表明身份见 Gwendolyn Wright, *Building the Dream: A Social History of Housing in America* (New York, Pantheon, 1981), pp. 16-17。

[33] 亚当·斯密的话见 Adam Smith, *The Theory of Moral Sentiments*, D. D. Raphael and A. L. Macfie, eds. (Oxford, Oxford University Press, 1976), p. 180; 笛福的观点引自 Charles Saumarez-Smith, *The Rise of Design: Design and the Domestic Interior in Eighteenth-Century England* (London, Pimlico, 2000), pp. 46-48;《奈尔斯周刊》见 *Register*: cited in Grier, *Culture and Comfort*, p. 20。

[34] Bee Wilson, *Consider the Fork: A History of Invention in the Kitchen* (London, Particular Books, 2012), p. 218.

[35] Anthony Trollope, *Barchester Towers*, Robin Gilmour, ed. ([1857], Harmondsworth,

Penguin, 1994), p. 78.
[36] 样板间见 Grier, *Culture and Comfort*, pp. 22-23, 30, 55; "高雅家居"见 D. Cohen, *Household Gods*, pp. 122-123。
[37] 餐台见 Garrett, *At Home*, pp. 40ff.; 1897 年三件套家具见 Grier, *Culture and Comfort*, p. 147。
[38] Wilder, *The Little House Books*, vol. 1, pp. 317, 323.
[39] 陶器见 Sarti, *Europe at Home*, p. 127; 德国中产阶级家庭餐具见 North, *Material Delight*, pp. 68-69。
[40] Sarti, *Europe at Home*, pp. 150-151.
[41] 意大利面见 Wilson, *Consider the Fork*, p. 255; 普利茅斯殖民地见 Demos, *A Little Commonwealth*, p. 42。
[42] 荷兰的情况引自 Lisa Jardine, *Going Dutch: How England Plundered Holland's Glory* (London, HarperCollins, 2008), p. 243; 伦敦见 Weatherill, *Consumer Behaviour*, p. 26; 纽约州见 Bushman, *Refinement of America*, pp. 76-77; 马萨诸塞州见 Laurel Thatcher Ulrich, *Good Wives: Image and Reality in the Lives of Women in Northern New England, 1650-1750* (New York, Alfred A. Knopf, 1982), p. 69; 格赖夫斯瓦尔德见 North, *Material Culture*, pp. 69-70, 他注意到刀叉的出现, 但地点是我自己的看法。
[43] 平盘见 Wilson, *Consider the Fork*, pp. 257-278; 脚注见 Deetz, *In Small Things Forgotten*, p. 123; 英国海军见 Wilson, *Consider the Fork*, p. 257。
[44] Bushman, *Refinement of America*, pp. 75-76; Wilder, *The Little House Books*, vol. 1, p. 281.
[45] 代尔夫特瓷砖画见 Westermann, *Art and Home*, p. 68, 藏于费城艺术博物馆; 沃里克郡的孩子见 Linda Pollock, *A Lasting Relationship: Parents and Children over Three Centuries* (London, Fourth Estate, 1987), p. 143。
[46] Shakespeare, *The Taming of the Shrew*, IV. iii. 67, *A Midsummer Night's Dream*, V. i. 3, *A Winter's Tale*, IV. iv. 317.
[47] Locke, *Some Thoughts Concerning Education* (1693), cited in Karin Calvert, *Children in the House: The Material Culture of Early Childhood, 1600-1900* (Boston, Northeastern University Press, 1992), p. 80; 北美殖民地对玩具的态度见 Calvert, *Children in the House*, pp. 48-51。
[48] Calvert, *Children in the House*, pp. 110-117; Rousseau, *émile*, p. 265.
[49] 拼图游戏见 Colin Heywood, *A History of Childhood: Children and Childhood in the West from Medieval to Modern Times* (Cambridge, Polity, 2001), p. 93; 玛利亚见 Paula S. Fass and Mary Ann Mason, *Childhood in America* (New York, New York University Press, 2000), pp. 49-50。
[50] 均见 Jan van der Straet's *Women Embroidering*, 插图见 Praz, *An Illustrated History of Interior Decoration*, p. 105。
[51] Calvert, *Children in the House*, pp. 41-42.
[52] 男孩的衣服见 Calvert, *Children in the House*, pp. 79-83; 英国上层阶级的女孩见 *The Diary of Anne Clifford*, April and May 1617, cited in Pollock, *A Lasting Relationship*, p. 81。

[53] 美国的孩子见 Calvert, *Children in the House*, pp. 27, 33, 38; 脚注见 Sally Kevill-Davies, *Yesterday's Children: The Antiques and History of Childcare* (Woodbridge, Antique Collectors' Club, 1991), pp. 78-82, 89, 97, 110。

[54] *Godey's Lady's Magazine*, cited in Calvert, *Children in the House*, p. 100.

[55] Dr. Struve, *Domestic Education of Children*, cited in Calvert, *Children in the House*, p. 103.

第五章　建筑神话

[1] 伦敦北区老房子见 Ayres, *Domestic Interiors*, pp. 2-4; 房子有灵魂见 Vickery, *Behind Closed Doors*, p. 29; 新娘见 Segalen, 'The House Between Public and Private', Schuurman and Spierenburg, *Private Domain*, p. 247; "你是否……" 见 [Andrew K. H. Boyd], *The Recreations of a Country Parson* (Boston, Fields, Osgood and Co., 1870), vol. 2, p. 390。

[2] 引自 Hamlett, *Material Relations*, p. 180; F. Scott Fitzgerald, *The Bodley Head Scott Fitzgerald*, vol. 1, *The Great Gatsby* (London, The Bodley Head, 1958), p. 213。

[3] "英国人" 见 H. Muthesius, *The English House*, vol. 1, p. 1; 脚注见 Henrik Ibsen, *Ghosts*, trs. Peter Watts (Harmondsworth, Penguin, 1964), pp. 42-43; 牛顿的话引自 Gavin Stamp and André Goulancourt, *The English House 1860-1914: The Flowering of English Domestic Architecture* (London, Faber, 1986), p. 14。

[4] Walter Benjamin, *The Arcades Project*, trs. Howard Eiland and Kevin McLaughlin (Cambridge, MA, Belknap Press, 1999), p. 554.

[5] 芝加哥的问卷调查见 Mihaly Csikszentmihalyi and Eugene Rochberg-Halton, *The Meaning of Things: Domestic Symbols and the Self* (Cambridge, Cambridge University Press, 1981), p. 127; 德语 "gemütlich": S. Muthesius, *Poetic Home*, p. 28; "日常生活中……" 见 Preface to the Second Edition of *Lyrical Ballads*, in *The Poetical Works of William Wordsworth* (London, E. Moxon, 1870), vol. 6, p. 826; 荷兰语 "gezellig": Henk Driessen, 'About the Borders of Gezelligheid', de Jonge, *Ons sort mensen*。

[6] Clark, *American Family Home*, p. 23.

[7] Burnett, *A Social History of Housing*, p. 104.

[8] Cohn, *Palace or Poorhouse*, pp. 30, 35-37.

[9] Ballantyne and Law, *Tudoresque*, pp. 90-91, 97-99.

[10] Ballantyne and Law, *Tudoresque*, pp. 36, 41, 44.

[11] 殖民地式见 Larkin, *Reshaping of Everyday Life*, npp. 128-131; 纽约和哈得逊河见 Garrett, *At Home*, pp. 17-20。

[12] *Kamer van Jan Steen*: S. Muthesius, *Poetic Home*, pp. 235-237, 290.

[13] S. Muthesius, *Poetic Home*, p. 227.

[14] S. Muthesius, *Poetic Home*, pp. 264-265.

[15] 伦敦北郊见 Alan A. Jackson, *Semi-Detached London: Suburban Development, Life and Transport, 1900-1939* (London, George Allen & Unwin, 1973), p. 37; 2013 年英国的木材公司见电子邮件, 作者 2013 年 5 月 7 日收到。

[16] Lewis F. Allen, *Rural Architecture: Being a Complete Description of Farm Houses,*

Cottages, and Out Buildings... (New York, C. M. Saxton, 1852), and Henry W. Cleaveland, William Backus and Samuel D. Backus, *Village and Farm Cottages: The Requirements of American Village Homes Considered…* (New York, D. Appleton, 1856), cited in Grier, *Culture and Comfort*, p. 103. 我自己翻译的。

[17] 富兰克林的房子见 Nylander, *Our Own Snug Fireside*, pp. 15-16; 殖民地厨房见 Grier, *Culture and Comfort*, p. 54; 脚注见 Nylander, *Our Own Snug Fireside*, p. 16;《往日的灯光》见 Andreas Blühm and Louise Lippincott, *Light: The Industrial Age, 1750-1900: Art and Science, Technology and Society* (London, Thames and Hudson, 2000), p. 234。

[18] William Morris, 'Manifesto of The Society for the Protection of Ancient Buildings (S. P. A. B.)', *Art and Architecture: Essays 1870-1884* (Holicong, PA, Wildside Press, 2003), p. 14, accessed online, http://bit.ly/10bSG2I, 28 March 2013.

[19] Alon Confino, *Nation as a Local Metaphor: Württemberg, Imperial Germany, and National Memory, 1871-1918* (Chapel Hill, University of North Carolina Press, 1997), pp. 137, 144.

[20] Ponsonby, *Stories from Home*, pp. 159ff.

[21] Jeremy Aynsley, 'The Modern Period Room—A Contradiction in Terms?', Penny Sparke, Brenda Martin and Trevor Keeble, eds., *The Modern Period Room: The Construction of the Exhibited Interior, 1870 to 1950* (London, Routledge, 2006), p. 17.

[22] Eric Gable and Richard Handler, 'In Colonial Williamsburg, the New History Meets the Old', *Chronicle of Higher Education*, 30 October 1998, 45, pp. B10-11.

[23] 我关于怀旧心态的理解来自 Svetlana Boym, *The Future of Nostalgia* (New York, Basic, 2001), especially pp. xiv-xv, 6, 11-15。

[24] Clark, *American Family Home*, pp. 201-203.

[25] Weslager, *The Log Cabin*, pp. 99ff., 54.

[26] 脚注见 Weslager, *The Log Cabin*, makes the distinctions as clear as possible, pp. 56-57; 瑞典人居住区同上，pp. 140-142, 155。

[27] Weslager, *The Log Cabin*, pp. 199-200, 209, 212, 226.

[28] 哈里森的支持者见 Weslager, *The Log Cabin*, pp. 265-267; 哈里森的"圆木屋"见 Cohn, *Palace or Poorhouse*, pp. 177, 183-184; [James Fenimore Cooper], *The Pioneers, or, The Sources of the Susquehanna, A Descriptive Tale* (London, T. Allman and C. Daly, [n. d.]), p. 223。

[29] 林肯的出生地见 Weslager, *The Log Cabin*, pp. 289-290, 305-306; 脚注见 http://www.abrahamlincolnonline.org/lincoln/sites/birth.htm, accessed 25 April 2013; 林肯圆木屋见 http://www.knex.com/Lincoln-Logs/history. php, accessed 9 October 2013; 圆木屋枫糖浆见 Deetz and Deetz, *Times of Their Lives*, pp. 174-175, 据说20世纪40年代在美国，罐头盒的形状就像一个小木屋，烟囱就是倾倒口。在我童年时代的加拿大（20世纪60年代），它只是印有小屋照片的方形罐头盒了。我想美国的也一样。当今的包装见 http://www.logcabinsyrups.com/products/,accessed 9 October 2013。

[30] Henry Wadsworth Longfellow, *The Courtship of Miles Standish* (Boston, Ticknor and Fields, 1858), p. 31; 1650年前新英格兰引自 Laurel Thatcher Ulrich, *The Age of Homespun: Objects and Stories in the Creation of an American Myth* (New York, Alfred A. Knopf,

2001), p. 84; 有限的纺线产量见 Nylander, *Our Own Snug Fireside*, p. 169; 玛丽·库珀见 Boydston, *Home and Work*, p. 13; 奥姆斯特德引自 Elizabeth Fox-Genovese, *Within the Plantation Household: Black and White Women of the Old South* (Chapel Hill, University of North Carolina Press, 1988), p. 121。

[31] McHugh, *American Domesticity*, p. 25.

[32] 部分引自 McHugh, 同上；此段和上段引自 Nylander, *Our Own Snug Fireside*, pp. 228-229, and Susan Strasser, *Waste and Want: A Social History of Trash* (New York, Metropolitan, 1999), pp. 53-59。

[33] 诺丁汉郡见 Laslett, *Family Life*, p. 71; 仆人的频繁流动同上，p. 72。

[34] 40% 见 Laslett, *Family Life*, pp. 3-4, 162, 164, 166; 现代离婚率见 Michael Anderson, 'What is new about the modern family: an historical perspective', OPCS Occasional Paper 21, *The Family*, p. 5。40%是根据人口普查数字中32%的儿童来估计的，并推算和包括了未被计算进去的仆人的父母；荷兰的情况见 Rudolf Dekker, 'Children on their Own: Changing Relations in the Family. The Experiences of Dutch Autobiographers, Seventeenth to Nineteenth Centuries', Schuurman and Spierenburg, *Private Domain*, p. 65; 美国南部的情况见 Jane Turner Censer, *North Carolina Planters and Their Children 1800-1860* (Baton Rouge, Louisiana State University Press, 1984), pp. 20-21。

[35]《晨报纪事》引自 Gillis, 'Making Time for Family', *Journal of Family History*, p. 13; 星期日教堂人口普查见 Ashton, *Victorian Bloomsbury* (London, Yale University Press, 2012), p. 159。

[36] John R. Gillis, 'Making Time for Family: The Invention of Family Time (s) and the Reinvention of Family History', *Journal of Family History*, 21, 1996, pp. 4-5, 这篇珍贵的报道刊登在《纽约时报》上，见 Daniel Goleman, 'Family Rituals May Promote Better Emotional Adjustment', 11 March 1992, http://www.nytimes.com/1992/03/11/news/family-rituals-may-promote-better-emotionaladjustment.html?pagewanted=all&src=pm, accessed 23 October 2013。

第六章　炉灶和家

[1] 炉膛见 Arien Mack, ed., 'Home: A Place in the World', *Social Research*, 58, 1, 1991, p. 42; 脚注引自 Crowley, *Invention of Comfort*, p. 57; church statute: McKeon, *Secret History of Domesticity*, p. 143; 'camino': Sarti, *Europe at Home*, p. 118; "户主选举人"选区见 Vickery, *Behind Closed Doors*, p. 8。

[2] 这句谚语来自德国、荷兰和斯堪的纳维亚半岛；德文引自 Reagin, *Sweeping the Nation*, p. 44; 科贝特见 Langford, *Englishness Identified*, pp. 115-116。

[3] 最早的壁炉见 Sarti, 'The Material Conditions of Family Life', Kertzer and Barbagli, *History of the European Family*, vol. 1, p. 3, 提到威尼斯，but Crowley, *Invention of Comfort*, p. 23, 提到圣高尔修道院更古老的类似壁炉的设施。

[4] 炉灶的变化见 Shammas, 'The Domestic Environment in Early Modern England and America', Peter Charles Hoffer, ed., *Colonial Women and Domesticity: Selected Articles on Gender in*

Early America (New York, Garland, 1988), p. 198; 脚注见 Ayres, *Domestic Interiors*, p. 20.

[5] William Harrison, *The Description of England*, George Edelen, ed. (Ithaca, for the Folger Shakespeare Library by Cornell University Press, 1968), pp. 200-201。观察日期存疑。哈里森在 1560 年写作此书，后修订于 1577 年、1587 年。

[6] 美国殖民地见 Demos, *A Little Commonwealth*, pp. 25-26; 拓疆者的房屋见 Cowan, *Social History of American Technology*, pp. 29-30。

[7] Sarti, 'The Material Conditions of Family Life', Kertzer and Barbagli, *History of the European Family*, vol. 1, p. 3.

[8] Sarti, 'The Material Conditions of Family Life', Kertzer and Barbagli, *History of the European Family*, vol. 1, pp. 4-6.

[9] 荷兰笼罩见 Muizelaar and Phillips, *Men and Women*, p. 57; 荷兰炉膛见 Zumthor, *Rembrandt's Holland*, pp. 45-46; 暖脚炉见 Franits, *Paragons of Virtue*, p. 50; 搁脚凳见 Loughman, 'Between Reality and Artful Fiction', Aynsley and Grant, *Imagined Interiors*, pp. 82-83。

[10] 废除煤炭税见 Ayres, *Domestic Interiors*, p. 16; 剑桥郡和诺维奇见 Crowley, *Invention of Comfort*, pp. 56-58; 壁炉数量见 Sarti, 'The Material Conditions of Family Life', Kertzer and Barbagli, *History of the European Family*, vol. 1, p. 8。

[11] 穆特休斯生平引自 H. Muthesius, *The English House*, pp. xiv, xix, xx, 导言；脚注中的引用来自 vol. 2, p. 68; 脚注中煤气灶的统计数据来自 Caroline Davidson, *A Woman's Work is Never Done: A History of Housework in the British Isles, 1650-1950* (London, Chatto & Windus, 1982), pp. 67, 112; 英国人能忍受很干燥的空气见 H. Muthesius, *The English House*, vol. 2, pp. 1-3, 30; 普遍使用煤火见 Davidson, *A Woman's Work is Never Done*, p. 100; "一战"中爱国歌曲最初题为"让家中的炉火一直熊熊燃烧，直到孩儿们返回故乡"，1914, by Ivor Novello and Lena Gilbert Ford。

[12] 1815 年水彩画见 Old Dartmouth Historical Society, New Bedford, Massachusetts, and is reproduced in Garrett, *At Home*, p. 79。

[13] 这个有趣的想法见 Candace M. Volz, 'The Modern Look of the Early-Twentieth-Century House: A Mirror of Changing Lifestyles', Foy and Schlereth, *American Home Life*, p. 37。

[14] 美国人的憧憬见 Gillis, *A World of Their Own Making*, p. 144; 普金的设计见 Stamp and Goulancourt, *The English House*, p. 33。

[15] 视觉效果与实用的悖论见 Stamp and Goulancourt, *The English House*, pp. 32-34。

[16] 1970 年的房屋见 Vickery, *Behind Closed Doors*, p. 29; 不言而喻的规则见 Crowley, *Invention of Comfort*, pp. 36-37。

[17] Crowley, *Invention of Comfort*, p. 39.

[18] Crowley, *Invention of Comfort*, p. 65.

[19] 牛津郡见 Shammas, 'The Domestic Environment in Early Modern England and America', Hoffer, *Colonial Women and Domesticity*, p. 198; 三个玻璃窗见 Crowley, *Invention of Comfort*, p. 67。

[20] 殖民地的窗户见 G. Wright, *Building the Dream*, p. 12;《移民指南》见 Demos, *A Little Commonwealth*, p. 28; 弗劳尔迪见 Deetz, *Flowerdew Hundred*, p. 108。

[21] 玻璃是可移动的家具，见 Crowley, *Invention of Comfort*, p. 67; 一位户主的话引自

Demos, *A Little Commonwealth*, p. 28; 新英格兰的牧师引自 David H. Flaherty, *Privacy in Colonial New England* (Charlottesville, University Press of Virginia, 1972), p. 41.

[22] 美国的房子见 Crowley, *Invention of Comfort*, p. 105; 板条百叶窗见 Garrett, *At Home*, p. 24; 奥姆斯特德引自 Vlach, *Back of the Big House*, pp. 9-10.

[23] 泰辛和法式窗户见 DeJean, *The Age of Comfort*, p. 155; 法国的奢侈窗户同上，p. 155.

[24] 在讨论推拉窗的历史时，我很感激 H. J. Louw 的文章："The Origin of the Sash Window", *Architectural History*, 26, 1983, pp. 49-72。这篇文章不仅开创性地分析了推拉窗的历史，而且指出它的发明地是英国，而不是荷兰。

[25] Hentie Louw and Robert Crayford, 'A Constructional History of the Sash-Window c. 1670-c. 1725' (Parts 1 and 2), *Architectural History*, 41, 1998, pp. 82-130, and 42, 1999, pp. 173-239; part 1, p. 95.

[26] 荷兰的夜间值勤队见 Zumthor, *Rembrandt's Holland*, pp. 19-20; 17 世纪末阿姆斯特丹的夜晚见 de Vries, *Industrious Revolution*, pp. 128-129, and Sarti, 'The Material Conditions of Family Life', in Kertzer and Barbagli, *History of the European Family*, vol. 1, p. 8; 伦敦教区见 Schivelbusch, *Disenchanted Night*, pp. 85-86, 89。

[27] 损坏路灯见 Schivelbusch, *Disenchanted Night*, pp. 97; 脚注同上，pp. 99-100; 伦敦和巴黎的照路人同上，p. 89。

[28] Jane Austen, *Sense and Sensibility*, Ros Ballaster, ed. ([1811], Harmondsworth, Penguin, 1995), p. 35; 兰开夏郡的牧师见 Brian Bowers, *Lengthening the Day: A History of Lighting Technology* (Oxford, Oxford University Press, 1998), p. 2。

[29] 煤气灯见 Rybczynski, *Home*, p. 140; 市政的义务见 de Vries, *Industrious Revolution*, pp. 128-129; 蓓尔美尔街实验见 Hugh Barty-King, *New Flame: How Gas Changed the Commercial, Domestic and Industrial Life of Britain*... (Tavistock, Graphmitre, 1984), p. 28; 其余的信息来自 Schivelbusch, *Disenchanted Night*, p. 32, 尽管他没有给出人口数。他或者他的翻译者，提到统一前的"德国"。如果将普鲁士包括进德国联邦，人口为 5200 万；不包括普鲁士，人口为 4700 万。因此，我采用了 5000 万这个妥协的数字；19 世纪 60 年代中期见 Rybczynski, *Home*, p. 140; [Anon.], review of "An Historical Sketch of the Origin, Progress and Present State of Gas-Lighting" by William Matthews: *Westminster Review*, October 1829, p. 302; Robert Louis Stevenson: "A Plea for Gas-lamps", *Virginibus Puerisque and Other Essays* (Newcastle-upon-Tyne, Cambridge Scholars, 2009), pp. 90-91; 脚注内容出于各种不同的考虑，在一系列城镇进行了试验：底特律高地公园（节约开支），整个白金汉郡（生态保护），图卢兹（生态保护），此外，试验还使用了热敏灯，行人经过时自动打开。高地公园见 http://www.nytimes.com/2011/12/30/us/cities-cost-cuttingsleave-residents-in-the-dark.html?pagewanted=all&_r=0; 白金汉郡见 http://www.buckscc.gov.uk/bcc/transport/Streetlights_useful_documents.page, 图卢兹见 http://www.guardian.co.uk/world/2009/oct/26/toulouse-heatsensitive-lampposts,all accessed 23 January 2013。

[30] 使用蜡烛的技术见 Jonathan Bourne and Vanessa Brett, *Lighting in the Domestic Interior: Renaissance to Art Nouveau* (London, Sotheby's, 1991), p. 59; 松脂见 John Caspall, *Making Fire and Light in the Home pre-1820* (Woodbridge, Antique Collectors' Club), p. 262。

［31］ 蜡烛芯见 Bowers, *Lengthening the Day*, p. 20; 动物脂见 Muizelaar and Phillips, *Men and Women*, p. 58; 亮度较小的百分比是 Count Rumford 计算的，引自 Schivelbusch, *Disenchanted Night*, p. 43; 脚注见 Bourne and Brett, *Lighting in the Domestic Interior*, p. 59; 詹姆斯的日记见 James Boswell, *Boswell's London Journal, 1762-1763*, Frederick A. Pottle, ed. (London, Heinemann, 1950), 21March 1762/3, p. 224; 脚注中的现代历史学家见 Davidson, *A Woman's Work is Never Done*, p. 96。

［32］ Crowley, *Invention of Comfort*, p. 120.

［33］ 这是由博物学家 Gilbert White 计算的，引自 Bowers, *Lengthening the Day*, pp. 18-19。

［34］ 这里我指的是 Hogarth 的木刻；原始绘画收藏在约翰·索恩爵士博物馆，数量和组合稍有不同，尽管增加幅度相似。我也参考了 Crowley, *Invention of Comfort*, pp. 133ff.。然而，他也采用了这些画。

［35］ Crowley, *Invention of Comfort*, pp. 113, 137. 克劳利认为，事实上没有证据表明北美在17和18世纪使用了灯草芯烛。他提到其他人的看法不同，包括 Monta Lee Dakin, "Brilliant with Lighting" (Ph. D. thesis, George Washington University, 1983)，但保留了蜡烛木和其他木材作为蜡烛的补充，我赞同 Crowley 的看法；蜡烛台的数字见 Crowley, *Invention of Comfort*, p. 137；洛德·博特托尔特同上，p. 138。

［36］ 灯火辉煌的晚宴见 Crowley, *Invention of Comfort*, p. 138; "天哪"见 Garrett, *At Home*, p. 160。

［37］ Bowers, *Lengthening the Day*, pp. 27, 30, 33.

［38］ 油灯的缺点见 Alice Taylor, *Quench the Lamp* (Dingle, Brandon, 1990), pp. 180ff.; "突然熄灭"引自 Nylander, *Our Own Snug Fireside*, pp. 112-113; 油灯垫同上，pp. 112-113。

［39］ Davidson, *A Woman's Work is Never Done*, p. 112.

［40］ 户外照明见 Bowers, *Lengthening the Day*, pp. 18-80, 130; Hilaire Belloc, 'The Benefits which the Electric Light Confers on us, especially at night', cited in ibid., pp. 160-161; 电网覆盖范围同上，p. 162。

［41］ 脚注见 Garrett, *At Home*, p. 39-40; "跳快步舞"见 Catharine Beecher, *A Treatise on Domestic Economy, for the Use of Young Ladies at Home, and at School* (Boston: Marsh, Capen, Lyon & Webb, 1841), cited in ibid., p. 39。

［42］ Schivelbusch, *Disenchanted Night*, pp. 67-68.

［43］ Greg Castillo, 'The American "Fat Kitchen" in Europe: Postwar Domestic Modernity and Marshall Plan Strategies of Enchantment', Ruth Oldenziel and Karin Zachmann, eds., *Cold War Kitchen: Americanization, Technology, and European Users* (Cambridge, MA, MIT Press, 2009), pp. 33-57.

第七章　家居网络

［1］ Nancy Cox, '"A Flesh pott, or a Brasse pottor a pott to boile in": Changes in Metal and Fuel Technology in the Early Modern Period and the Implications for Cooking', Moira Donald and Linda Hurcombe, eds., *Gender and Material Culture in Historical Perspective* (Basingstoke, Macmillan, 2000), pp. 145ff.

[2] Susan Strasser, 'Enlarged Human Existence?', Sarah Fenstermaker Berk, ed., *Women and Household Labor* (Beverly Hills, Sage, 1980), p. 36.

[3] Catharine Beecher and Harriet Beecher Stowe, *The American Woman's Home, or, Principles of Domestic Science* (New York, J. B. Ford & Co., 1869), p. 34.

[4] Wilder, *The Little House Books*, vol. 2, p. 278.

[5] Wilson, *Consider the Fork*, p. 349.

[6] Lawrence-Zúñiga, 'Material Conditions of Family Life', Kertzer and Barbagli, *History of the European Family*, vol. 3, pp. 16-17.

[7] Reagin, *Sweeping the Nation*, pp. 80, 84, 86; Bauhaus: Siegfried Giedion, *Mechanization Takes Command: A Contribution to Anonymous History* (New York, Oxford University Press), 1948, pp. 522-523.

[8] 这里与前段关于法兰克福厨房的内容来自 Martina Hessler, 'The Frankfurt Kitchen: The Model of Modernity and the "Madness" of Traditional Users, 1926 to 1933', Oldenziel and Zachmann, *Cold War Kitchen*, pp. 163-177; Lawrence-Zúñiga, 'Material Conditions of Family Life', Kertzer and Barbagli, *History of the European Family*, vol. 3, pp. 16-17, 19; Reagin, *Sweeping the Nation*, pp. 80, 86。

[9] 19世纪末必备日用品不足见 Strasser, 'Englarged Human Existence?', Berk, *Women and Household Labor*, p. 41; 减少了烹饪和洗涤时间见 Gary Cross, *An All-Consuming Century: Why Commercialism Won in Modern America* (New York, Columbia University Press, 2000), pp. 18, 27; 自来水见 Ruth Schwartz Cowan, 'Coal Stoves and Clean Sinks: Housework between 1890 and 1930', Foy and Schlereth, *American Home Life*, pp. 211ff., 220。

[10] 散沙清扫砖石地面见 Garrett, *At Home*, p. 75; "买来的"笤帚见 Wilder, *The Little House Books*, vol. 1, p. 476; 灰尘成为污垢见 Bushman, *Refinement of America*, p. 265; 昆虫见 Suellen Hoy, *Chasing Dirt: The American Pursuit of Cleanliness* (New York, Oxford University Press, 1995), pp. 10-11。

[11] *Brewer's Dictionary of Phrase and Fable*, and cited by James Crail, 'Body and Soil', *Artnet*, http://www.artnet.com/magazineus/books/croak/summer-reading-6-18-12.asp, accessed 1 April 2013.

[12] 查理二世见 Sophie Gee, *Making Waste: Leftovers and the Eighteenth-Century Imagination* (Princeton, Princeton University Press, 2010), pp. 6-7; 荷兰的法律规定见 Schama, *Embarrassment of Riches*, p. 378。

[13] 便器放置见 Davidson, *A Woman's Work is Never Done*, p. 115; 城市游客到乡下，同上，p. 117; 斯堪尼和达拉纳见 Frykman and Löfgren, *Culture Builders*, pp. 158, 179-180。感谢 Frank Wynne 提供的关于男性和女性尿液酸度不同的信息。

[14] Davidson, *A Woman's Work is Never Done*, p. 115.

[15] DeJean, *The Age of Comfort*, pp. 73, 71, 引用了这些例子，她比我更相信其真实性。

[16] Davidson, *A Woman's Work is Never Done*, p. 28.

[17] 同上，pp. 28-31; 水价同上，p. 18。

[18] 费城见 Thomas J. Schlereth, 'Conduits and conduct: Home Utilities in Victorian America,

1876-1915', Foy and Schlereth, *American Home Life*, pp. 226-227; 乡村供应见 Hoy, *Chasing Dirt*, p. 15。

[19] 污水处理系统缺失见 Larkin, *Reshaping of Everyday Life*, pp. 159, 161；曼西市见 Lynd and Lynd, *Middletown*, p. 27。这项著名的社会学研究对印第安纳州曼西镇 1890 年的数据和 1925 年的数据进行了对比。1885 年，它是一个有 6000 人口的农业县；到 1920 年已增加到 35000 人。有几个行业，包括玻璃、金属和汽车。最近的一座大城市距此近 100 公里。在进行这项研究时，那里有一条铁路，但没有"供开车用的硬地面路"。这项研究的一个弱点是，尽管有 2% 的人口是"外国出生的"，并有 6% 是黑人，但它关注的只是白人和土生土长的居民。

[20] Strasser, 'Enlarged Human Existence?', Berk, *Women and Household Labor*, p. 43.

[21] 19 世纪英国见 Davidson, *A Woman's Work is Never Done*, p. 12, 提到 Gateshead 的线路平均 3 小时；估算雨水对接容量同上，p. 8；历史资料同上，p. 14；英格兰和威尔士 2006/2007 年的用水量见 "Water and the Environment: International Comparisons of Domestic Per Capita Consumption", Reference: L219/B5/6000/025b (Bristol, Environment Agency, 2008), http://a0768b4a8a31e106d8b0-50dc802554eb38a24458b98ff72d550b.r19.cf3.rackcdn.com/geho0809bqtd-e-e.pdf,accessed online 7 November 2013。我略去了北美的现代用水数据，因为那里的气候比较极端，所以使用空调经常是英国的两倍，从而同历史数据进行比较时用处不大。

[22] 曼西见 Lynd and Lynd, *Middletown*, p. 97；苏格兰见 Sarti, *Europe at Home*, p. 114；爱尔兰见 Davidson, *A Woman's Work is Never Done*, p. 32。她补充说，虽然据说到 1944 年，70%（英格兰和威尔士）和 67%（苏格兰）的人可以使用自来水，但即便如此，许多人使用的"水管"可能还是街道上的外立水管。

[23] Lynd and Lynd, *Middletown*, p. 256.

[24] 洗浴变为私人见 Larkin, *Reshaping of Everyday Life*, pp. 163-164; 浴室套房见 Schlereth, *Victorian America*, pp. 128-129.

[25] S. Stephens Hellyer, *The Plumber and Sanitary Houses: A Practical Treatise on the Principles of Internal Plumbing Work...* (London, B. T. Batsford, 1877), p. v.

[26] 约翰·拉特克利夫见 Cohn, *Palace or Poorhouse*, pp. 6, 7-8; 德国孩子见 Reagin, *Sweeping the Nation*, p. 38。

[27] Schama, *Embarrassment of Riches*, p. 160.

[28] Gwendolyn Wright, *Moralism and the Model Home: Domestic Architecture and Cultural Conflict in Chicago* (Chicago, University of Chicago Press, 1980), p. 19.

[29] 此观点出自 Leonore Davidoff, 'The Rationalization of Housework', Diana Leonard Barker and Sheila Allen, eds., *Dependence and Exploitation in Work and Marriage* (London, Longman, 1976), p. 140。这个判断几乎是无意识被认可，见 James Littlejohn, *Westrigg: The Sociology of a Cheviot Parish* (London, Routledge & Kegan Paul, 1963), p. 123。

[30] 预期寿命见 Bruce Haley, *The Healthy Body and Victorian Culture* (Cambridge, MA, Harvard University Press, 1978), p. 8; 美国士兵疾病致死率见 Hoy, *Chasing Dirt*, p. 58。

[31] Mokyr, 'Why "More Work for Mother"?', p. 22.

[32] Lynd and Lynd, *Middletown*, pp. 156-157, 提到一个广告，承诺可治愈"春疾"和"精

神乏匮"，列出了中西部的冬季饮食，我补充了美国其他地区以及北欧的饮食。其他来自 19 世纪末的广告：Pabst Malt Beef Extract，Clarke 的血液混合物，当然还有莫里森药丸。

［33］爱国主义义务见 Charles Lathrop Pack, *The War Garden Victorious* (Philadelphia, J. B. Lippincott, 1919), Appendix II, p. 3; 著名口号的海报见 National Agricultural Library, USDA poster collection, https://archive. org/details/CAT31123264, accessed online 5 November 2013; food preservation: Strasser, *Never Done*, pp. 22-23。

［34］Hoy, *Chasing Dirt*, pp. 140-148.

［35］Hoy, *Chasing Dirt*, p. 89; Christine Frederick, *The New Housekeeping: Efficiency Studies in Home Management* (Garden City, NY, Doubleday, Page & Co., 1913), p. 11, cited in McHugh, *American Domesticity*, p. 64.

［36］德国家政管理优势见 Reagin, *Sweeping the Nation*, pp. 49, 53-5; 女孩的家政教育同上，pp. 46-47; "为国家……"见 Käthe Schirmacher, cited in ibid., pp. 74-5, 78。

［37］Reagin, *Sweeping the Nation*, pp. 9, 110-111, 118.

［38］[no author], *Yosemite: The National Parks: Shaping the System* (Washington, DC, Harper's Ferry Center, US Department of the Interior, 2004), p. 12, http://www.nps.gov/history/history/online_books/shaping/part2. pdf, accessed 25 October 2013.

［39］Ebenezer Howard, *To-morrow: A Peaceful Path to Real Reform*, 重新发行时题为 *Garden Cities of To-morrow* (London, Swan Sonnenschein, 1902)。

［40］William Morris, *Collected Letters of William Morris*, Norman Kelvin, ed. (Princeton, Princeton University Press, 1984), vol. 3, p. 164.

［41］英国政府举措见 Lawrence-Zúñiga, 'Material Conditions of Family Life', Kertzer and Barbagli, *History of the European Family*, vol. 3, p. 12; 美国政府的参与见 Stephanie Coontz, *The Way We Never Were: American Families and the Nostalgia Trap* (New York, Basic, 1992), pp. 76-77; Clark, *American Family Home*, p. 219.

［42］Clark, *American Family Home*, pp. 218-222.

［43］Dolores Hayden, *Building Suburbia: Green Fields and Urban Growth, 1820-2000* (New York, Pantheon, 2003), p. 10.

［44］Nezar AlSayyad, *Consuming Tradition, Manufacturing Heritage: Global Norms and Urban Forms in the Age of Tourism* (London, Routledge, 2001), p. 12.

［45］我的想法来自 Nezar AlSayyad, *Consuming Tradition*, p. 14: "如果传统是没有选择……那么遗产就是有意接受一种选择，作为定义过去与未来关系的一种手段。"

尾声　透明之家

［1］Rybczynski, *Home*, p. 164.

［2］引自 Christopher Reed, ed., *Not at Home: The Suppression of Domesticity in Modern Art and Architecture* (London, Thames and Hudson, 1996), p. 9, 从这里借用了本章标题; 狄奥多见 Hilde Heynen, 'Modernity and Domesticity: Tensions and Contradictions', Hilde Heynen and Güslüm Baydar, eds., *Negotiating Domesticity: Spatial Productions of Gender in Modern Architecture* (London, Routledge, 2005), p. 2。

[3]　Charles Baudelaire, 'The Painter of Modern Life', in *Selected Writings on Art and Literature*, trs. P. E. Charvet (Harmondsworth, Penguin, 2006), pp. 399-400; Benjamin, *The Arcades Project*, pp. 216, 220; Adolf Behne, *Die Wiederkehr der Kunst* (Nedeln, Kurt Wolff, 1973), pp. 67-68, cited in Karina van Herck, '"Only Where Comfort Ends, Does Humanity Begin": On the Coldness of Avant-Garde Architecture in the Weimar Period', Heynen and Baydar, *Negotiating Domesticity*, p. 123; I have amended the translation slightly.

[4]　引自 Lawrence-Zúñiga, 'Material Conditions of Family Life', Kertzer and Barbagli, *History of the European Family*, vol. 3, p. 17。

[5]　关于此想法大量颇据说服性的讨论见 Rybczynski, *Home*, pp. 188-191。

[6]　阿利克斯见 Castillo, 'The American "Fat Kitchen" in Europe', Oldenziel and Zachmann, *Cold War Kitchen*, pp. 37, 36; 开放式布局见 Evans, 'Figures, Doors and Passages', p. 276。

[7]　Henry James, *The American Scene* (London, Granville, 1987), p. 119.

[8]　Heynen, 'Modernity and Domesticity', Heynen and Baydar, *Negotiating Domesticity*, pp. 1-29. 感谢 Dr. Hanna Weibye 为我找到了词源"heim"，并讨论了隐含的各种秘密和超自然的含义。

参考文献

Anon., *The Absent Presence: The Uninhabited Interior in 19th and 20th Century British Art* (Sheffield, Sheffield City Art Galleries, 1991)

Anon., *Polite Society by Arthur Devis, 1712–1787: Portraits of the English Country Gentleman and His Family* (Preston, Harris Museum and Art Gallery, 1983)

Anon., *Richard Hamilton, Interiors, 1964–79* (London, Waddington, 1979)

Anon., *Social Change and Taste in Mid-Victorian England: Report of a Conference at the Victoria and Albert Museum* ([London, Victorian Society, 1963?])

Abbott, Mary, *Family Ties: English Families, 1540–1920* (London, Routledge, 1993)

Alcock, N. W., *People at Home: Living in a Warwickshire Village, 1500–1800* (Chichester, Phillimore, 1993)

Alofsin, Anthony, *When Buildings Speak: Architecture as Language in the Habsburg Empire and its Aftermath, 1867–1933* (Chicago, University of Chicago Press, 2006)

AlSayyad, Nezar, ed., *Consuming Tradition, Manufacturing Heritage: Global Norms and Urban Forms in the Age of Tourism* (London, Routledge, 2001)

—, and J. P. Bourdier, eds, *Dwellings, Settlements and Tradition: Cross-Cultural Perspectives* (Lanham, University Press of America, 1989)

Alter, George, 'New Perspectives on European Marriage in the 19th Century', *Journal of Family History*, 16, 1991

Ames, Kenneth L., *Death in the Dining Room, and Other Tales of Victorian Culture* (Philadelphia, Temple University Press, 1992)

Amussen, Susan Dwyer, *An Ordered Society: Gender and Class in Early Modern England* (Oxford, Blackwell, 1988)

—, and Adele Seeff, eds, *Attending to Early Modern Women* (Newark, University of Delaware Press, 1998)

Anderson, Michael, *Approaches to the History of the Western Family, 1500–1914* (London, Macmillan, 1980)

Archer, John, *Architecture and Suburbia: From English Villa to American Dream House, 1690–2000* (Minneapolis, University of Minnesota Press, 2005)

Ariès, Philippe, and Georges Duby, eds, *A History of Private Life*, trs. Arthur Goldhammer (Cambridge, MA, Belknap Press, 1987–1991), vol. 4: *From the Fires of Revolution to the Great War*, ed. Michelle Perrot

Arnold, Dana, *The Georgian Country House: Architecture, Landscape and Society* (Stroud, Sutton, 1998)

—, ed., *The Georgian Villa* (Stroud, Alan Sutton, 1996)

Asendorf, Christoph, *Batteries of Life: On the History of Things and Their Perception in Modernity*, trs. Don Reneau (Berkeley, University of California Press, 1993)

Aynsley, Jeremy, and Charlotte Grant, eds, *Imagined Interiors: Representing the Domestic Interior since the Renaissance* (London, V&A Publications, 2006)

Ayres, James, *Building the Georgian City* (New Haven, Yale University Press, 1998)

—, *Domestic Interiors: The British Tradition, 1500–1850* (New Haven, Yale University Press, 2003)

Bachelard, Gaston, *La Poétique de l'espace* (Paris, Presses universitaires de France, 1970)

Ballantyne, Andrew, and Andrew Law, *Tudoresque: In Pursuit of the Ideal Home* (London, Reaktion, 2011)

Barker, Diana Leonard, and Sheila Allen, eds, *Dependence and Exploitation in Work and Marriage* (London, Longman, 1976)

Barns, Cass G., *The Sod House* (Lincoln, University of Nebraska Press, 1970)

Baxter, Denise Amy, and Meredith Martin, eds, *Architectural Space in Eighteenth-Century Europe: Constructing Identities and Interiors* (Farnham, Ashgate, 2010)

Beard, Geoffrey, *Upholsterers and Interior Furnishing in England: 1530–1840* (London, Yale University Press, 1997)

Beecher, Catharine, *A Treatise on Domestic Economy, for the Use of Young Ladies at Home, and at School* (Boston, Marsh, Capen, Lyon & Webb, 1841); revised and expanded, as Catharine Beecher and Harriet Beecher Stowe, *The American Woman's Home, or, Principles of Domestic Science* (New York, J. B. Ford & Co., 1869)

Behlmer, George K., *Friends of the Family: The English Home and its Guardians, 1850–1940* (Stanford, Stanford University Press, 1998)

Berg, Maxine, *Luxury and Pleasure in Eighteenth-Century Britain* (Oxford, Oxford University Press, 2005)

—, and Helen Clifford, eds, *Consumers and Luxury: Consumer Culture in Europe, 1650–1850* (Manchester, Manchester University Press, 1999)

Berk, Sarah Fenstermaker, ed., *Women and Household Labor* (Beverly Hills, Sage, 1980)

Berker, Thomas, Maren Hartmann, Yves Punie and Katie Ward, *Domestication of Media and Technology* (Maidenhead, Open University, 2006)

Bermingham, Ann, and John Brewer, eds, *The Consumption of Culture, 1600–1800: Image, Object, Text* (London, Routledge, 1995)

Betts, Paul, *The Authority of Everyday Objects: A Cultural History of West German Industrial Design* (Berkeley, University of California Press, 2004)

Black, Lawrence, and Nicole Robertson, eds, *Consumerism and the Co-operative Movement in Modern British History: Taking Stock* (Manchester, Manchester University Press, 2009)

Blackwell, Mark, ed., *The Secret Life of Things: Animals, Objects, and It-Narratives in Eighteenth-Century England* (Lewisburg, Bucknell University Press, 2007)

Blassingame, John W., *The Slave Community: Plantation Life in the Antebellum South* (rev. edn, New York, Oxford University Press, 1979)

Blühm, Andreas, and Louise Lippincott, *Light: The Industrial Age, 1750–1900: Art and Science, Technology and Society* (London, Thames and Hudson, 2000)
Borsay, Peter, *The English Urban Renaissance: Culture and Society in the Provincial Town, 1660–1700* (Oxford, Clarendon, 1989)
Bourne, Jonathan, and Vanessa Brett, *Lighting in the Domestic Interior: Renaissance to Art Nouveau* (London, Sotheby's, 1991)
Borzello, Frances, *At Home: The Domestic Interior in Art* (London, Thames and Hudson, 2006)
Boswell, James, *Boswell's London Journal, 1762–1763*, ed. Frederick A. Pottle (London, Heinemann, 1950)
Bowers, Brian, *Lengthening the Day: A History of Lighting Technology* (Oxford, Oxford University Press, 1998)
Boyd, Diane E., and Marta Kvande, eds, *Everyday Revolutions: Eighteenth-Century Women Transforming Public and Private* (Newark, University of Delaware Press, 2008)
Boydston, Jeanne, *Home and Work: Housework, Wages, and the Ideology of Labor in the Early Republic* (New York, Oxford University Press, 1990)
Boym, Svetlana, *The Future of Nostalgia* (New York, Basic, 2001)
Braudel, Fernand, *Capitalism and Material Life, 1400–1800*, trs. Miriam Kochan (London, Weidenfeld and Nicolson, 1973)
Breen, T. H., *The Marketplace of Revolution: How Consumer Politics Shaped American Independence* (New York, Oxford University Press, 2004)
Brewer, John, 'Childhood Revisited: The Genesis of the Modern Toy', *History Today*, 30, 1980, pp. 32–39
—, and Roy Porter, eds, *Consumption and the World of Goods* (London, Routledge, 1993)
Bronner, S. J., ed., *American Material Culture and Folklife: A Prologue and Dialogue* (Ann Arbor, University of Michigan Research Press, 1985)
Brown, Frank E., 'Continuity and Change in the Urban House: Developments in Domestic Space Organization in Seventeenth-Century London', *Comparative Studies in Society and History*, 28, 1986
Brunskill, R. W., *Houses* (London, Collins, 1982)
Bryden, Inga, and Janet Floyd, eds, *Domestic Space: Reading the Nineteenth-Century Interior* (Manchester, Manchester University Press, 1999)
Buck, Carl Darling, *A Dictionary of Selected Synonyms in the Principal Indo-European Languages: A Contribution to the History of Ideas* (facsimile of 1949 edition, Chicago, University of Chicago Press, 1988)
Burguière, André, Christiane Klapisch-Zuber, Martine Segalen and Françoise Zonabend, eds, *A History of the Family*, vol. 2: *The Impact of Modernity*, trs. Sarah Hanbury Tenison (Cambridge, MA, Belknap Press, 1996)
Burnett, John, ed., *Destiny Obscure: Autobiographies of Childhood, Education and Family from the 1820s to the 1920s* (London, Allen Lane, 1982)
—, *A Social History of Housing, 1815–1985* (London, Methuen, 1978)

Buruma, Ian, 'Artist of the Floating World', *New York Review of Books*, 44, 9 January 1997, pp. 8–11

Bushman, Richard L., *The Refinement of America: Persons, Houses, Cities* (New York, Alfred A. Knopf, 1992)

Calder, Lendol, *Financing the American Dream: A Cultural History of Consumer Credit* (Princeton, Princeton University Press, 1999)

Calvert, Karin, *Children in the House: The Material Culture of Early Childhood, 1600–1900* (Boston, Northeastern University Press, 1992)

Campbell, Colin, *The Romantic Ethic and the Spirit of Modern Consumerism* (Oxford, Blackwell, 1987)

Cantacuzino, Sherban, *European Domestic Architecture: Its Development from Early Times* (London, Studio Vista, 1969)

Carr, Lois Green, Philip D. Morgan and Jean B. Russo, eds, *Colonial Chesapeake Society* (Chapel Hill, University of North Carolina Press, 1988)

Carson, Cary, Ronald Hoffman and Peter J. Albert, eds, *Of Consuming Interests: The Style of Life in the Eighteenth Century* (Charlottesville, University Press of Virginia, 1994)

Casey, James, *The History of the Family* (Oxford, Basil Blackwell, 1989)

Caspall, John, *Making Fire and Light in the Home pre-1820* (Woodbridge, Antique Collectors' Club, 1987)

Castiglione, Dario, and Lesley Sharpe, *Shifting the Boundaries: Transforming the Languages of Public and Private in the Eighteenth Century* (Exeter, University of Exeter Press, 1995)

Censer, Jane Turner, *North Carolina Planters and Their Children 1800–1860* (Baton Rouge, Louisiana State University Press, 1984)

Chase, Karen, and Michael Levenson, *The Spectacle of Intimacy: A Public Life for the Victorian Family* (Princeton, Princeton University Press, 2000)

Cieraad, Irene, ed., *At Home: An Anthropology of Domestic Space* (Syracuse, Syracuse University Press, 1999)

Clark, Jr, Clifford Edward, 'Domestic Architecture as an Index to Social History: The Romantic Revival and the Cult of Domesticity in America, 1840–1870', *Journal of Interdisciplinary History*, Summer 1976, pp. 33–56

—, *The American Family Home, 1800–1960* (Chapel Hill, University of North Carolina Press, 1986)

Clemmensen, Tove, *Skaebner og Interiører: Danske Tegninger fra Barok til Klunketid* (Skive, Nationalmuseet, 1984)

Cohen, Deborah, *Household Gods: The British and Their Possessions* (New Haven, Yale University Press, 2006)

Cohen, Lizabeth, *A Consumers' Republic: The Politics of Mass Consumption in Postwar America* (New York, Vintage, 2004)

Cohen, Monica F., *Professional Domesticity in the Victorian Novel: Women, Work and Home* (Cambridge, Cambridge University Press, 1998)

Cohn, Jan, *The Palace or the Poorhouse: The American House as a Cultural Symbol* (East Lansing, Michigan State University Press, 1979)
Confino, Alon, *Nation as a Local Metaphor: Württemberg, Imperial Germany, and National Memory, 1871–1918* (Chapel Hill, University of North Carolina Press, 1997)
Coontz, Stephanie, *The Social Origins of Private Life: A History of American Families, 1600–1900* (London, Verso, 1988)
—, *The Way We Never Were: American Families and the Nostalgia Trap* (New York, Basic, 1992)
Cowan, Ruth Schwartz, *More Work for Mother: The Ironies of Household Technology from the Open Hearth to the Microwave* (New York, Basic, 1983)
—, *A Social History of American Technology* (New York, Oxford University Press, 1997)
Cramer, Richard D., 'Images of Home', *AIA Journal*, 34, 3, 1960, pp. 40–49
Cross, Gary, *An All-Consuming Century: Why Commercialism Won in Modern America* (New York, Columbia University Press, 2000)
Crossick, Geoffrey, and Heinz-Gerhard Haupt, *The Petite Bourgeoisie in Europe, 1780–1914* (London, Routledge, 1995)
Crowley, John, *The Invention of Comfort: Sensibilities and Design in Early Modern Britain and Early America* (Baltimore, Johns Hopkins University Press, 2001)
Csikszentmihalyi, Mihaly and Eugene Rochberg-Halton, *The Meaning of Things: Domestic Symbols and the Self* (Cambridge, Cambridge University Press, 1981)
Cummings, Abbott Lowell, ed., *Rural Household Inventories: Establishing the Names, Uses and Furnishings of Rooms in the Colonial New England Home, 1675–1775* (Boston, Society for the Preservation of New England Antiquities, 1964)
Cunningham, Hugh, *Children and Childhood in Western Society since 1500* (London, Longman, 1995)
Darling, E., and L. Whitworth, eds, *Women and the Making of Built Space in England, 1870–1950* (Aldershot, Ashgate, 2007)
Daunton, M. J., *House and Home in the Victorian City: Working-Class Housing, 1850–1914* (London, Edward Arnold, 1983)
Davidoff, Leonore, and Catherine Hall, *Family Fortunes: Men and Women of the English Middle Class, 1780–1850* (rev. edn, London, Routledge, 1987)
—, and Ruth Hawthorn, *A Day in the Life of the Victorian Servant* (London, Allen & Unwin, 1976)
Davidson, Caroline, *A Woman's Work is Never Done: A History of Housework in the British Isles, 1650–1950* (London, Chatto & Windus, 1982)
—, *The World of Mary Ellen Best* (London, Chatto & Windus, 1985)
Day, Ivan, ed., *Eat, Drink & be Merry: The British at Table, 1600–2000* (London, Philip Wilson, 2000)
—, ed., *Over a Red Hot Stove: Essays in Early Cooking Technology* (London, Prospect, 2009)
Deetz, James, *Flowerdew Hundred: The Archaeology of a Virginia Plantation, 1619–1864* (Charlottesville, University Press of Virginia, 1993)

—, *In Small Things Forgotten: The Archaeology of Early American Life* (Garden City, New York, Anchor Books, 1977)

—, and Patricia Scott Deetz, *The Times of Their Lives: Life, Love, and Death in Plymouth Colony* (New York, W. H. Freeman and Co., 2000)

Defoe, Daniel, *Robinson Crusoe: An Authoritative Text, Contexts, Criticism*, ed. Michael Shinagel (New York, W. W. Norton, 1994)

DeJean, Joan, *The Age of Comfort: When Paris Discovered Casual and the Modern Home Began* (New York, Bloomsbury, 2009)

Delap, Lucy, Ben Griffin and Abigail Wills, eds, *The Politics of Domestic Authority in Britain since 1800* (Basingstoke, Palgrave Macmillan, 2009)

Demos, John, *A Little Commonwealth: Family Life in Plymouth Colony* (New York, Oxford University Press, 1970)

—, *Past, Present, and Personal: The Family and the Life Course in American History* (New York, Oxford University Press, 1986)

Dewing, David, ed., *Home and Garden, Paintings and Drawings of English, Middle-Class, Urban Domestic Spaces, 1675 to 1914* (London, Geffrye Museum, 2003)

D'Oench, Ellen, *The Conversation Piece: Arthur Devis and His Contemporaries* (New Haven, Yale University Press, 1980)

Donald, Moira, and Linda Hurcombe, eds, *Gender and Material Culture in Historical Perspective* (Basingstoke, Macmillan, 2000)

Donzelot, Jacques, *The Policing of Families*, trs. Robert Hurley (London, Hutchinson, 1980)

Douglas, Ann, *The Feminization of American Culture* (London, Macmillan, 1977)

Durantini, Mary Frances, *The Child in Seventeenth-Century Dutch Painting* (Ann Arbor, University of Michigan Research Press, 1983)

Earle, Peter, *The Making of the English Middle Class: Business, Society and Family Life in London, 1660–1730* (London, Methuen, 1989)

Edwards, Clive, *Turning Houses into Homes: A History of the Retailing and Consumption of Domestic Furnishings* (Aldershot, Ashgate, 2005)

Eleb-Vidal, Monique, avec Anne Debarre-Blanchard, *Architectures de la vie privée: maisons et modernités, XVIIe-XIXe siècles* (Bruxelles, Éditions des Archives d'architecture moderne, 1989)

Elias, Norbert, *The Civilizing Process: The History of Manners and State Formation and Civilization*, trs. Edmund Jephcott (Oxford, Blackwell, 1994)

Ellis, Clifton, and Rebecca Ginsburg, eds, *Cabin, Quarter, Plantation: Architecture and Landscapes of North American Slavery* (New Haven, Yale University Press, 2010)

Emery, Elizabeth, *Photojournalism and the Origins of the French Writer House Museum (1881–1914): Privacy, Publicity, and Personality* (Farnham, Ashgate, 2012)

Ennals, Peter, and Deryck W. Holdsworth, *Homeplace: The Making of the Canadian Dwelling over Three Centuries* (Toronto, University of Toronto Press, 1998)

Etlin, Richard, '"Les Dedans", Jacques-François Blondel and the System of the Home, c.1740', *Gazette des Beaux-Arts*, April 1978, XCI

Evans, Richard J., and W. R. Lee, eds, *The German Family: Essays on the Social History of the Family in Nineteenth- and Twentieth-Century Germany* (London, Croom Helm, 1981)

Evans, Robin, 'Figures, Doors and Passages', *Architectural Design*, 4, 1978, pp. 267–78

Fass, Paula S., and Mary Ann Mason, eds, *Childhood in America* (New York, New York University Press, 2000)

Feild, Rachael, *Irons in the Fire: A History of Cooking Equipment* (Marlborough, Crowood Press, 1984)

Fielding, Thomas, *Select Proverbs of all Nations* (London, Longman, Hurst, Rees, Orme, Brown and Green, 1824)

Finn, Margot, 'Men's Things: Masculine Possession in the Consumer Revolution', *Social History*, 25, 2000, pp. 133–155

Flaherty, David H., *Privacy in Colonial New England* (Charlottesville, University Press of Virginia, 1972)

Flandrin, Jean-Louis, *Families in Former Times: Kinship, Household and Sexuality*, trs. Richard Southern (Cambridge University Press, 1979)

Formanek-Brunell, Miriam, *Made to Play House: Dolls and the Commercialization of American Girlhood, 1830–1930* (New Haven, Yale University Press, 1993)

Fox-Genovese, Elizabeth, *Within the Plantation Household: Black and White Women of the Old South* (Chapel Hill, University of North Carolina Press, 1988)

Foy, Jessica H., and Thomas J. Schlereth, eds, *American Home Life, 1880–1930: A Social History of Spaces and Services* (Knoxville, University of Tennessee Press, 1992)

Franits, Wayne E., ed., *Looking at Seventeenth-Century Dutch Art: Realism Reconsidered* (Cambridge, Cambridge University Press, 1997)

—, *Paragons of Virtue: Women and Domesticity in Seventeenth-Century Dutch Art* (Cambridge, Cambridge University Press, 1993)

Fraser, W. Hamish, *The Coming of the Mass Market, 1850–1914* (London, Macmillan, 1981)

Frederick, Christine, *Household Engineering* (Chicago, American School of Home Economics, 1919)

—, *The New Housekeeping: Efficiency Studies in Home Management* (Garden City, Doubleday, Page & Co., 1913)

Frykman, Jonas, and Orvar Löfgren, *Culture Builders: A Historical Anthropology of Middle-Class Life*, trs. Alan Crozier (New Brunswick, NJ, Rutgers University Press, 1987)

Gable, Eric, and Richard Handler, 'In Colonial Williamsburg, the New History Meets the Old', *Chronicle of Higher Education*, 30 October 1998, 45, pp. B10–11

Garrett, Elisabeth Donaghy, *At Home: The American Family, 1750–1870* (New York, Abrams, 1990)

Gee, Sophie, *Making Waste: Leftovers and the Eighteenth-Century Imagination* (Princeton, Princeton University Press, 2010)

Gere, Charlotte, *Nineteenth-Century Decoration: The Art of the Interior* (London, Abrams, 1989)

—, *Nineteenth Century Interiors: An Album of Watercolours*, ed. Joseph Focarino (London, Thames and Hudson, 1992)

Giedion, Siegfried, *Mechanization Takes Command: A Contribution to Anonymous History* (New York, Oxford University Press), 1948

Giles, Judy, *The Parlour and the Suburb: Domestic Identities, Class, Femininity and Modernity* (Oxford, Berg, 2004)

Gillis, John R., *For Better, for Worse: British Marriages, 1600 to the Present* (New York, Oxford University Press, 1985)

—, 'Making Time for Family: The Invention of Family Time(s) and the Reinvention of Family History', *Journal of Family History*, 21, 1996, pp. 4–21

—, *A World of Their Own Making: Myth, Ritual and the Quest for Family Values* (New York, Basic, 1996)

—, *Youth and History: Tradition and Change in European Age Relations, 1770–Present* (New York, Academic Press, 1974)

Giltaij, Jeroen, ed., *Senses and Sins: Dutch Painters of Daily Life in the Seventeenth Century* (Ostfildern-Ruit, Germany, Hatje Cantz Verlag, 2004)

Glassie, Henry, *Folk Housing in Middle Virginia: Structural Analysis of Historic Artifacts* (Knoxville, University of Tennessee Press, 1975)

Goody, Jack, *The Development of the Family and Marriage in Europe* (Cambridge, Cambridge University Press, 1983)

Gottlieb, Beatrice, *The Family in the Western World from the Black Death to the Industrial Age* (New York, Oxford University Press, 1993)

Gray, Marion W., *Productive Men, Reproductive Women: The Agrarian Household and the Emergence of Separate Spheres during the German Enlightenment* (New York, Berghahn Books, 2000)

Grazia, Victoria de, and Ellen Furlough, eds, *The Sex of Things: Gender and Consumption in Historical Perspective* (Berkeley, University of California Press, 1996)

Greven, Jr, Philip J., *The Protestant Temperament: Patterns of Child-Rearing, Religious Experience, and the Self in Early America* (New York, Alfred A. Knopf, 1977)

Grier, Katherine C., *Culture and Comfort: Parlor Making and Middle-Class Identity, 1850–1930* (Washington, DC, Smithsonian, 1988)

Guillery, Peter, *The Small House in Eighteenth-Century London: A Social and Architectural History* (London, Yale University Press, 2004)

Habermas, Jürgen, *The Structural Transformation of the Public Sphere: An Inquiry into a Category of Bourgeois Society*, trs. Thomas Burger and Frederick Lawrence (Cambridge, MA, MIT Press, 1989)

Hajnal, John, 'European Marriage Patterns in Perspective', *Population in History: Essays in Historical Demography*, eds D. V. Glass and D. E. C. Eversley (London, Edward Arnold, 1969)

—, 'Two Kinds of Pre-Industrial Household Systems', *Population and Development Review*, 8, 3, 1982, pp. 449–494

Hall, Catherine, *White, Male and Middle-Class: Explorations in Feminism and History* (Cambridge, Polity Press, 1992)

Hall, Edward T., *The Hidden Dimension: Man's Use of Space in Public and Private* (London, Bodley Head, 1966)
Hamilton, Richard, *Painting by Numbers* (London, Editions Hansjörg Mayer, 2006)
Hamlett, Jane, *Material Relations: Domestic Interiors and Middle-Class Families in England, 1850–1910* (Manchester, Manchester University Press, 2010)
Hammond, Robert, *The Electric Light in Our Homes* (London, Frederick Warne, [1884])
Handlin, David P., *The American Home, Architecture and Society, 1815–1915* (Boston, Little, Brown and Co., 1979)
Hardyment, Christina, *Behind the Scenes: Domestic Arrangements in Historic Houses* (London, National Trust, 1997)
—, *From Mangle to Microwave: The Mechanization of Household Work* (Cambridge, Polity, 1988)
Hartman, Mary S., *The Household and the Making of History: A Subversive View of the Western Past* (Cambridge, Cambridge University Press, 2004)
Hawes, J. M., and N. R. Hiner, eds, *Children in Historical and Comparative Perspective: An International Handbook and Research Guide* (New York, Greenwood, 1991)
Hayden, Dolores, *Building Suburbia: Green Fields and Urban Growth, 1820–2000* (New York, Pantheon, 2003)
—, *Redesigning the American Dream: The Future of Housing, Work, and Family Life* (rev. edn, New York, W. W. Norton, 2002)
Hellman, Caroline Chamberlin, *Domesticity and Design in American Women's Lives and Literature: Stowe, Alcott, Cather, and Wharton Writing at Home* (New York, Routledge, 2011)
Hellman, Mimi, 'Furniture, Sociability, and the Works of Leisure in Eighteenth-Century France', *Eighteenth-Century Studies*, 32, 4, 1999
Herman, Bernard L., *Town House: Architecture and Material Life in the Early American City, 1780–1830* (Chapel Hill, University of North Carolina Press, 2005)
Heynen, Hilde, and Güslüm Baydar, eds, *Negotiating Domesticity: Spatial Productions of Gender in Modern Architecture* (London, Routledge, 2005)
Heywood, Colin, *A History of Childhood: Children and Childhood in the West from Medieval to Modern Times* (Cambridge, Polity, 2001)
Hoffer, Peter Charles, ed., *Colonial Women and Domesticity: Selected Articles on Gender in Early America* (New York, Garland, 1988)
Houlbrooke, Ralph A., *The English Family 1450–1700* (London, Longman, 1984)
Howard, Maurice, *The Early Tudor Country House* (London, George Philip, 1987)
Hoy, Suellen, *Chasing Dirt: The American Pursuit of Cleanliness* (New York, Oxford University Press, 1995)
Huizinga, Johan, *Dutch Civilization in the Seventeenth Century, and Other Essays*, Pieter Geyl and F. W. N. Hugenholts, eds, trs. Arnold J. Pomerans (London, Collins, 1968)
Hussey, David, and Margaret Ponsonby, eds, *Buying for the Home: Shopping for the Domestic from the Seventeenth Century to the Present* (Aldershot, Ashgate, 2008)

—, *The Single Homemaker and Material Culture in the Long Eighteenth Century* (Aldershot, Ashgate, 2012)

Jackson, Alan A., *Semi-Detached London: Suburban Development, Life and Transport, 1900–39* (London, George Allen & Unwin, 1973)

Jackson, J. B., *Landscapes: Selected Writings of J. B. Jackson*, ed. Ervin H. Zube ([no place of publication], University of Massachusetts Press, 1970)

Jaffee, David, *A New Nation of Goods: The Material Culture of Early America* (Philadelphia, University of Pennsylvania Press, 2010)

James, Henry, *The American Scene* (London, Granville, 1987)

Jardine, Lisa, *Going Dutch: How England Plundered Holland's Glory* (London, HarperCollins, 2008)

Jensen, Joan M., *Calling This Place Home: Women on the Wisconsin Frontier, 1850–1925* (St Paul, Minnesota Historical Society Press, 2006)

—, *Loosening the Bonds: Mid-Atlantic Farm Women, 1750–1850* (New Haven, Yale University Press, 1986)

Jonge, Huub de, ed., *Ons soort mensen: Levensstijlen in Nederland* (Nijmegen, SUN, 1997)

Kasson, John F., *Civilizing the Machine: Technology and Republican Values in America, 1776–1900* (New York, Grossman, 1976)

Kertzer, David I., and Marzio Barbagli, eds, *The History of the European Family*, vol. 1: *Family Life in Early Modern Times, 1500–1789*; vol. 2: *Family Life in the Long Nineteenth Century, 1789–1913*; vol. 3: *Family Life in the Twentieth Century* (London, Yale University Press, 2001–2003)

Kevill-Davies, Sally, *Yesterday's Children: The Antiques and History of Childcare* (Woodbridge, Antique Collectors' Club, 1991)

Knoppers, Laura Lunger, *Politicizing Domesticity: From Henrietta Maria to Milton's Eve* (Cambridge, Cambridge University Press, 2011)

Konner, Melvin, *The Evolution of Childhood: Relationships, Emotion, Mind* (Cambridge, MA, Belknap Press, 2010)

Kornwolf, James D., *Architecture and Town Planning in Colonial North America* (Baltimore, Johns Hopkins University Press, 2002)

Kowaleski-Wallace, Elizabeth, *Consuming Subjects: Women, Shopping, and Business in the Eighteenth Century* (New York, Columbia University Press, 1997)

Langford, Paul, *Englishness Identified: Manners and Character, 1650–1850* (Oxford, Oxford University Press, 2000)

Larkin, Jack, *The Reshaping of Everyday Life, 1790–1840* (New York, Harper & Row, 1988)

Lasch, Christopher, *Haven in a Heartless World: The Family Besieged* (New York, W. W. Norton, 1995)

Laslett, Peter, *Family Life and Illicit Love in Earlier Generations: Essays in Historical Sociology* (Cambridge, Cambridge University Press, 1977)

—, *The World We Have Lost* (2nd edn, London, Methuen, 1971)

—, and Richard Wall, eds, *Household and Family in Past Time: Comparative studies in the size and structure of the domestic group over the last three centuries in England, France, Serbia, Japan and colonial North America, with further materials from Western Europe* (Cambridge, Cambridge University Press, 1972)

Laver, James, *The Age of Illusion: Manners and Morals, 1750–1848* (London, Weidenfeld and Nicolson, 1972)

Lemire, Beverly, *The Business of Everyday Life: Gender, Practice and Social Politics in England, c.1600–1900* (Manchester, Manchester University Press, 2005)

—, *Fashion's Favourite: The Cotton Trade and the Consumer in Britain, 1660–1800* (Oxford, Oxford University Press, 1991)

Logan, Thad, *The Victorian Parlour* (Cambridge, Cambridge University Press, 2001)

Loughman, John, and John Michael Montias, *Public and Private Spaces: Works of Art in Seventeenth-Century Dutch Houses* (Zwolle, Waanders, 2000)

Louw, H. J., 'The Origin of the Sash-Window', *Architectural History*, 26, 1983, pp. 49–72

Louw, Hentie, and Robert Crayford, 'A Constructional History of the Sash-Window c.1670–c.1725 (Parts 1 and 2)', *Architectural History*, 41, 1998, pp. 82–130, and 42, 1999, pp. 173–239

Louw, Hentie, and Ben Farmer, eds, *Companion to Contemporary Architectural Thought* (London, Routledge, 1993)

Lukecs, John, 'The Bourgeois Interior', *American Scholar*, 39, 1970

Lyall, Sutherland, *Dream Cottages: From Cottage Orné to Stockbroker Tudor: 200 Years of the Cult of the Vernacular* (London, Robert Hale, 1988)

Lynd, Robert S., and Helen Merrell Lynd, *Middletown: A Study in Modern American Culture* (London, Constable, 1929)

—, *Middletown in Transition: A Study in Cultural Conflicts* (London, Constable, 1937)

McBride, Theresa, *The Domestic Revolution: The Modernization of Household Service in England and France, 1820–1920* (London, Croom Helm, 1976)

Macfarlane, Alan, *The Family Life of Ralph Josselin, a Seventeenth-Century Clergyman; An Essay in Historical Anthropology* (Cambridge, Cambridge University Press, 1970)

—, *Marriage and Love in England: Modes of Reproduction, 1300–1840* (Oxford, Blackwell, 1986)

McHugh, Kathleen Anne, *American Domesticity: From How-to Manual to Hollywood Melodrama* (New York, Oxford University Press, 1999)

Mack, Arien, ed., 'Home: A Place in the World', *Social Research*, 58, 1, 1991 [entire issue]

McKendrick, Neil, ed., *Historical Perspectives: Studies in English Thought and Society in Honour of J. H. Plumb* (London, Europa, 1974)

—, John Brewer and J. H. Plumb, *The Birth of a Consumer Society: The Commercialization of Eighteenth-Century England* (London, Hutchinson, 1982)

McKeon, Michael, *The Secret History of Domesticity: Public, Private, and the Division of Knowledge* (Baltimore, Johns Hopkins University Press, 2005)

McMurry, Sally, *Families and Farmhouses in Nineteenth-Century America: Vernacular Design and Social Change* (New York, Oxford University Press, 1988)
—, and Nancy van Dolsen, eds, *Architecture and Landscape of the Pennsylvania Germans, 1720–1920* (Philadelphia, University of Pennsylvania Press, 2011)
Marcus, Sharon, *Apartment Stories: City and Home in Nineteenth-Century Paris and London* (Berkeley, University of California Press, 1999)
Marten, James, ed., *Children in Colonial America* (New York, New York University Press, 2007)
Matthews, Glenna, *Just a Housewife: The Rise and Fall of Domesticity in America* (New York, Oxford University Press, 1987)
Mayhew, Edgar de N., and Minor Myers, Jr, *A Documentary History of American Interiors: From the Colonial Era to 1915* (New York, Charles Scribner's Sons, 1980)
Meldrum, Tim, 'Domestic Service, Privacy and the Eighteenth-Century Metropolitan Household', *Urban History*, 26, 1999, pp. 27–39
Mitterauer, Michael, and Reinhard Sieder, *The European Family: Patriarchy to Partnership from the Middle Ages to the Present*, trs. Karla Oosterveen and Manfred Hörzinger (Oxford, Basil Blackwell, 1982)
Mohney, David, and Keller Easterling, eds, *Seaside: Making a Town in America* (London, Phaidon, 1991)
Mokyr, Joel, 'Why "More Work for Mother"? Knowledge and Household Behavior, 1870–1945', *Journal of Economic History*, March 2000, 6/1, pp. 1–41
Morgan, Marjorie, *Manners, Morals and Class in England, 1774–1858* (Basingstoke, Macmillan, 1994)
Muizelaar, Klaske, and Derek Phillips, *Picturing Men and Women in the Dutch Golden Age: Paintings and People in Historical Perspective* (New Haven, Yale University Press, 2003)
Mundy, Peter, *The Travels of Peter Mundy in Europe and Asia, 1608–1667*, ed. Sir Richard Carnac Temple; vol. 4, *Travels in Europe, 1639–1647* (London, Hakluyt Society, 1925)
Muthesius, Hermann, *The English House*, trs. Janet Seligman and Stewart Spencer (1st complete English edn, London, Frances Lincoln, 2007)
Muthesius, Stefan, *The English Terraced House* (New Haven, Yale University Press, 1982)
—, *The Poetic Home: Designing the 19th-Century Domestic Interior* (London, Thames and Hudson, 2009)
Nora, Pierre, *Rethinking France, Les Lieux de Mémoire*, trs. Mary Trouille, under the direction of David P. Jordan (4 vols., Chicago, University of Chicago Press, 2001–2010)
North, Michael, *'Material Delight and the Joy of Living': Cultural Consumption in the Age of Enlightenment in Germany*, trs. Pamela Selwyn (Aldershot, Ashgate, 2008)
Nye, David E., *Electrifying America: Social Meanings of a New Technology, 1880–1940* (Cambridge, MA, MIT Press, 1990)

Nylander, Jane C., *Our Own Snug Fireside: Images of the New England Home, 1760–1860* (New Haven, Yale University Press, 1994)

O'Day, Rosemary, *The Family and Family Relationships, 1500–1900, England, France and the USA* (Basingstoke, Macmillan, 1994)

Oldenziel, Ruth, and Karin Zachmann, eds, *Cold War Kitchen: Americanization, Technology, and European Users* (Cambridge, MA, MIT Press, 2009)

Oliver, Paul, *Dwellings: The Vernacular House Worldwide* (London, Phaidon, 2003)

Olsen, Donald J., *The City as a Work of Art, London, Paris, Vienna* (New Haven, Yale University Press, 1986)

Overton, Mark, et al., *Production and Consumption in English Households, 1600–1750* (London, Routledge, 2004)

Ozment, Steven, *Flesh and Spirit: Private Life in Early Modern Germany* (Harmondsworth, Penguin, 2001)

Palmer, Phyllis, *Domesticity and Dirt: Housewives and Domestic Servants in the United States, 1920–45* (Philadelphia, Temple University Press, 1989)

Parissien, Steven, *Interiors: The Home Since 1700* (London, Laurence King, 2009)

Pattison, Mary, *Principles of Domestic Engineering; or, The what, why and how of a home; an attempt to evolve a solution of the domestic 'labor and capital' problem – to standardize and professionalize housework – to reorganize the home upon 'scientific management' principles – and to point out the importance of the public and personal element therein as well as the practical* (New York, Trow, 1915)

Pepys, Samuel, *The Diary of Samuel Pepys*, Robert Latham and William Matthews, eds (London, Bell & Hyman, 1983)

Perry, Ruth, *Novel Relations: The Transformation of Kinship in English Literature and Culture, 1748–1818* (Cambridge, Cambridge University Press, 2004)

Peskov, Vasily, *Lost in the Taiga: One Russian Family's Fifty-Year Struggle for Survival and Religious Freedom in the Siberian Wilderness*, trs. Marian Schwartz (New York, Doubleday, 1994)

Pick, Frederick, *Inside Out: Historic Watercolour Drawings, Oil-sketches and Paintings of Exteriors and Interiors, 1770–1870* (London, Stair, 2000)

Pinchbeck, Ivy, and Margaret Hewitt, *Children in English Society* (London, Routledge & Kegan Paul, 1969–73), 2 vols.

Plumb, J. H., intro to Edward J. Nygren, Nancy L. Pressly, *The Pursuit of Happiness: A View of Life in Georgian England* (New Haven, Yale Center for British Art, 1977)

Pointon, Marcia, *Strategies for Showing: Women, Possession and Representation in English Visual Culture, 1665–1800* (Oxford, Oxford University Press, 1997)

Pollock, Linda, *A Lasting Relationship: Parents and Children over Three Centuries* (London, Fourth Estate, 1987)

Ponsonby, Margaret, *Stories from Home: English Domestic Interiors, 1750–1850* (Aldershot, Ashgate, 2007)

Pounds, Norman J. G., *Hearth and Home: A History of Material Culture* (Bloomington, Indiana University Press, 1989)

Praz, Mario, *Conversation Pieces: A Survey of the Informal Group Portrait in Europe and America* (London, Methuen, 1971)

—, *An Illustrated History of Interior Decoration from Pompeii to Art Nouveau* (London, Thames and Hudson, 1964)

Priestley, Ursula, and P. J. Corfield, 'Rooms and room use in Norwich housing, 1580–1730', *Post-Medieval Archaeology*, 16, 1982, pp. 93–123

Purdy, Daniel L., *The Tyranny of Elegance: Consumer Cosmopolitanism in the Era of Goethe* (Baltimore, Johns Hopkins University Press, 1998)

Quiney, Anthony, *House and Home: A History of the Small English House* (London, BBC, 1986)

Rapoport, Amos, *Culture, Architecture, and Design* (Chicago, Locke Science, 2005)

—, *House, Form and Culture* (Englewood Cliffs, Prentice-Hall, 1969)

Razi, Zvi, 'The Myth of the Immutable English Family', *Past & Present*, 140, 1993

Reagin, Nancy R., *Sweeping the Nation: Domesticity and National Identity in Germany, 1870–1945* (Cambridge, Cambridge University Press, 2007)

Reed, Christopher, *Bloomsbury Rooms: Modernism, Subculture, and Domesticity* (New Haven, Yale University Press, 2004)

—, ed., *Not at Home: The Suppression of Domesticity in Modern Art and Architecture* (London, Thames and Hudson, 1996)

Reiff, Daniel D., *Small Georgian Houses in England and Virginia: Origins and Development through the 1750s* (Cranbury, University of Delaware Press, 1986)

Reiter, Rayna R., ed., *Toward an Anthropology of Women* (New York, Monthly Review Press, 1975)

Retford, Kate, *The Art of Domestic Life: Family Portraiture in Eighteenth-Century England* (New Haven, Yale University Press, 2006)

Rice, Charles, *The Emergence of the Interior: Architecture, Modernity, Domesticity* (Abingdon, Routledge, 2007)

Rich, Rachel, *Bourgeois Consumption: Food, Space and Identity in London and Paris, 1850–1914* (Manchester, Manchester University Press, 2011)

Rosenau, Helen, *Social Purpose in Architecture: Paris and London Compared, 1760–1800* (London, Studio Vista, 1970)

Rosner, Victoria, *Modernism and the Architecture of Private Life* (New York, Columbia University Press, 2005)

Rousseau, Jean-Jacques, *Émile, or, Treatise on Education*, trs. William H. Payne (Amherst, NY, Prometheus, 2009)

Ruskin, John, *Sesame and Lilies: Two Lectures* ([1867], Orpington, George Allen, 1882)

Ryan, Mary P., *Cradle of the Middle Class: The Family in Oneida County, New York, 1790–1865* (Cambridge, Cambridge University Press, 1981)

Rybczynski, Witold, *Home: A Short History of an Idea* (London, Heinemann, 1988)

Rykwert, Joseph, 'House and Home', *Social Research*, 58, 1991

Sabean, David Warren, *Property, Production, and Family in Neckarhausen, 1700–1870* (Cambridge, Cambridge University Press, 1990)

Sarti, Raffaella, *Europe at Home: Family and Material Culture, 1500–1800*, trs. Allan Cameron (London, Yale University Press, 2002)
Saumarez Smith, Charles, *Eighteenth-Century Decoration: Design and the Domestic Interior in England* (London, Weidenfeld and Nicolson, 1993)
—, *The Rise of Design: Design and the Domestic Interior in Eighteenth-Century England* (London, Pimlico, 2000)
Sayer, Karen, *Country Cottages: A Cultural History* (Manchester, Manchester University Press, 2000)
Schama, Simon, *The Embarrassment of Riches: An Interpretation of Dutch Culture in the Golden Age* (London, Collins, 1987)
Schivelbusch, Wolfgang, *Disenchanted Night: The Industrialization of Light in the Nineteenth Century*, trs. Angela Davies (Berkeley, University of California Press, 1995)
Schlereth, Thomas J., *Victorian America: Transformations in Everyday Life, 1876–1915* (New York, HarperCollins, 1991)
Schucking, Levin L., *The Puritan Family: A Social Study from the Literary Sources*, trs. Brian Battershaw (London, Routledge & Kegan Paul, 1969)
Schuurman, Anton, and Pieter Spierenburg, eds, *Private Domain, Public Inquiry: Families and Lifestyles in the Netherlands and Europe, 1550 to the Present* (Hilversum, Uitgeverij Verloren, 1996)
Schuurman, Anton J., and Lorena Walsh, eds, *Material Culture: Consumption, Life-Style, Standard of Living, 1500–1900*, in *Proceedings of the 11th International Economic History Congress, Milan, September 1994* (Milan, Università Bocconi, 1994)
Seccombe, Wally, *A Millennium of Family Change: Feudalism to Capitalism in Northwestern Europe* (London, Verso, 1992)
Sennett, Richard, *The Conscience of the Eye: The Design and Social Life of Cities* (London, Faber, 1991)
Shammas, Carole, 'The Domestic Environment in Early Modern England and America', *Journal of Social History*, 14, 1980, pp. 3–24
—, 'Explaining Past Changes in Consumption and Consumer Behaviour', *Historical Methods*, 22, 1989, pp. 69–75
Shoemaker, Robert, *Gender in English Society, 1650–1850: The Emergence of Separate Spheres?* (London, Longman, 1998)
Shorter, Edward, *The Making of the Modern Family* (London, Collins, 1976)
Sirjamaki, John, *The American Family in the Twentieth Century* (Cambridge, MA, Harvard University Press, 1953)
Sitwell, Sacheverell, *Conversation Pieces: A Survey of English Domestic Portraits and their Painters* (London, Batsford, 1936)
Smith, Adam, *The Theory of Moral Sentiments*, D. D. Raphael and A. L. Macfie, eds, ([1759] Oxford, Clarendon, 1976)
Smyth, Gerry, and Jo Croft, eds, *Our House: The Representation of Domestic Space in Modern Culture* (Amsterdam, Rodopi, 2006)

Sparke, Penny, Brenda Martin and Trevor Keeble, eds, *The Modern Period Room: The Construction of the Exhibited Interior, 1870 to 1950* (London, Routledge, 2006)
Stamp, Gavin, and André Goulancourt, *The English House 1860–1914: The Flowering of English Domestic Architecture* (London, Faber, 1986)
Starobinski, Jean, 'The Idea of Nostalgia', *Diogenes*, 54, 1966
Steedman, Carolyn, *Labours Lost: Domestic Service and the Making of Modern England* (Cambridge, Cambridge University Press, 2009)
Stevenson, Robert Louis, *Virginibus Puerisque and Other Essays* (Newcastle-upon-Tyne, Cambridge Scholars, 2009)
Stewart, Rachel, *The Town House in Georgian London* (New Haven, Yale University Press, 2009)
Stone, Lawrence, *The Family, Sex and Marriage in England, 1500–1800* (London, Harper, 1977)
Strasser, Susan, *Never Done: A History of American Housework* (New York, Pantheon, 1982)
—, *Satisfaction Guaranteed: The Making of the American Mass Market* (Washington, DC, Smithsonian Institution Press, 1989)
—, *Waste and Want: A Social History of Trash* (New York, Metropolitan, 1999)
—, Charles McGovern and Matthias Judt, eds, *Getting and Spending: European and American Consumer Societies in the Twentieth Century* (Cambridge, Cambridge University Press, 1998)
Sutherland, Daniel E., *The Expansion of Everyday Life, 1860–1876* (New York, Harper and Row, 1989)
Symonds, James, ed., *Table Settings: The Material Culture and Social Context of Dining, AD 1700–1900* (Oxford, Oxbow Books, 2010)
Tadmor, Naomi, 'The Concept of the Household-Family in 18th-Century England', *Past & Present*, 151, 1996, pp. 111–140
—, *Family and Friends in Eighteenth-Century England: Household, Kinship, and Patronage* (Cambridge, Cambridge University Press, [2001])
Tange, Andrea Kaston, *Architectural Identities: Domesticity, Literature, and the Victorian Middle Classes* (Toronto, University of Toronto Press, 2010)
Thiel, Elizabeth, *The Fantasy of Family: Nineteenth-Century Children's Literature and the Myth of the Domestic Ideal* (London, Routledge, 2008)
Thompson. E. P., *Customs in Common* (London, Merlin Press, 1991)
Thompson, Eleanor, ed., *The American Home: Material Culture, Domestic Space, and Family Life* (Hanover, NH, University Press of New England, 1998)
Thornton, Peter, *Authentic Decor: The Domestic Interior, 1620–1929* (London, Seven Dials, 2000)
—, *Seventeenth-Century Interior Decoration in England, France, and Holland* (New Haven, Yale University Press, 1978)
Tilley, Morris Palmer, *A Dictionary of the Proverbs in England in the Sixteenth and Seventeenth Centuries: A Collection of the Proverbs Found in English Literature and the Dictionaries of the Period* (Ann Arbor, University of Michigan Press, 1950)

Tinniswood, Adrian, *Life in the English Country Cottage* (London, Weidenfeld and Nicolson, 1995)
Tosh, John, *A Man's Place: Masculinity and the Middle-Class Home in Victorian England* (New Haven, Yale University Press, 2007)
Trumbach, Randolph, *The Rise of the Egalitarian Family: Aristocratic Kinship and Domestic Relations in Eighteenth-Century England* (New York, Academic Press, 1978)
Ulrich, Laurel Thatcher, *The Age of Homespun: Objects and Stories in the Creation of an American Myth* (New York, Alfred A. Knopf, 2001)
—, *Good Wives: Image and Reality in the Lives of Women in Northern New England, 1650–1750* (New York, Alfred A. Knopf, 1982)
Upton, Dell, *Another City: Urban Life and Urban Spaces in the New American Republic* (New Haven, Yale University Press, 2008)
—, and John Michael Vlach, *Common Places: Readings in American Vernacular Architecture* (Athens, GA, University of Georgia Press, 1986)
Vickery, Amanda, *Behind Closed Doors: At Home in Georgian England* (New Haven, Yale University Press, 2009)
—, 'An Englishman's Home Is His Castle? Thresholds, Boundaries and Privacies in the Eighteenth-Century London House', *Past & Present*, 199, May 2008, pp. 147–173
—, *The Gentleman's Daughter: Women's Lives in Georgian England* (London, Yale University Press, 1998)
Vlach, John Michael, *Back of the Big House: The Architecture of Plantation Slavery* (Chapel Hill, University of North Carolina Press, 1993)
Vries, Jan de, *The Dutch Rural Economy in the Golden Age, 1500–1700* (New Haven, Yale University Press, 1974)
—, *European Urbanization, 1500–1800* (London, Methuen, 1984)
—, 'The Industrial Revolution and the Industrious Revolution', *Journal of Economic History*, 54, 1994, pp. 249–270
—, *The Industrious Revolution: Consumer Behaviour and the Household Economy, 1650 to the Present* (Cambridge, Cambridge University Press, 2008)
—, and Ad van der Woude, *The First Modern Economy: Success, Failure, and Perseverance of the Dutch Economy, 1500–1815* (Cambridge, Cambridge University Press, 1997)
Wall, Richard, Jean Robin and Peter Laslett, eds, *Family Forms in Historical Europe* (Cambridge, Cambridge University Press, 1983)
Walker, Mack, *German Home Towns, Community, State, and General Estates, 1650–1871* (Ithaca, NY Cornell University Press, 1971)
Warren, Samuel D., and Louis D. Brandeis, 'The Right to Privacy', *Harvard Law Review*, vol. 4, no. 5, 15 December 1890, pp. 193–220
Watkins, Susan C., 'If All We Knew About Women was What We Read in *Demography*, What Would We Know?', *Demography*, 30/4, 1993, pp. 551–78

Weatherill, Lorna, *Consumer Behaviour and Material Culture in Britain, 1660–1760* (2nd edn, London, Routledge, 1996)

—, 'A Possession of One's Own: Women and Consumer Behaviour in England, 1660–1740', *Journal of British Studies*, 23, 1986, pp. 131–56

Weber, Max, *The Protestant Ethic and the Spirit of Capitalism*, trs. Talcott Parsons, foreword by R. H. Tawney (London, G. Allen & Unwin, 1930)

Weinberg, H. Barbara, and Carrie Rebora Barratt, eds, *American Stories: Paintings of Everyday Life, 1765–1915* (New York, Metropolitan Museum of Art, 2009)

Weslager, C. A., *The Log Cabin in America: From Pioneer Days to the Present* (New Brunswick, NJ, Rutgers University Press, 1969)

West, Patricia, *Domesticating History: The Political Origins of America's House Museums* (Washington, DC, Smithsonian Institution Press, 1999)

Westermann, Mariët, *Art and Home: Dutch Interiors in the Age of Rembrandt* (Zwolle, Waanders, 2001)

Wilder, Laura Ingalls, *The Little House Books*, Caroline Fraser, ed., vol. 1: *Little House in the Big Woods, Farmer Boy, Little House on the Prairie, On the Banks of Plum Creek*; vol. 2: *By the Shores of Silver Lake, The Long Winter, Little Town on the Prairie, These Happy Golden Years, The First Four Years* (New York, Library of America, 2012)

Williams, Michael Ann, *Homeplace: The Social Use and Meaning of Folk Dwellings in Southwestern North Carolina* (Athens, GA, University of Georgia Press, 1993)

Williams, Raymond, *Keywords: A Vocabulary of Culture and Society* (London, Fontana, 1976)

Wilson, Bee, *Consider the Fork: A History of Invention in the Kitchen* (London, Particular Books, 2012)

Worsley, Giles, *Classical Architecture in Britain: The Heroic Age* (New Haven, Yale University Press, 1995)

—, *Inigo Jones and the European Classicist Tradition* (New Haven, Yale University Press, 2007)

Wright, Gwendolyn, *Building the Dream: A Social History of Housing in America* (New York, Pantheon, 1981)

—, *Moralism and the Model Home: Domestic Architecture and Cultural Conflict in Chicago* (Chicago, University of Chicago Press, 1980)

Wright, Lawrence, *Warm and Snug: The History of the Bed* (London, Routledge & Kegan Paul, 1962)

Wrigley, E. A., *Continuity, Chance and Change: The Character of the Industrial Revolution in England* (Cambridge, Cambridge University Press, 1988)

Woolgar, C. M., *The Great Household in Late Medieval England* (New Haven, Yale University Press, 1999)

Zaretsky, Eli, *Capitalism, the Family, and Personal Life* (2nd edn, New York, Perennial, 1986)

Zumthor, Paul, *Daily Life in Rembrandt's Holland*, trs. Simon Watson Taylor (London, Weidenfeld and Nicolson, 1962)

新知文库

01 《证据：历史上最具争议的法医学案例》[美]科林·埃文斯 著　毕小青 译
02 《香料传奇：一部由诱惑衍生的历史》[澳]杰克·特纳 著　周子平 译
03 《查理曼大帝的桌布：一部开胃的宴会史》[英]尼科拉·弗莱彻 著　李响 译
04 《改变西方世界的26个字母》[英]约翰·曼 著　江正文 译
05 《破解古埃及：一场激烈的智力竞争》[英]莱斯利·罗伊·亚京斯 著　黄中宪 译
06 《狗智慧：它们在想什么》[加]斯坦利·科伦 著　江天帆、马云霏 译
07 《狗故事：人类历史上狗的爪印》[加]斯坦利·科伦 著　江天帆 译
08 《血液的故事》[美]比尔·海斯 著　郎可华 译　张铁梅 校
09 《君主制的历史》[美]布伦达·拉尔夫·刘易斯 著　荣予、方力维 译
10 《人类基因的历史地图》[美]史蒂夫·奥尔森 著　霍达文 译
11 《隐疾：名人与人格障碍》[德]博尔温·班德洛 著　麦湛雄 译
12 《逼近的瘟疫》[美]劳里·加勒特 著　杨岐鸣、杨宁 译
13 《颜色的故事》[英]维多利亚·芬利 著　姚芸竹 译
14 《我不是杀人犯》[法]弗雷德里克·肖索依 著　孟晖 译
15 《说谎：揭穿商业、政治与婚姻中的骗局》[美]保罗·埃克曼 著　邓伯宸 译　徐国强 校
16 《蛛丝马迹：犯罪现场专家讲述的故事》[美]康妮·弗莱彻 著　毕小青 译
17 《战争的果实：军事冲突如何加速科技创新》[美]迈克尔·怀特 著　卢欣渝 译
18 《最早发现北美洲的中国移民》[加]保罗·夏亚松 著　暴永宁 译
19 《私密的神话：梦之解析》[英]安东尼·史蒂文斯 著　薛绚 译
20 《生物武器：从国家赞助的研制计划到当代生物恐怖活动》[美]珍妮·吉耶曼 著　周子平 译
21 《疯狂实验史》[瑞士]雷托·U.施奈德 著　许阳 译
22 《智商测试：一段闪光的历史，一个失色的点子》[美]斯蒂芬·默多克 著　卢欣渝 译
23 《第三帝国的艺术博物馆：希特勒与"林茨特别任务"》[德]哈恩斯–克里斯蒂安·罗尔 著　孙书柱、刘英兰 译
24 《茶：嗜好、开拓与帝国》[英]罗伊·莫克塞姆 著　毕小青 译
25 《路西法效应：好人是如何变成恶魔的》[美]菲利普·津巴多 著　孙佩妏、陈雅馨 译
26 《阿司匹林传奇》[英]迪尔米德·杰弗里斯 著　暴永宁、王惠 译

27	《美味欺诈：食品造假与打假的历史》[英] 比·威尔逊 著　周继岚 译	
28	《英国人的言行潜规则》[英] 凯特·福克斯 著　姚芸竹 译	
29	《战争的文化》[以] 马丁·范克勒韦尔德 著　李阳 译	
30	《大背叛：科学中的欺诈》[美] 霍勒斯·弗里兰·贾德森 著　张铁梅、徐国强 译	
31	《多重宇宙：一个世界太少了？》[德] 托比阿斯·胡阿特、马克斯·劳讷 著　车云 译	
32	《现代医学的偶然发现》[美] 默顿·迈耶斯 著　周子平 译	
33	《咖啡机中的间谍：个人隐私的终结》[英] 吉隆·奥哈拉、奈杰尔·沙德博特 著　毕小青 译	
34	《洞穴奇案》[美] 彼得·萨伯 著　陈福勇、张世泰 译	
35	《权力的餐桌：从古希腊宴会到爱丽舍宫》[法] 让–马克·阿尔贝 著　刘可有、刘惠杰 译	
36	《致命元素：毒药的历史》[英] 约翰·埃姆斯利 著　毕小青 译	
37	《神祇、陵墓与学者：考古学传奇》[德] C.W. 策拉姆 著　张芸、孟薇 译	
38	《谋杀手段：用刑侦科学破解致命罪案》[德] 马克·贝内克 著　李响 译	
39	《为什么不杀光？种族大屠杀的反思》[美] 丹尼尔·希罗、克拉克·麦考利 著　薛绚 译	
40	《伊索尔德的魔汤：春药的文化史》[德] 克劳迪娅·米勒–埃贝林、克里斯蒂安·拉奇 著　王泰智、沈惠珠 译	
41	《错引耶稣：〈圣经〉传抄、更改的内幕》[美] 巴特·埃尔曼 著　黄恩邻 译	
42	《百变小红帽：一则童话中的性、道德及演变》[美] 凯瑟琳·奥兰丝汀 著　杨淑智 译	
43	《穆斯林发现欧洲：天下大国的视野转换》[英] 伯纳德·刘易斯 著　李中文 译	
44	《烟火撩人：香烟的历史》[法] 迪迪埃·努里松 著　陈睿、李欣 译	
45	《菜单中的秘密：爱丽舍宫的飨宴》[日] 西川惠 著　尤可欣 译	
46	《气候创造历史》[瑞士] 许靖华 著　甘锡安 译	
47	《特权：哈佛与统治阶层的教育》[美] 罗斯·格雷戈里·多塞特 著　珍栎 译	
48	《死亡晚餐派对：真实医学探案故事集》[美] 乔纳森·埃德罗 著　江孟蓉 译	
49	《重返人类演化现场》[美] 奇普·沃尔特 著　蔡承志 译	
50	《破窗效应：失序世界的关键影响力》[美] 乔治·凯林、凯瑟琳·科尔斯 著　陈智文 译	
51	《违童之愿：冷战时期美国儿童医学实验秘史》[美] 艾伦·M. 霍恩布鲁姆、朱迪斯·L. 纽曼、格雷戈里·J. 多贝尔 著　丁立松 译	
52	《活着有多久：关于死亡的科学和哲学》[加] 理查德·贝利沃、丹尼斯·金格拉斯 著　白紫阳 译	
53	《疯狂实验史Ⅱ》[瑞士] 雷托·U. 施奈德 著　郭鑫、姚敏多 译	

54	《猿形毕露：从猩猩看人类的权力、暴力、爱与性》	[美]弗朗斯·德瓦尔 著　陈信宏 译
55	《正常的另一面：美貌、信任与养育的生物学》	[美]乔丹·斯莫勒 著　郑嬿 译
56	《奇妙的尘埃》	[美]汉娜·霍姆斯 著　陈芝仪 译
57	《卡路里与束身衣：跨越两千年的节食史》	[英]路易丝·福克斯克罗夫特 著　王以勤 译
58	《哈希的故事：世界上最具暴利的毒品业内幕》	[英]温斯利·克拉克森 著　珍栎 译
59	《黑色盛宴：嗜血动物的奇异生活》	[美]比尔·舒特 著　帕特里曼·J.温 绘图　赵越 译
60	《城市的故事》	[美]约翰·里德 著　郝笑丛 译
61	《树荫的温柔：亘古人类激情之源》	[法]阿兰·科尔班 著　苜蓿 译
62	《水果猎人：关于自然、冒险、商业与痴迷的故事》	[加]亚当·李斯·格尔纳 著　于是 译
63	《囚徒、情人与间谍：古今隐形墨水的故事》	[美]克里斯蒂·马克拉奇斯 著　张哲、师小涵 译
64	《欧洲王室另类史》	[美]迈克尔·法夸尔 著　康怡 译
65	《致命药瘾：让人沉迷的食品和药物》	[美]辛西娅·库恩等 著　林慧珍、关莹 译
66	《拉丁文帝国》	[法]弗朗索瓦·瓦克 著　陈绮文 译
67	《欲望之石：权力、谎言与爱情交织的钻石梦》	[美]汤姆·佐尔纳 著　麦慧芬 译
68	《女人的起源》	[英]伊莲·摩根 著　刘筠 译
69	《蒙娜丽莎传奇：新发现破解终极谜团》	[美]让－皮埃尔·伊斯鲍茨、克里斯托弗·希斯·布朗 著　陈薇薇 译
70	《无人读过的书：哥白尼〈天体运行论〉追寻记》	[美]欧文·金格里奇 著　王今、徐国强 译
71	《人类时代：被我们改变的世界》	[美]黛安娜·阿克曼 著　伍秋玉、澄影、王丹 译
72	《大气：万物的起源》	[英]加布里埃尔·沃克 著　蔡承志 译
73	《碳时代：文明与毁灭》	[美]埃里克·罗斯顿 著　吴妍仪 译
74	《一念之差：关于风险的故事与数字》	[英]迈克尔·布拉斯兰德、戴维·施皮格哈尔特 著　威治 译
75	《脂肪：文化与物质性》	[美]克里斯托弗·E.福思、艾莉森·利奇 编著　李黎、丁立松 译
76	《笑的科学：解开笑与幽默感背后的大脑谜团》	[美]斯科特·威姆斯 著　刘书维 译
77	《黑丝路：从里海到伦敦的石油溯源之旅》	[英]詹姆斯·马里奥特、米卡·米尼奥－帕卢埃洛 著　黄煜文 译
78	《通向世界尽头：跨西伯利亚大铁路的故事》	[英]克里斯蒂安·沃尔玛 著　李阳 译
79	《生命的关键决定：从医生做主到患者赋权》	[美]彼得·于贝尔 著　张琼懿 译
80	《艺术侦探：找寻失踪艺术瑰宝的故事》	[英]菲利普·莫尔德 著　李欣 译

81 《共病时代：动物疾病与人类健康的惊人联系》［美］芭芭拉·纳特森－霍洛威茨、凯瑟琳·鲍尔斯 著　陈筱婉 译

82 《巴黎浪漫吗？——关于法国人的传闻与真相》［英］皮乌·玛丽·伊特韦尔 著　李阳 译

83 《时尚与恋物主义：紧身褡、束腰术及其他体形塑造法》［美］戴维·孔兹 著　珍栎 译

84 《上穹碧落：热气球的故事》［英］理查德·霍姆斯 著　暴永宁 译

85 《贵族：历史与传承》［法］埃里克·芒雄－里高 著　彭禄娴 译

86 《纸影寻踪：旷世发明的传奇之旅》［英］亚历山大·门罗 著　史先涛 译

87 《吃的大冒险：烹饪猎人笔记》［美］罗布·沃乐什 著　薛绚 译

88 《南极洲：一片神秘的大陆》［英］加布里埃尔·沃克 著　蒋功艳、岳玉庆 译

89 《民间传说与日本人的心灵》［日］河合隼雄 著　范作申 译

90 《象牙维京人：刘易斯棋中的北欧历史与神话》［美］南希·玛丽·布朗 著　赵越 译

91 《食物的心机：过敏的历史》［英］马修·史密斯 著　伊玉岩 译

92 《当世界又老又穷：全球老龄化大冲击》［美］泰德·菲什曼 著　黄煜文 译

93 《神话与日本人的心灵》［日］河合隼雄 著　王华 译

94 《度量世界：探索绝对度量衡体系的历史》［美］罗伯特·P.克里斯 著　卢欣渝 译

95 《绿色宝藏：英国皇家植物园史话》［英］凯茜·威利斯、卡罗琳·弗里 著　珍栎 译

96 《牛顿与伪币制造者：科学巨匠鲜为人知的侦探生涯》［美］托马斯·利文森 著　周子平 译

97 《音乐如何可能？》［法］弗朗西斯·沃尔夫 著　白紫阳 译

98 《改变世界的七种花》［英］詹妮弗·波特 著　赵丽洁、刘佳 译

99 《伦敦的崛起：五个人重塑一座城》［英］利奥·霍利斯 著　宋美莹 译

100 《来自中国的礼物：大熊猫与人类相遇的一百年》［英］亨利·尼科尔斯 著　黄建强 译

101 《筷子：饮食与文化》［美］王晴佳 著　汪精玲 译

102 《天生恶魔？：纽伦堡审判与罗夏墨迹测验》［美］乔尔·迪姆斯代尔 著　史先涛 译

103 《告别伊甸园：多偶制怎样改变了我们的生活》［美］戴维·巴拉什 著　吴宝沛 译

104 《第一口：饮食习惯的真相》［英］比·威尔逊 著　唐海娇 译

105 《蜂房：蜜蜂与人类的故事》［英］比·威尔逊 著　暴永宁 译

106 《过敏大流行：微生物的消失与免疫系统的永恒之战》［美］莫伊塞斯·贝拉斯克斯－曼诺夫 著　李黎、丁立松 译

107 《饭局的起源：我们为什么喜欢分享食物》［英］马丁·琼斯 著　陈雪香 译　方辉 审校

108 《金钱的智慧》［法］帕斯卡尔·布吕克内 著　张叶、陈雪乔 译　张新木 校

109 《杀人执照：情报机构的暗杀行动》［德］埃格蒙特·科赫 著　张芸、孔令逊 译

110　《圣安布罗焦的修女们：一个真实的故事》[德]胡贝特·沃尔夫 著　徐逸群 译

111　《细菌》[德]汉诺·夏里修斯 里夏德·弗里贝 著　许嫚红 译

112　《千丝万缕：头发的隐秘生活》[英]爱玛·塔罗 著　郑嬿 译

113　《香水史诗》[法]伊丽莎白·德·费多 著　彭禄娴 译

114　《微生物改变命运：人类超级有机体的健康革命》[美]罗德尼·迪塔特 著　李秦川 译

115　《离开荒野：狗猫牛马的驯养史》[美]加文·艾林格 著　赵越 译

116　《不生不熟：发酵食物的文明史》[法]玛丽-克莱尔·弗雷德里克 著　冷碧莹 译

117　《好奇年代：英国科学浪漫史》[英]理查德·霍姆斯 著　暴永宁 译

118　《极度深寒：地球最冷地域的极限冒险》[英]雷纳夫·法恩斯 著　蒋功艳、岳玉庆 译

119　《时尚的精髓：法国路易十四时代的优雅品位及奢侈生活》[美]琼·德让 著　杨冀 译

120　《地狱与良伴：西班牙内战及其造就的世界》[美]理查德·罗兹 著　李阳 译

121　《骗局：历史上的骗子、赝品和诡计》[美]迈克尔·法夸尔 著　康怡 译

122　《丛林：澳大利亚内陆文明之旅》[澳]唐·沃森 著　李景艳 译

123　《书的大历史：六千年的演化与变迁》[英]基思·休斯敦 著　伊玉岩、邵慧敏 译

124　《战疫：传染病能否根除？》[美]南希·丽思·斯特潘 著　郭骏、赵谊 译

125　《伦敦的石头：十二座建筑塑名城》[英]利奥·霍利斯 著　罗隽、何晓昕、鲍捷 译

126　《自愈之路：开创癌症免疫疗法的科学家们》[美]尼尔·卡纳万 著　贾颢 译

127　《智能简史》[韩]李大烈 著　张之昊 译

128　《家的起源：西方居所五百年》[英]朱迪丝·弗兰德斯 著　珍栎 译